食品安全实验室
监督检验在线质量控制评价及
计量溯源技术指南

陶雨风　杨耀武　主编

中国质量标准出版传媒有限公司
中　国　标　准　出　版　社
北京

图书在版编目（CIP）数据

食品安全实验室监督检验在线质量控制评价及计量溯源技术指南/陶雨风，杨耀武主编．--北京：中国质量标准出版传媒有限公司，2023.11

ISBN 978-7-5026-5177-0

Ⅰ.①食… Ⅱ.①陶… ②杨… Ⅲ.①食品安全-食品检验-质量控制-评价-指南 Ⅳ.①TS207.3-62

中国国家版本馆CIP数据核字（2023）第110643号

中国质量标准出版传媒有限公司
中　国　标　准　出　版　社　出版发行
北京市朝阳区和平里西街甲2号（100029）
北京市西城区三里河北街16号（100045）
网址：www.spc.net.cn
总编室：（010）68533533　发行中心：（010）51780238
读者服务部：（010）68523946
中国标准出版社秦皇岛印刷厂印刷
各地新华书店经销
*
开本787×1092　1/16　印张20　字数369千字
2023年11月第一版　2023年11月第一次印刷
*
定价　88.00　元

编写委员会

主任委员 肖　良

副主任委员 刘晓红　唐丹舟　王彦斌　汤晓智　李　俊

主　　编 陶雨风　杨耀武

副 主 编 张　娜　安　平　郭文萍　卢晓蕊　张　英　芦　云

编写人员 陶雨风　杨耀武　张　娜　安　平　郭文萍　卢晓蕊　张　英　芦　云　林志国　朱　蕾　孟唯一　刘文清　雷闪亮　程　彬　雷志文　马贵平　杨晓婷　李彦军　王黎雯　霍江莲　张　岩　杨文建　李　宏　徐　昀　富宏坤　李淑娟　王　静　石慧丽　班　楠　程劲松　王　芳　郑曙平　丁文兴　桑华春　张海燕　李智宾　陈丹丹　曹　蕊　孔　微

前　言

根据《中华人民共和国食品安全法实施条例》和《食品安全抽样检验管理办法》等有关法规文件要求，国家市场监督管理总局每年实施全国食品安全抽检监测任务多达数百万批次。2021年5月7日国家市场监督管理总局发布的《市场监管总局关于2020年市场监管部门食品安全监督抽检情况的通告》（2021年第20号）显示，全国市场监管部门完成食品安全监督抽检6387366批次，超额完成“十三五”国家食品安全规划提出的食品检验量达到4批次/千人的目标。但这一目标与新西兰等国家相比，仍需要提升。我国食品安全检验近年虽然发展迅速，但仍存在检验的质控体系不完善、检验资源配置不合理、检验过程的全程智能监控以及数据动态共享机制缺乏等问题，特别是在2015年新版《中华人民共和国食品安全法》赋予快检方法在执法监管中的法律地位以来，快检产品质量参差不齐、批间稳定性差、假阴性假阳性等问题频出，因此以准确性、真实性与可溯源性为最终目的的食品安全检验在线质控系统的研究和创制已成为食品安全检验领域的迫切需求，目前国内外尚无类似系统。为此，国家重点研发计划食品安全关键技术研发专项（编号2018YFC1603400）设立了“食品安全检验在线质控系统研究”项目。项目牵头单位南京财经大学联合中国检验检疫科学研究院、中国测试技术研究院、中国肉类食品综合研究中心、华南理工大学、河北省食品检验研究院、中国合格评定国家认可中心（CNAS）等12家长期从事食品安全检验检测、风险监测、溯源计量和认可监督管理等的优势单位共同完成了本项目的研究工作。

本书重点介绍了由中国合格评定国家认可中心（CNAS）牵头，中国检验检疫科学研究院、中国食品发酵工业研究院、国家肉类食品质量监督检验中心、北京市产品质量监督检验研究院、郑州思念食品有限公司检测中心，以及北京智云达科技股份有限公司等单位共同研究完成的2项研究任务“食品安全实验室监督检验质量控制技术研究及质控模型的建立”（任务1）和“食品安全检验计量溯源体系以及食品安全综合监管中产品符合性判定准则研究”（任务2）输出成果，以及在食品安全在线抽检质控的应用案例等。

任务1研究成果主要包括《食品安全实验室监督检验质量控制评价技术规范》《食品安全实验室监督检验在线质控分析评价模型》等2份技术规范文件和《肉制品产品抽检质控规范》《肉制品中胭脂红检测质控规范》等9份子领域质控规范，以及软件著作权1项；任务2内容主要包括建立了食品安全检验计量溯源体系1套，建立了食品安全检测结果符合性判定通则，开发了“食品安全检验计量溯源软件系统”和“食品安全检测结果智能判定软件系统”，完成了软件著作权2项。2项研究任务的成果突破了食品安全实验室监督检验和现场快检在线质量控制、量值溯源和不确定度评估，创制了食品安全检验在线质控系统并验证应用，为整体提升我国食品安全检验在线质控水平奠定了坚实的理论与实践基础。

希望本书的出版，能够为食品安全监管机构、抽检任务的承担机构，以及其他相关机构提供借鉴和参考。希望通过食品安全实验室监督检验在线质控分析评价模型的应用，针对“抽样、储运、制备、检测、出具报告、复检、信息发布”等食品安全抽检全流程关键环节，实施在线质量控制指标及效果评价方法，作为传统监管模式的补充技术手段，为实现市场监管机构从被动等待抽检结果转变为主动实施监管流程的模式，确保食品安全抽检数据的可靠性、可比性、有效性，以及最为重要的时效性，避免监管部门依据检验报告进行查处时，不合格食品早已售出的尴尬局面，并为最终实现食品安全监管实时、动态工作模式提供技术保障。同时，食品安全检验计量溯源体系以及食品安全综合监管中产品符合性判定准则的应用及平台建设将对我国食品安全风险监测、监督抽查提供科学的溯源统计和判定依据，保障我国食品安全检验的准确性、真实性与可溯源性，产生显著的经济效益和社会效益。由于编者水平所限，不妥之处在所难免。敬请广大读者批评指正，多多赐教。

国家重点研发计划食品安全关键技术研发专项（项目编号2018YFC1603400）
“食品安全实验室监督检验质量控制技术研究及质控模型的建立”
“食品安全检验计量溯源体系以及食品安全综合监管中产品符合性判定准则研究”任务组
2022年10月26日

目 录

第一章

食品安全监管体系

第一节 食品分类

一、概述

食品是随人类生存和发展而伴行的最基本的物质。人类在对食品永不满足的同时，也不断地促进和发展了食品的生产。在现代社会中，食品工业不仅是农业或牧业的延续和继续，还具有制造工业的性质，人类可以利用现代科技生产或制造出适于人类需要的食品。

《中华人民共和国食品安全法》第一百五十条规定："食品，指各种供人食用或者饮用的成品和原料以及按照传统既是食品又是中药材的物品，但是不包括以治疗为目的的物品"。GB/T 15091—1994《食品工业基本术语》指出："食品是可供人类食用或饮用的物质，包括加工食品、半成品或未加工食品，不包括烟草或只作药品用的物质。

二、国内外主要食品分类系统

（一）国外主要的食品分类系统

目前，国外比较有影响力的食品分类系统主要有国际食品法典委员会（Codex Alimentarius Commission，CAC）的《食品与饲料分类标准》，《食品添加剂通用法典标准》（General Standard for Food Additives，GSFA）中的食品分类系统和日本"肯定列表制度"中的食品分类体系。CAC 的食品和饲料分类系统主要用于农药残留限量标准，是对具有相似农药残留特性和产品特征的食品进行归类；GSFA 用于食品添加剂管理，其食品分类体系主要依据产品加工工艺和产品属性；"肯定列表制度"主要用于食品中农业化学品（农药、兽药和饲料添加剂）残留管理，依据食品属性和农业化学品残留特性进行类别划分。

（二）国内主要的食品分类系统

1. 食品在生产加工环节的分类（依据 SC 编号，分为 31 大类）

根据《食品生产许可管理办法》（国家市场监督管理总局令第 24 号），食品生产企业申请食品生产许可，应当按照以下食品类别提出：粮食加工品，食用油、油脂及其制品，调味品，肉制品，乳制品，饮料，方便食品，饼干，罐头，冷冻饮品，速冻食品，薯类和膨化食品，糖果制品，茶叶及相关制品，酒类，蔬菜制品，水果制品，炒货食品及坚果制品，蛋制品，可可及焙烤咖啡产品，食糖，水产制品，淀粉及淀粉制品，糕点，豆制品，蜂产品，保健食品，特殊医学用途配方食品，婴幼儿配方食品，特殊膳食食品，其他食品等。食品生产许可证编号由SC（“生产”的汉语拼音字母缩写）和14位阿拉伯数字组成。数字从左至右依次为：3位食品类别编码、2位省（自治区、直辖市）代码、2位市（地）代码、2位县（区）代码、4位顺序码、1位校验码。目前生产加工环节的食品按照要求分为31大类，实行“SC”标志。新修订的《食品生产许可分类目录》采用“食品、食品添加剂类别-类别编号-类别名称-品种明细”的分类层次，将食品分为32大类（包括食品添加剂）287细类。该分类伴随着我国食品生产许可制度的产生、扩充和完善过程，兼顾了加工工艺和原料属性。食品生产许可分类是食品生产企业许可证发放和每年监督抽检监测任务的依据，SC分类系统中不涉及初级农产品，如蔬菜、水果、肉、鲜蛋等，SC分类是以生产工艺为主要依据，简单且易于生产企业理解，在食品企业和监管部门接受度高。但仅以生产工艺作为分类依据，易出现食品分类交叉，不具有唯一性。表1-1列举了食用油、油脂及其制品，肉制品，乳制品，速冻食品，蛋制品类别编号、类别名称、品种明细。

表1-1 食品生产许可分类目录（部分食品）表

食品、食品添加剂类别	类别编号	类别名称	品种明细
食用油、油脂及其制品	0201	食用植物油	菜籽油、大豆油、花生油、葵花籽油、棉籽油、亚麻籽油、油茶籽油、玉米油、米糠油、芝麻油、棕榈油、橄榄油、食用植物调和油、其他
	0202	食用油脂制品	食用氢化油、人造奶油（人造黄油）、起酥油、代可可脂、植脂奶油、粉末油脂、植脂末、其他
	0203	食用动物油脂	猪油、牛油、羊油、鸡油、鸭油、鹅油、骨髓油、水生动物油脂、其他
肉制品	0401	热加工熟肉制品	1. 酱卤肉制品：酱卤肉类、糟肉类、白煮类、其他 2. 熏烧烤肉制品 3. 肉灌制品：灌肠类、西式火腿、其他 4. 油炸肉制品 5. 熟肉干制品：肉松类、肉干类、肉脯、其他 6. 其他熟肉制品
	0402	发酵肉制品	1. 发酵灌制品 2. 发酵火腿制品
	0403	预制调理肉制品	1. 冷藏预制调理肉类 2. 冷冻预制调理肉类
	0404	腌腊肉制品	1. 肉灌制品 2. 腊肉制品 3. 火腿制品 4. 其他肉制品

表 1-1（续）

食品、食品添加剂类别	类别编号	类别名称	品种明细
乳制品	0501	液体乳	1. 巴氏杀菌乳 2. 高温杀菌乳 3. 调制乳 4. 灭菌乳 5. 发酵乳
	0502	乳粉	1. 全脂乳粉 2. 脱脂乳粉 3. 部分脱脂乳粉 4. 调制乳粉 5. 乳清粉
	0503	其他乳制品	1. 炼乳 2. 奶油 3. 稀奶油 4. 无水奶油 5. 干酪 6. 再制干酪 7. 特色乳制品 8. 浓缩乳
速冻食品	1101	速冻面米制品	1. 生制品：速冻饺子、速冻包子、速冻汤圆、速冻粽子、速冻面点、速冻其他面米制品、其他 2. 熟制品：速冻饺子、速冻包子、速冻粽子、速冻其他面米制品、其他
	1102	速冻调制食品	1. 生制品（具体品种明细） 2. 熟制品（具体品种明细）
	1103	速冻其他食品	速冻其他食品
蛋制品	1901	蛋制品	1. 再制蛋类：皮蛋、咸蛋、糟蛋、卤蛋、咸蛋黄、其他 2. 干蛋类：巴氏杀菌鸡全蛋粉、鸡蛋黄粉、鸡蛋白片、其他 3. 冰蛋类：巴氏杀菌冻鸡全蛋、冻鸡蛋黄、冰鸡蛋白、其他 4. 其他类：热凝固蛋制品、其他

2. 食品标准的分类体系

目前我国尚未针对食品分类制定食品安全标准，食品安全基础标准附有食品分类表，涉及食品分类的食品安全标准有 GB 2760—2014《食品安全国家标准　食品添加剂使用标准》、GB 14880—2012《食品安全国家标准　食品营养强化剂使用标准》、GB 2761—2017《食品安全国家标准　食品中真菌毒素限量》、GB 2762—2022《食品安

全国家标准　食品中污染物限量》、GB 2763—2021《食品安全国家标准　食品中最大农药残留限量》。

（1）GB 2760—2014《食品安全国家标准　食品添加剂使用标准》食品分类系统

GB 2760—2014《食品安全国家标准　食品添加剂使用标准》用于规范允许使用的食品添加剂品种、使用范围及最大使用量或残留量，其附录 E 食品分类系统覆盖的食品类别最全、层级划分最细，用于界定食品添加剂的使用范围，适用于使用该标准查询添加剂。该标准的食品分类系统将食品分为 16 大类。16 大类依据食品原料、食用功能和加工工艺特性划分，大类下又依据不同的加工工艺属性和食品属性分为亚类、细类和品种，细类、品种的划分根据需要设立，每类食品分类层级多为 4 个层级，部分食品分类层级达到了 5 个层级。

16 大类包括：乳及乳制品，脂肪、油和乳化脂肪制品，冷冻饮品，水果、蔬菜（包括块根类）、豆类、食用菌、藻类、坚果以及籽类等，可可制品、巧克力和巧克力制品（包括代可可脂巧克力及制品）以及糖果，粮食和粮食制品，焙烤食品，肉及肉制品，水产品及其制品，蛋及蛋制品，甜味料，调味品，特殊膳食用食品，饮料类，酒类，其他类。

表 1-2 以“食品分类号-食品类别/名称”，节选列举了该标准食品分类系统部分食品的分类。

表 1-2　GB 2760—2014 附录 E（部分食品）表

食品分类号	食品类别/名称
01.0	乳及乳制品（13.0 特殊膳食用食品涉及品种除外）
01.03	乳粉（包括加糖乳粉）和奶油粉及其调制产品
01.03.01	乳粉和奶油粉
01.03.02	调制乳粉和调制奶油粉
02.0	脂肪、油和乳化脂肪制品
02.01	基本不含水的脂肪和油
02.01.01	植物油脂
02.01.01.01	植物油
02.01.01.02	氢化植物油
08.0	肉及肉制品
08.03	熟肉制品
08.03.01	酱卤肉制品类

表 1-2（续）

食品分类号	食品类别/名称
08.03.01.01	白煮肉类
08.03.01.02	酱卤肉类
08.03.01.03	糟肉类
10.0	蛋及蛋制品
10.01	鲜蛋
10.02	再制蛋（不改变物理性状）
10.02.01	卤蛋
10.02.02	糟蛋
10.02.03	皮蛋
10.02.04	咸蛋
10.02.05	其他再制蛋

（2）其他食品标准中食品分类体系

GB 2762—2022《食品安全国家标准　食品中污染物限量》附录 A 食品类别（名称）说明中，将食品分为 22 个类别，表 1-3 列举了肉及肉制品、乳及乳制品、蛋及蛋制品、油脂及其制品等几类食品的分类。

GB 2761—2017《食品安全国家标准　食品中真菌毒素限量》在附录 A 食品类别（名称）说明中，将食品分为 10 个类别。

GB 2763—2021《食品安全国家标准　食品中农药最大残留限量》在附录 A 食品类别及测定部位中，将食品分为 13 个类别。

GB 14880—2012 采取了与 GB 2760—2014 基本一致的分类标准。

这些标准因其适用范围不同，在类别数量、分类层级等方面也各不相同，上述标准仅对该标准中涉及的食品分类以附录形式进行了列举，不包含所有食品类别。

表 1-3　GB 2762—2022 附录 A 食品类别表

食品类别	名称
肉及肉制品	熟肉制品 　　肉类罐头 　　酱卤肉制品类 　　熏、烧、烤肉类 　　油炸肉类 　　西式火腿（熏烤、烟熏、蒸煮火腿）类 　　肉灌肠类 　　发酵肉制品类 　　其他熟肉制品

表 1-3（续）

食品类别	名称
乳及乳制品	生乳 巴氏杀菌乳 灭菌乳 调制乳 发酵乳 浓缩乳制品 稀奶油、奶油、无水奶油 乳粉和调制乳粉 乳清粉和乳清蛋白粉 干酪 再制干酪 其他乳制品（例如：酪蛋白等）
蛋及蛋制品	鲜蛋 蛋制品 　　卤蛋 　　糟蛋 　　皮蛋 　　咸蛋 　　其他蛋制品
油脂及其制品	植物油脂（包括食用植物调和油及添加了鱼油的调和油） 动物油脂（例如：猪油、牛油、鱼油、磷虾油等） 油脂制品 　　氢化植物油 　　含氢化和（或）部分氢化油脂的油脂制品 　　其他油脂制品

我国针对具体的食品种类和产品生产需要，还制定了一些食品分类的推荐性国家标准或行业标准，如 GB/T 26604—2011《肉制品分类》、GB/T 30645—2014《糕点分类》、GB/T 20903—2007《调味品分类》、GB/T 34262—2017《蛋与蛋制品术语和分类》、GB/T 23823—2009《糖果分类》、GB/T 30590—2014《冷冻饮品分类》等。这些标准只是针对某些具体的产品根据生产工艺进行了更详细的分类，是对 SC 分类体系的补充应用。

SN/T 4602—2016《进出口食品专业通用技术要求　食品的分类》对进出口食品安全监管所涉及的食品进行了分类，根据原料来源和特性，采用线分类法将食品分为 22 个大类（Class），再按食品的自然属性和安全风险将其分为若干小类（Type），又根据食品加工特点和自身更为具体的属性分为若干组别（Group）。该标准采用分类分级编码，食品的大类、小类、组别、亚组、细组均赋予 2 位阿拉伯数字。该标准的食品分类编码表，还增加了与 GB 2760—2014 对应的编码以及相应的分类说明，与GB 2760—2014相比，该分类涵盖的范围更广，分级更详细，每个大类、小类和组别都有相应的具体描述和分类说明。表1-4列举了该标准中部分食品的分类。

表1-4 SN/T 4602—2016部分食品分类表

食品分类编码	GB 2760—2014对应编码	食品名称	说明
04.0	10.0	蛋及蛋制品	包括鲜蛋、不改变物理性状的再制蛋和改变了物理性状的蛋制品以及其他蛋制品
04.01	10.01	鲜蛋	各种禽类生产的、未经加工的蛋，如鸡蛋、鸭蛋、鹅蛋、鸽蛋、鹌鹑蛋等
04.02	10.02	再制蛋（不改变物理性状）	蛋加工过程中去壳或不去壳、不改变蛋形的制成品，包括卤蛋、糟蛋、皮蛋、咸蛋等
04.02.01	10.02.01	卤蛋	以鲜蛋为原料，经前处理、卤制、杀菌等工序制成的供直接食用的熟蛋制品
04.02.02	10.02.02	糟蛋	以鲜蛋为原料，经裂壳、用食盐、酒糟及其他配料等糟腌渍而成的蛋类产品
04.02.03	10.02.03	皮蛋	以鲜蛋为原料，经用生石灰、碱、盐等配制的料液（泥）或氢氧化钠等配制的料液加工而成的蛋类产品
04.02.04	10.02.04	咸蛋	以鲜蛋为原料，经用盐水或含盐的纯净黄泥、红泥、草木灰等腌制而成的蛋类产品
04.02.05	10.02.05	其他再制蛋	除外以上几类的再制蛋
04.03	10.03	蛋制品（改变其物理性状）	以鲜蛋为原料，添加或不添加辅料，经相应工艺加工制成的改变了蛋形的制成品。包括脱水蛋制品（如蛋白粉、蛋黄粉、蛋白片）、热凝固蛋制品（如蛋黄酪、松花蛋肠）、冷冻蛋制品（如冰蛋）、液体蛋和其他蛋制品
04.03.01	10.03.01	脱水蛋制品（如蛋白粉、蛋黄粉、蛋白片）	在生产过程中经过干燥处理的蛋制品，包括巴氏杀菌全蛋粉、蛋黄粉、蛋白片等
04.03.02	10.03.02	热凝固蛋制品（如蛋黄酪、松花蛋肠）	以蛋或蛋制品为原料，经热凝固处理后制得的产品。如蛋黄酪、松花蛋肠
04.03.03	10.03.03	蛋液和液态蛋	经巴氏杀菌并通过化学方式（如加盐）保存的全蛋液、蛋清或蛋黄液
04.03.04	10.04	其他蛋制品	除以上三类外的蛋制品［成分含量高于50%（含50%）的蛋制品］

3.《国家食品安全监督抽检实施细则》中食品分类

根据《中共中央　国务院关于深化改革加强食品安全工作的意见》《“十三五”国

家食品安全规划》《中华人民共和国食品安全法》和《食品安全抽样检验管理办法》等有关规定要求，国家市场监督管理总局每年开展全国食品安全监督抽检，发布食品安全监督抽检计划。为了更好地实施食品安全监督抽检计划，国家市场监督管理总局同时发布食品安全监督抽检的指导性文件《国家食品安全监督抽检实施细则》。以《国家食品安全监督抽检实施细则（2020 年版）》（以下简称：《细则》）为例，《细则》中将食品分为 34 大类，采用四级分类，即食品大类（一级）、食品亚类（二级）、食品品种（三级）、食品细类（四级）。该分类基于监督抽检的要求，与《食品生产许可分类目录》有较好的对应关系。表 1-5 列举了食用油、油脂及其制品，肉制品，乳制品，蛋制品，速冻食品等几类食品的分类。

表 1-5 《国家食品安全监督抽检实施细则（2020 年版）》的部分食品分类表

食品大类（一级）	食品亚类（二级）	食品品种（三级）	食品细类（四级）
食用油、油脂及其制品	食用植物油（含煎炸用油）	食用植物油（半精炼、全精炼）	花生油、玉米油、芝麻油、橄榄油、油橄榄果渣油、菜籽油、大豆油、食用植物调和油、其他食用植物油（半精炼、全精炼）
		煎炸过程用油（餐饮环节）	煎炸过程用油
	食用动物油脂	食用动物油脂	食用动物油脂
	食用油脂制品	食用油脂制品	食用油脂制品
肉制品	预制肉制品	调理肉制品	调理肉制品（非速冻）
		腌腊肉制品	腌腊肉制品
	熟肉制品	发酵肉制品	发酵肉制品
		酱卤肉制品	酱卤肉制品
		熟肉干制品	熟肉干制品
		熏烧烤肉制品	熏烧烤肉制品
		熏煮香肠火腿制品	熏煮香肠火腿制品
乳制品	乳制品	液体乳	巴氏杀菌乳、灭菌乳、发酵乳、调制乳
		乳清粉和乳清蛋白粉（企业原料）	脱盐乳清粉、非脱盐乳清粉、浓缩乳清蛋白粉、分离乳清蛋白粉
		乳粉	全脂乳粉、脱脂乳粉、部分脱脂乳粉、调制乳粉
		其他乳制品（炼乳、奶油、干酪、固态成型产品）	淡炼乳、加糖炼乳和调制炼乳，干酪（奶酪）、再制干酪，奶片、奶条等，稀奶油、奶油和无水奶油

表 1-5（续）

食品大类（一级）	食品亚类（二级）	食品品种（三级）	食品细类（四级）
速冻食品	速冻面米食品	速冻面米食品	水饺、元宵、馄饨等生制品，包子、馒头等熟制品
	速冻其他食品	速冻谷物食品	玉米等
		速冻肉制品	速冻调理肉制品
		速冻水产制品	速冻水产制品
		速冻蔬菜制品	速冻蔬菜制品
		速冻水果制品	速冻水果制品
蛋制品	蛋制品	再制蛋	再制蛋
		干蛋类	干蛋类
		冰蛋类	冰蛋类
		其他类	其他类

第二节　我国食品安全法律法规与标准体系

一、我国食品安全概况

（一）食品安全的定义

食品安全是全面建成小康社会的重要标志，是以人民为中心的发展思想的具体体现。《中共中央　国务院关于深化改革加强食品安全工作的意见》指出，到 2035 年，基本实现食品安全领域国家治理体系和治理能力现代化。国际食品法典委员会（CAC）将食品安全定义为：食品中不含有有害物质，不存在引起急性中毒、不良反应或潜在疾病的危险性。世界卫生组织（WHO）将食品安全定义为：对食品按其原定用途进行制作和食用时不会使消费者受害的一种担保。2018 年我国新修订的《中华人民共和国食品安全法》第一百五十条，将食品安全定义为：食品无毒、无害，符合应当有的营养要求，对人体健康不造成任何急性、亚急性或者慢性危害。从国内外对食品安全的定义可见，食品安全包括数量安全、质量安全和营养安全 3 个层次。数量安全解决的是吃得饱的问题，质量安全解决的是吃得放心的问题，营养安全解决的是健康提升的问题。

党的十九大报告提出了“实施健康中国战略”，并强调加大食品安全执法力度，为健康中国保驾护航。这不但为我国各个地区的食品安全工作指引了前进的方向，而且也为食品安全工作的开展提供了依据。食品安全问题与国家经济、人民生活等存在密切的关系。

食品安全问题不仅是一个关系人民群众生命安全的重大问题，更关乎中华民族的希望和未来。食品安全问题是一个公共话题，世界各国监管部门都高度关注这一问题，食品安全隐患和风险是公共健康面临的最主要的威胁之一。食品安全问题既是关乎社会和谐、居民生活水平的民生问题，也是关乎国家治理体系和治理能力的政治问题。

（二）我国食品安全基本情况

食品是保障生命健康的基石，对人民群众有着至关重要的意义。食品安全问题关系国计民生，长期以来受到政府、媒体、专家学者、检测机构和研究机构的密切关注。

近年来，我国食品安全形势稳中向好。2020年市场监管部门对市场上销售的34大类食品，按法定程序和食品安全标准等组织抽样、检验，完成食品安全监督抽检638万余批次，总体不合格率为2.31%，与2019年基本持平。抽检数据显示，我国仍处于食品安全问题易发、多发期，微生物污染、农兽药残留超标、超范围超限量使用食品添加剂等食品安全问题仍需持续治理。

我国每年对食品的消费量巨大，并且以持续攀升的形势增长，随着发展需求由原来的提速、提量转变为提质，食品行业也迎来新的机遇与挑战，消费者对食品的安全性及质量水平提出了更高的要求。

（三）不同环节的食品安全问题

食品在到达消费者手中之前，经历的各个环节均可能对其质量安全产生影响，可从生产、流通、销售等环节分析产生食品安全问题的原因。

1. 食品生产过程

首先是人为因素。在食品原料的生产过程中，农药、兽药的超标使用或违规使用，都会引起食品安全问题；抗生素、激素等物质会对人体免疫系统造成不可逆的破坏，甚至会导致基因突变，引发癌症、白血病等严重疾病；未经处理或未降解的药物残留排放到环境中，会污染土壤和地表水源，最后在动植物体内积淀，将再次威胁人们的健康。在生产加工环节，为延长食品保质期、追求色香味等感官效果，会超范围使用防腐剂、色素、香精等添加剂；由于质控手段有限、生产工艺落后、过程污染等原因，会导致微生物、生物毒素、重金属含量超标等。以上均会带来一定程度的食品安全隐患。

其次是环境因素。土壤、水源、气候等受现代化工业和农业污染导致残留物累积的长期影响，使得部分原料产地的安全性已存在严重问题。据我国首次全国土壤污染状况调查结果显示，全国土壤总的超标率为16.1%，污染类型以无机型为主，有机型次之，复合型污染比重较小，无机污染物超标点位占全部超标点位的82.8%。较为严重的环境污染势必会引发种养殖环节的食品安全问题。

2. 食品流通过程

食品在运输、储存过程中，温湿度条件、包装材料、车辆及仓库要求、食品分装分隔等因素，均有可能引起食品腐败变质、灰尘虫害入侵、有毒有害污染等问题，严重影响食品安全，进而危害人们身体健康。

3. 食品销售过程

部分食品经销企业法律意识淡薄，销售不符合安全标准、有毒有害、假冒伪劣的过期食品、污染食品、三无食品等，轻视销售过程管理与食品质量安全及卫生，损害了消费者的合法权益。

（四）原因分析

从食品生产企业角度看，部分中小企业内部重经营轻管理、重利润轻质量的现象一直存在，食品的生产者、经营者或为了利益知假造假，或因专业知识匮乏而达不到生产质量要求，或因原料把控不严格导致源头材料污染，种种原因致使食品安全问题一直存在。

从政府监管部门来讲，新的欺诈造假技术层出不穷，法律法规、技术标准体系需进一步完善。同时，相关行业协会对生产企业和消费者的引导手段有待丰富，在食品安全领域发挥的作用有待提高，在食品安全知识的培训和宣传力度方面也有待加强。

（五）建议

食品安全问题从古至今都是人们关注的重中之重。改善食品安全现状，需要充分发挥食品生产经营企业、政府监管部门、行业协会、专家学者、媒体、消费者的作用，高质量提升我国食品安全现状。

第一，食品生产经营企业应该加强法律法规的学习，提升质量和技术管理水平。依据法律法规、食品安全标准，加强原辅料等源头管控及生产过程控制，杜绝违法违规行为，增强员工的职业道德素养和业务技术水平，提高企业的食品安全综合保障能力。

第二，政府监管部门应该完善食品安全相关法规和标准，加强对食品生产经营企业市场准入的监督管理，坚定治理决心，加大执法力度，提高执法水平，进一步推进食品安全监督抽检工作的深入开展，严厉惩处违法犯罪行为，规范生产经营秩序，营造良好的社会氛围。

第三，各级消费者协会、食品行业协会等应加强对食品生产经营企业的培训教育，提高行业自律性，引导食品生产经营企业依法生产经营，推进行业诚信建设，建立诚信评价体系，普及相关专业知识。通过多种方式规范行业行为，切实保障消费者权益，引导行业健康可持续发展。

第四，媒体应充分宣传食品相关法律法规、标准、知识，开展公益宣传活动，介绍相关先进技术、经验和典型实例，曝光违法犯罪行为，有效发挥舆论监督作用，促进消费者食品安全意识的提升。

第五，消费者应积极参与相关普法活动，密切关注食品安全问题，提高自身鉴别能力并积极维护自身合法权益，与政府监管部门、媒体、行业协会形成良性互动，促进食品安全环境不断改善。

二、我国食品安全法律法规概况

（一）我国食品安全法律法规现状

1964 年，国务院颁布了《中华人民共和国食品卫生管理试行条例》；1979 年，《中华人民共和国食品卫生管理条例》作为我国第一部关于食品安全的法条问世；1983 年，全国人大常委会通过了《中华人民共和国食品卫生法（试行）》；1995 年 10 月 30 日，《中华人民共和国食品卫生法》颁布实施，它是目前我国食品卫生法律体系中法律效力层次最高的规范性文件，也是我国食品卫生法律体系的核心法；2009 年 2 月 28 日，十一届全国人大常委会第七次会议审议通过《中华人民共和国食品安全法》（以下简称：《食品安全法》），该法于 2009 年 6 月 1 日正式实施。《食品安全法》经过了 3 次修订，分别是在 2015 年 4 月 24 日、2018 年 12 月 29 日和 2021 年 4 月 29 日，当前现行版本即 2021 年 4 月 29 日修订的《食品安全法》。

我国现行的食品安全法律法规体系，包括法律、行政法规、地方性法规、部门规章以及地方政府规章等多种形式，以《中华人民共和国食品安全法》（2021 年修订）和《中华人民共和国食品安全法实施条例》（2019 年修订）为主导，以《中华人民共和国刑法》《中华人民共和国产品质量法》《中华人民共和国农产品质量安全法》《中华人民共和国进出口商品检验法》《中华人民共和国消费者权益保护法》《中华人民共和国传染病防治法》《中华人民共和国动物防疫法》以及我国加入或认可的国际条约等法律法规中有关食品安全的相关规定为补充构成的集合法律形态。

此外，还有《食品生产许可管理办法》《食品经营许可管理办法》《餐饮服务食品安全监督管理办法》《餐饮服务食品安全操作规范》等部门文件来规范食品生产经营企业和餐饮业。

除了国务院相关部门针对食品安全制定的行政法规和管理规范外，地方各级政府针对本地区的实际情况也制定了一些食品安全地方性法规和监督管理制度，如《深圳经济特区食品安全监督条例》《甘肃省食品小作坊小经营店小摊点监督管理条例》《安徽省食品安全条例》《北京市小规模食品生产经营管理规定》《广西壮族自治区食品安全条例》等。

这些多层级、分门类的法律法规体系，在一定程度上满足了食品生产和市场流通等相关领域的法制需求，它们的实施对整个社会的食品安全监管起到了明确的指导作用，全方位保障了我国的食品安全。

（二）我国食品安全法律法规问题

1. 新兴食品的安全立法法治化程度低

随着时代的发展，近年流行起各类代餐、营养强化粉、美容食品、昆虫食品、花卉食品、树叶食品、褐藻食品、人工合成食品等新兴食品，转基因技术、纳米技术、自动化食品生产等新兴技术、新兴产品广泛使用和推广，新的食材原料超出了目前食品监管的范围，给食品安全监管工作带来了新的挑战，同时也给食品安全立法带来了新的任务，亟须推进食品安全法治化的速度和质量。

2. 对食品生产经营者的违法惩处力度不够

《中华人民共和国食品安全法》《中华人民共和国产品质量法》《中华人民共和国消费者权益保护法》对于食品安全违法的责任规定较轻，违法成本较低，不足以对违法行为起到足够的威慑作用。例如，《中华人民共和国食品安全法》（2021 年修订）第一百二十三条规定，用非食品原料生产食品、在食品中添加食品添加剂以外的化学物质和其他可能危害人体健康的物质，或者用回收食品作为原料生产食品，或者经营上述食品的，没收违法所得和违法生产经营的食品，并可以没收用于违法生产经营的工具、设备、原料等物品；违法生产经营的食品货值金额不足一万元的，并处十万元以上十五万元以下罚款；货值金额一万元以上的，并处货值金额十五倍以上三十倍以下罚款；情节严重的，吊销许可证，并可以由公安机关对其直接负责的主管人员和其他直接责任人员处五日以上十五日以下拘留。

3. 监管机构权责较明确，但协调性有待提高

当前，国家市场监督管理总局负责覆盖食品生产、流通、消费全过程的监督管理；农业农村部负责农产品质量安全监督管理；国家卫生健康委员会组织拟订食品安全国

家标准，开展食品安全风险监测等。虽然职责相对明确，但仍存在监管空白或交叉。立法主体应构建更加缜密、清晰、具有时代性的法律体系，努力消除信息壁垒，既体现分工负责，又体现相互配合。要确立国务院食品安全委员会的最高地位，保证其在食品安全监管过程中有足够的权威，可以分析食品安全问题，划分监管部门权责、追究监管部门责任；卫生行政部门致力于细化其监管范围内的食品安全监督标准，增加可操作性。

（三）我国食品安全立法发展方向

1. 完善食品安全法律法规体系

针对法律法规中交叉重复、零散的部分，建立更加完善的食品安全监管体系。明确食品生产经营人员的首要责任，在培育环节、生产环节、加工环节、运输环节、销售环节以及使用环节等各个阶段，明确法律规定，促使生产经营人员能够依照规定开展工作。对违法生产经营者进行严肃处理，提升食品生产和经营的安全意识，保障食品的安全性。

2. 强化食品安全法律法规的惩罚力度

赋予监管部门更多权力，进一步加强执法部门检查权，加大法律法规惩处力度，使食品安全法律法规可操作性与执行力得到充分保障。同时，加大惩处力度，增加违法犯罪成本，对制假者形成威慑力，减少制假造假的行为。

3. 完善相关配套措施

政府机关建立及时有效的信息通报和发布机制，推进食品安全溯源体系建设。科研机构加强食品溯源性、安全性、真实性的研究，利用自身技术优势，配合政府开展食品安全风险监测和预警工作，建立快速高效的预警机制。加大食品信用监管的覆盖面和信用档案的透明性。

三、食品安全标准体系

（一）概述

食品安全指的是食品供给与消费的可靠程度。它有三层含义：一是食品数量的安全（food security）；二是食品质量的安全（food safety）；三是食品可持续安全（food lasting security）。关于食品质量的安全，《中华人民共和国食品安全法》第十章附则第一百五十条规定：食品安全，指食品无毒、无害，符合应当有的营养要求，对人体健康不造成任何急性、亚急性或者慢性危害。食品数量的安全，指的是一个国家或地区能够生产民族基本生存所需的膳食。食品可持续安全，指从发展角度要求食品的获取需要注重生态环境的良好保护和资源利用的可持续，持续提高人类的生活水平，不断改善环境生态质量，使人类社会可以持续、长久地存在与发展。从广义上讲，食品安全包括卫生安全、质量安全、数量安全、营养安全、生物安全、可持续性安全等六大要素。

标准体系是在一定范围内的标准按其内在联系形成的科学有机整体，是国家标准制修订工作的重要依据和指导。标准体系通常是指一个国家、一个部门、一个行业（或专业）、一个企业的全部标准，按其客观存在的内在联系，使其有规律地分类、分层而构成的一个标准有机整体，即在质和量的方面都存在着内部有机联系的标准群整体。标准体系具有六个特征，即集合性、目标性、可分解性、相关性、整体性、环境适应性。

食品安全标准是我国食品安全保障体系的重要组成部分。食品生产经营者应依照法律、法规和食品安全标准从事生产经营活动，建立健全食品安全管理制度，采取有效管理措施，保证食品安全。食品生产经营者对其生产经营的食品安全负责，对社会和公众负责，承担社会责任。我国食品安全标准是强制执行的标准。食品安全标准体系建设，可以推动建立安全稳定的食品产业发展氛围，助推企业稳健发展，避免出现恶性竞争，引领科学创新、合理生产；保障消费者权益，满足人民的日常生活需求；维护社会和谐稳定，降低食品卫生突发事件的影响范围，避免国家资源消耗。

（二）我国食品安全标准体系现状

1. 食品安全标准体系框架

食品安全标准是食品科学技术传播和创新成果产业化的桥梁和媒介，是促进食品产业的结构调整和优化升级的重要工具。近年来，在国务院有关行政主管部门和全国专业标准化技术委员会等标准化工作部门的带领下，食品安全标准在经济社会发展中的作用日益突出，支撑了我国食品行业的综合实力。2014 年国家卫生和计划生育委员会印发的《食品安全国家标准整合工作方案（2014 年—2015 年）》提出了食品安全国家标准体系框架，如图 1-1 所示。

2. 我国食品安全标准体系主要特点

（1）食品安全标准制修订情况

目前，我国食品安全标准体系基本形成以国家标准、地方标准、企业标准为主的层级结构，覆盖粮油产品、乳制品、肉制品等各类食品行业，涵盖基础、方法、安全、卫生、环保、产品、管理、其他等八个方面的食品工业标准体系。

截至 2021 年 8 月底，我国共发布食品安全国家标准 1391 项，其中即将实施 34 项、

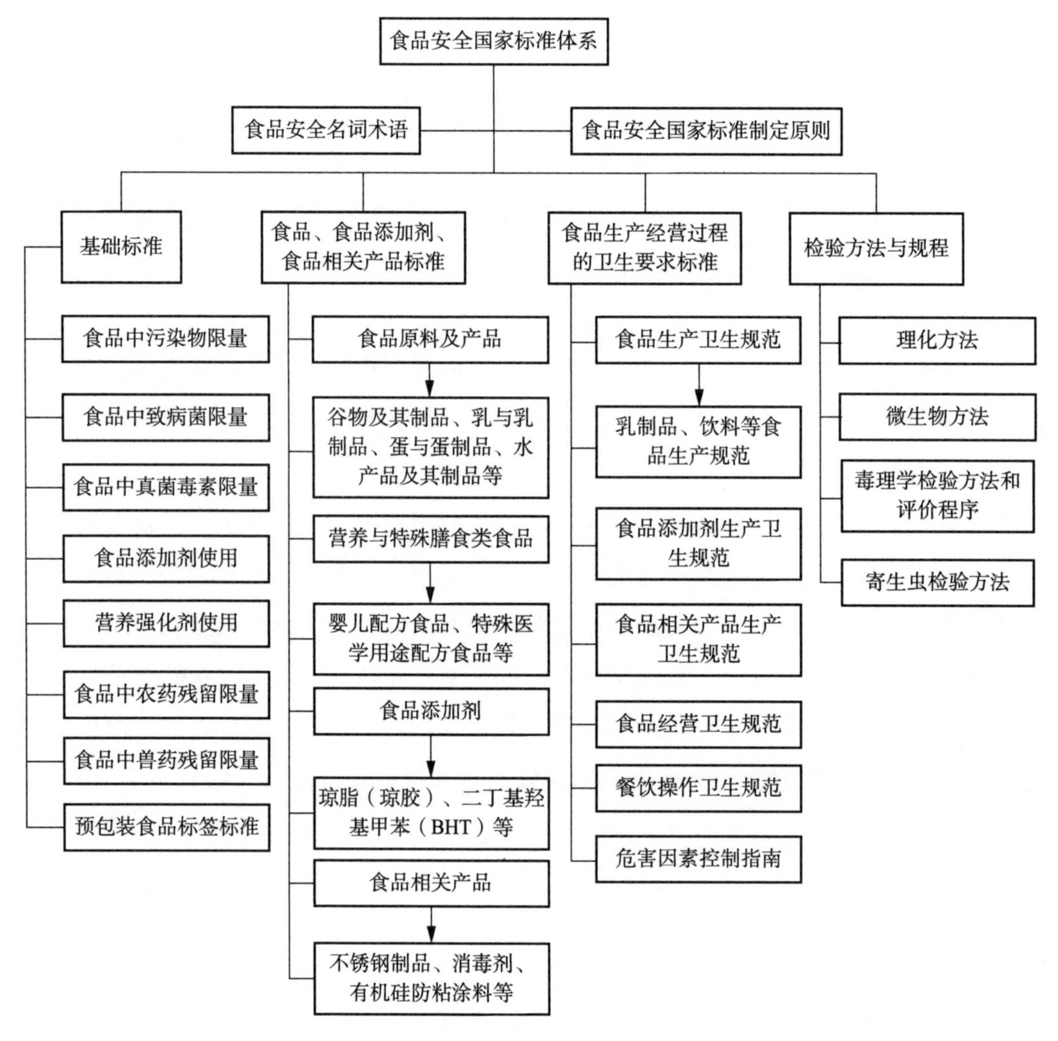

图 1-1　食品安全国家标准体系框架

废止 886 项；各部委制定、发布食品相关行业标准近 17000 项，其中农业标准（NY 标准）4113 项、水产标准（SC 标准）773 项、粮油标准（LS 标准）278 项、轻工标准（QB 标准）3908 项、商业标准（SB 标准）971 项、进出口检验检疫标准 5688 项（SN 标准）、环境标准（HJ 标准）1226 项。

截至 2021 年 3 月底，我国食品安全国家标准共 1366 项，被替代（拟替代）和已废止（待废止）标准 84 项。其中，食品添加剂质量规格及相关标准 640 项，理化检验方法标准 232 项，农药残留检测方法标准 120 项，食品产品标准 70 项，食品营养强化剂质量规格标准 50 项，兽药残留检测方法标准 38 项，生产经营规范标准 34 项，微生物检验方法标准 32 项，毒理学检验方法与规程标准 29 项，食品相关产品标准 15 项，通用标准 12 项，特殊膳食食品标准 10 项。

（2）食品安全标准制定程序及管理制度

《食品安全国家标准管理办法》规定，食品安全国家标准制修订工作包括规划、计划、立项、起草、审查、批准、发布以及修改与复审等；食品安全国家标准主管部门组织成立食品安全国家标准审评委员会，负责审查食品安全国家标准草案，对食品安全国家标准工作提供咨询意见；鼓励公民、法人和其他组织参与食品安全国家标准制修订工作，提出意见和建议。

2018年，质检部门、工商部门、食药监部门合并为市场监管部门，生产加工环节、流通环节、消费环节食品安全监管由市场监管部门统一管理，提升了食品安全监管效率，有效避免了“多头管理，无人负责”的现象。目前，食品安全标准管理职责更加清晰，形成了国家卫生健康委员会宏观把控，市场监管部门主要执行，农业农村部和海关总署等相关部门积极配合的食品安全管理框架。

食品安全标准体系建设原则包括实用性原则、科学性原则、权威性原则。食品安全标准的构建，需要从国内实际情况出发，以实际生产技术、包装技术、原料加工技术等为基础，逐步与国际接轨。同时，应在高新科技的支持下健全标准体系，以《中华人民共和国食品安全法》为基石，赋予我国食品安全标准体系权威性。

（3）食品安全标准化管理体系建设情况

“十三五”期间，我国食品安全标准化工作成效显著，标准体系更加完善，标准管理制度和审查机制进一步完善，更加注重标准与食品安全风险监测和评估工作的有机衔接，食品安全国家标准跟踪评价与宣贯工作进一步强化，并积极参与国际食品标准的制定。

3. 我国食品安全标准体系存在的问题

随着我国食品工业快速蓬勃发展，食品生产经营和消费格局也在发生深刻变化，产业链不断延长，对关键环节进行监管和控制的需求不断增多、难度逐渐增大，人们对食品的质量、安全、环保等方面也提出了更高更新的要求，食品标准和食品标准化工作变得越来越重要，同时食品安全标准体系也暴露出一些问题。

（1）食品安全标准体系不健全

当前，我国标准起草机构多，标准间存在层次不清、交叉矛盾的问题。同一产品的多个标准检验方法存在差异，含量限度不同，对实际操作造成困扰，无法适应实际的食品生产需要，不能满足市场需求。这些不仅使食品企业在选择产品标准时面临问题，也给食品安全监管部门的执法带来了一定的困难。具体表现为管理体系复杂，存在统一协调难度大、易出现交叉重复和空白遗漏的问题；产业链发展不平衡，上下游衔接出现问题；基层检验检测机构水平偏低，行业检测能力有待提高；对终端产品检验为主的监管体系造成监管压力，食品安全风险过于集中。

（2）食品安全标准制修订不及时

我国的标准制修订程序包括预研阶段、立项阶段、起草阶段、征求意见阶段、审查阶段、批准阶段、出版阶段、复审阶段、废止阶段。从现实情况看，食品安全标准制修订的各项工作尚未得到平衡发展。虽然我国对该项工作较为重视，但对标准的前期技术研究、标准的培训与组织实施、后期评估阶段投入的人力、财力、物力还不足，而且标准化人才缺乏，基础研究薄弱，这些在一定程度上影响了标准修订、新标准制定的进程。加之目前食品种类增多、新品种新工艺不断涌现、造假技术更新换代，部分老化标准严重滞后，难以满足当今社会日新月异的食品工业发展，无法为食品安全提供有效保障。

（3）食品安全国家标准技术体系水平有待提高

虽然我国已经建立了覆盖面较为完善的食品标准框架，但在一些关键环节和关键点，如原料、过程控制、检测方法、风险评估、质量指标、包装材料与设备等方面，还存在遗漏、落后和不足的情况；针对低碳、环保、生物技术等关系行业可持续发展的战略性关键点的标准化研究还未充分展开；适应食品安全新形势下综合管理需要的支撑性标准体系尚待优化。

随着科技的发展，很多监测仪器一再更新，形成了更为快捷方便的检测方法，但是因没有形成标准，所以还无法作为食品检验的合法依据，这给检验工作带来了困难。因此，检测方法基础标准、掺杂造假识别、食品添加剂检测、包装材料检测、适用于工厂一线生产的快速检验方法和手段是检测方法标准体系有待完善的重点。

4. 我国食品安全标准体系展望

（1）食品安全标准加速与国际接轨

在食品安全管理全球化的背景下，各国食品安全趋同趋势加强。目前，我国食品安全国家标准约有40％采用了等效国际食品法典标准的级别，但在标准的内容、体系上与国际水平存在差距，相关部门和科研单位应主动参与制定国际食品安全标准的活动，充分发挥研究能力，借鉴国外先进标准，结合我国实际，提高我国食品安全标准水平。我国需要积极参与国际食品法典委员会工作，学习和借鉴国际食品标准管理经验，参与国际食品法典标准制修订工作，密切跟踪国际标准更新发展情况，积极牵头或参与与我国食品贸易利益密切相关的国际食品标准制修订和相关技术交流，建立覆盖国际食品法典及有关发达国家食品安全标准、技术法规的数据库。

（2）推动食品安全标准评估监测、风险分析的发展

以行业主管部门为主导，以行业技术研究机构为依托，建立食品各个细分行业标

准研究、制定、实施、评估工作体系，加强食品标准实施效果评估，深入开展食品标准实施效果评估监测工作，找出风险关键点，适时调整我国食品安全标准制修订的策略和重点领域。基于风险评估结果，采用我国膳食暴露和食品污染数据，经过科学评估并考虑标准的社会经济影响，发挥食品安全风险监测网络数据、食物消费量调查和总膳食研究资料的基础作用，完善定量风险评估技术和模型，为食品安全标准制修订提供科学支撑。

(3) 加强食品安全标准宣传培训投入

加强对食品安全标准化人才和行业从业人员的教育、培训力度。实施人才战略，在高等院校设立食品标准相关基础课程。加强标准化人才国际交流学习，形成一支专业齐全、梯次合理、素质优良、新老衔接的标准化人才队伍。加大食品安全国家标准发布实施后的宣传、培训、咨询和反馈，通过举办标准宣贯班或标准化知识培训班等方式，加大标准宣传解读力度。

(4) 加强食品安全监管力度

监管部门应依法、依标做好食品安全监管，开展食品安全国家标准跟踪评价，督促企业严格执行相关食品安全国家标准和食品生产质量管理规范，实时准确掌握标准的执行情况和存在的问题。督促和帮助企业自发建立符合国家相关法律法规、标准要求，系统的、适应自身发展需要的企业标准体系，并按照该体系组织实施食品生产经营活动，保证食品安全和食品质量。加强部委联动机制，针对薄弱环节加强管理和标准化指导与专项支持，结合诚信体系建设，综合运用多方资源与信息，建立一套能够规范企业市场行为、引导行业发展方向的准入条件体系。

第三节　食品安全监管体系

一、食品安全监管的内涵

2003 年联合国粮农组织、世界卫生组织出台的《保障食品的安全和质量：强化国家食品控制体系指南》指出："食品安全监管是国家采取强制性措施对食品生产、经营的相关部门进行管理从而保障消费者的安全。"食品安全监管涵盖了监管主体、监管对象和监管手段等要素。食品安全监管的主体既包括依据国家法律法规设立的具有相应监管职责的行政部门，也包括社会公众以及舆论媒体，都在食品安全监管中发挥着不同的作用。食品安全监管的对象涵盖了市场上所有与食品生产、流通、餐饮等相关的单位，也包括其在食品的生产、流通和经营各个环节中的一系列行为。

食品安全监管的内涵是政府为了实现“食品安全”，设立食品安全监管部门，其主要职能是为了保障公民身体健康和生命安全，对食品生产、经营以及消费的全过程进行监督管理。食品安全监管部门要承担对辖区内的食品生产、经营者实施食品生产许可、食品经营许可等市场准入行政审批工作，对监管对象进行日常检查、专项检查、强制监督抽检、专项抽检和风险检测等监督检查工作，以及依法查处与食品安全相关的违法违规行为。

二、食品安全监管体系的建立

（一）食品安全监管体系的发展历史

1. 单部门监管食品卫生时期

新中国成立初期，国家就赋予卫生部在食品卫生方面的监管权。自 1965 年国务院批转卫生部等五部委制定的《食品卫生管理试行条例》起，直至《食品卫生管理条例》（1979 年）、《中华人民共和国食品卫生法（试行）》（1982 年）、《中华人民共和国食品卫生法》（1995 年）等法律法规颁布施行，都把监督执行卫生法令、负责对本行政区内食品卫生进行监督管理、抽查检验等食品卫生监管职能赋予了卫生部。

2. 多部门分段式监管食品安全时期

2004 年至 2013 年我国进入多部门分段式监管食品安全时期。2004 年，《国务院关于进一步加强食品安全工作的决定》提出一个监管环节由一个部门监管的原则，采取分段监管为主、品种监管为辅的方式。具体为农业部门负责初级农产品生产环节的监管；质检部门负责食品生产加工环节的监管，将由卫生部门承担的食品生产加工环节的卫生监管职责划归质检部门；工商部门负责食品流通环节的监管；卫生部门负责餐饮业和食堂等消费环节的监管；食品药品监管部门负责对食品安全的综合监督、组织协调和依法组织查处重大事故。

3. 大部门综合监管食品安全时期

2013 年 3 月 22 日，国家食品药品监督管理总局的成立意味着食品安全多部门分段式监管局面的结束。国务院食品安全委员会承担整体调节职能，国家食品药品监督管理总局承担食品安全监督管理职能，其他协同监管的主体包括工商总局、商务部、工业和信息化部、质检总局、农业部等，各方主体互相调节、互相协作，共同组成监督管理组织体系。

根据2015年修订的《中华人民共和国食品安全法》，中央政府主要为全国食品安全监管工作的有效开展提供政策指引和统一的规范标准，实际监管工作由县级以上地方政府及其监管部门承担。地方各级食品安全监管部门基本仿照中央政府部门的组织结构进行设置。

2018年4月10日，国家市场监督管理总局挂牌成立，食品安全监管的职能也相应进行调整。

a）不再保留国家食品药品监督管理总局和国家质量监督检验检疫总局。原国家食品药品监督管理总局承担的食品生产、加工、流通和消费环节的监管职责由新设立的国家市场监督管理总局承担，原国家质量监督检验检疫总局承担的进口食品安全监督管理职责由海关总署承担。

b）不再保留国家卫生和计划生育委员会，原本由其承担的食品安全风险监测与评估以及食品安全国家标准制定的有关职责，整合入新组建的国家卫生健康委员会。

c）组建农业农村部，负责原农业部承担的初级农产品和绿色食品安全监督工作。

d）保留国务院食品安全委员会，具体工作由国家市场监督管理总局承担。

此外，国家食品安全风险评估中心仍然负责提供“从农田到餐桌”全过程的食品安全风险管理技术支撑服务。图1-2阐释了当前国家层面食品安全监管体系的构成。

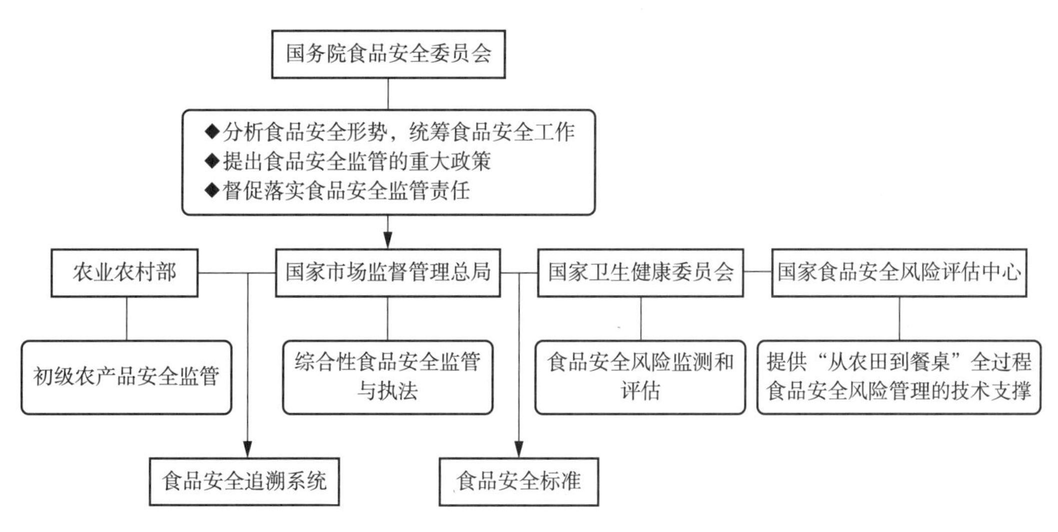

图1-2 国家食品安全监管体系

此次机构改革标志着食品安全监管进入了一个新阶段，全面推进食品安全监管法治化、标准化、专业化、信息化建设，坚持“预防为主、风险管理、全程控制、社会共治”的食品安全基本原则，强化食品安全的基层监管，强调食品生产经营者的主体责任、食品安全的源头治理，以及社会媒体和人民群众共同参与食品安全监管，弥补行政监督的不足和滞后，使“舌尖上的安全”更具保障。近年来，国家市场监督管理总局食品安全监管工作与时俱进、不断创新，与“互联网+”、大数据、区块链等新兴技术接轨，对电商、农贸市场、校园周边、小吃街、网红食品等多个领域食品安全监管工作进行创新和改革，并取得良好的效果。此外，将“网格化”管理模式、数字化治理模式创新应用于食品安全监管工作中，对基层社会全方位、多层次开展联防联控，为新时代背景下食品安全治理效能和保障力度的提升贡献了力量。

（二）食品安全监管的法律体系

《中华人民共和国食品安全法》于2009年6月正式生效，2015年、2018年、2021年先后修订3次，这是我国第一部规范食品安全的法律，在中国食品安全监管史上具有里程碑式的意义，明确了食品安全监管部门组织开展抽检的法律职责。到目前为止，我国基本形成以《中华人民共和国食品安全法》为基本法律，以《中华人民共和国产品质量法》《中华人民共和国农产品质量安全法》《中华人民共和国标准化法》等为主体，以其他法律、各地方的政府规章、司法解释等为补充的食品安全法律法规体系。

2019年10月，《中华人民共和国食品安全法实施条例》发布，解决了食品安全管理过程中存在的问题，该条例已成为食品抽检工作的基石。2015年3月出台的《食品安全监督抽检和风险监测工作规范》（食药监办食监三〔2015〕35号），是食品抽检监测工作的标准作业程序，对抽样检验工作过程具体操作要求和标准予以规定，对抽样、检验工作具有重要指导性意义。为进一步规范食品安全抽样检验工作，加强食品安全监督管理，国家市场监督管理总局于2019年8月8日发布了《食品安全抽样检验管理办法》（国家市场监督管理总局令第15号），于2019年10月1日实施，该办法是食品安全抽样工作的纲领性文件。为进一步规范食用农产品抽样检验和核查处置工作，国家市场监督管理总局于2020年11月30日发布了《食用农产品抽样检验和核查处置规定》（国市监食检〔2020〕184号）。通过一系列文件的发布，进一步规范了食品安全抽样检验工作，加强了食品安全监督管理，充分保障了公众身体健康和生命安全。

（三）食品安全抽检工作

2014年至今，国家、省、市、县等各级食品监管部门，把年度抽检监测作为重要抓手，逐步加大抽检监测频次和品种覆盖范围，加强抽检信息公布力度，有效推进了食品安全监管工作。食品安全抽检监测全过程包含了计划、抽样、检验、核查处置等一系列程序，由国家市场监督管理总局发布年度食品安全抽检计划，规定总局、省级局、市县级局的抽检监测食品品种、批次、抽检对象等，各级局根据总局计划逐级发布本级抽检方案，然后通过直接委派下属检测机构或公开招标等方式选择承检机构，由承检机构按照要求组织人员开展抽样、检验工作，出具检验报告，将抽检监测结果汇总上报给组织抽检监测工作的食品监管部门，监管部门对不合格情况进行核查处置。

近些年，从国家市场监督管理总局制定的食品安全抽检计划看，任务量逐年增加。《“十三五”国家食品安全规划》明确提出，到2020年，食品安全抽检覆盖全部食品类别、品种，国家统一安排计划，各地区各有关部门每年组织实施的食品检验量达到每千人4份。农业污染源头得到有效治理，主要农产品质量安全监测总体合格率达97%以上。食品安全现场检查全面加强，对食品生产经营者每年至少检查1次。

我国食品安全抽检工作分为监督抽检、风险监测和评价性抽检。监督抽检指市场监管部门按照法定程序和食品安全标准等规定，以排查风险为目的，对食品组织的抽样、检验、复检、处理等活动。风险监测指市场监管部门对没有食品安全标准的风险因素，开展监测、分析、处理的活动。评价性抽检指依据法定程序和食品安全标准等规定开展抽样检验，对市场上食品总体安全状况进行评估的活动。抽检的对象包括：食品生产者、食品流通经营者、餐饮服务经营者、网络销售经营者等。抽检领域分为生产领域、流通领域、餐饮领域、网络抽样等。食品安全抽检努力实现“四个覆盖”，即覆盖城市、农村、城乡接合部等不同区域，覆盖所有食品大类、品种和细类，覆盖在产获证食品生产企业，覆盖生产、流通、餐饮和网络销售等不同的业态。

第四节　食品监督抽检检验流程

为规范实验室承担国家市场监督管理总局委托的食品抽样检验工作，满足国家市场监督管理总局对食品抽样检验工作的各项要求，需按图1-3的流程开展食品监督抽检检验。

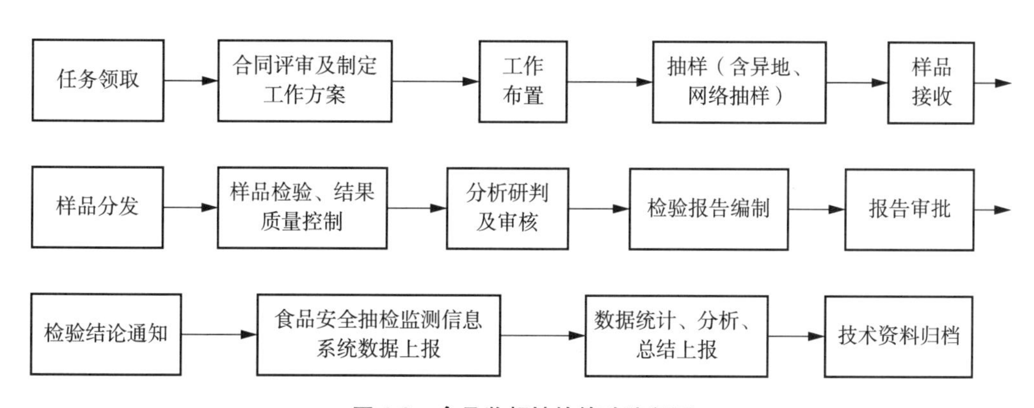

图1-3　食品监督抽检检验流程图

一、任务领取

指定相关部门专门人员与任务下达部门联系，负责领取抽样检验工作任务并做好相关的各项联络工作。

二、合同评审及制定工作方案

（一）对任务书进行合同评审

1. 从检验资质、仪器配备、人员资质、试验材料等方面开展评审，确认检验的每个环节满足要求。

2. 检验资质包括检验项目以及对应的检测方法标准。当检验方法涵盖的多个方法适用范围不一致时，应重点评审是否具有资质。

（二）制定工作方案

根据任务书确定抽样日期、地点、抽样人员、样品种类、样品基数、抽样数量、抽样方式、样品封装、样品运送方式、抽样过程监控方式等；确定检验项目、检验依据和判定原则、检验人员等；确定工作日程表。

三、工作布置

召开工作会议，分配具体工作，明确相关工作人员的具体任务及抽样、检验、研判、信息上报等各项工作完成的时间节点。准备抽样用各类文书，对抽样人员进行食品安全相关法律法规、抽样文书填写及拟抽检产品的工艺等培训，确保抽样工作准确无误；对检测人员进行检验工作分工，做好试剂、标准等前期准备，确保样品送至实验室后及时开始检验。

四、抽样（含异地、网络抽样）

（一）实体抽样（含异地抽样）

1. 抽样工作质量控制

（1）制定抽样计划

计划制定前应先期对于拟抽样商场、超市及批发市场等经营场所进行一定的资料查询及了解。抽样计划应包含抽样起止时间、地点、抽样环节、抽样人员、抽样所在地的市场监管部门联系人和联系电话、被抽样品食品细类、各组食品种类和分配数量、抽样进度安排、被抽样品单位信息、样品储运和路线规划等信息。

（2）确定抽样人员和组长

确定执行抽检任务的抽样人员，任命政治素养高、廉洁自律、综合能力较强的抽样人员为组长，实行组长负责制。抽检监测工作要求实施抽检分离，抽样人员与检验人员不得为同一人。

（3）抽样前培训

抽样前对抽样人员进行培训，培训内容应包括《中华人民共和国食品安全法》《食品安全抽样检验管理办法》《食品安全监督抽检和风险监测工作规范》《国家食品安全监督抽检实施细则》等相关法律法规及要求、拟抽检的产品执行标准、抽检过程中常见问题汇总和解决办法。抽样人员需经过模拟抽样表单填写、现场实际操作抽样、封样、拍照等过程，考核通过，允许上岗抽样，并做好相关培训记录。

2. 抽样工作

抽样人员所需物品如下：

a）证件。

抽样人员应准备好本人身份证、工作证。

b）抽样文书。

抽样人员应准备好《食品安全抽样检验任务委托书》《食品安全抽样检验告知书》《食品安全抽样检验封条》《食品安全抽样检验抽样单》《食品安全抽样检验样品购置费用告知书》《食品安全抽样检验拒绝抽样认定书》《食品安全抽样检验工作质量及工作纪律反馈单》等相关抽样文书，对需要加盖单位公章的，提前盖章。

c）采样工具。

抽样开展前了解待抽样品的保存条件。根据需要准备好冷藏箱、冰袋（或干冰）以及其他设备设施，如签字笔、透明胶带、密封袋、照相机、移动终端、打印机、墨盒、笔记本电脑等，检查和清洁抽样箱等设备，保证设备能够正常使用。

d）抽样经费。

抽样人员应根据抽样计划在财务预支购买样品、交通、就餐、住宿等相关费用。

e）通信设备。

抽样人员应保证通信设备的畅通和电量充足、储存卡空间足够。

f）抽样用车。

根据车辆配备情况，可采取租车或开本单位抽样车等方式用车。

g）车票购买。

抽样人员应当提前购买车票，保证抽检进度。

h）抽检期间携带的衣服。

要考虑抽样所在地的气候，选择合适的衣服。

3. 抽样工作的实施

抽样过程中程序规范、文书准确是食品抽样工作的核心。抽样是一种流程化工作，抽样人员只有将抽样工作流程的每一个环节都做到位，才能够保证抽样工作的规范性。

（1）工作纪律和要求

抽样工作不得预先通知被抽样单位，抽样人员不得少于2名。抽取食用农产品，如遇需要执法人员陪同情形时，应提前沟通。

（2）出示证件，讲明来意，告知权益

抽样人员需主动向被抽样单位出示注明抽检监测内容的《食品安全抽样检验告知书》《食品安全抽样检验任务委托书》或其复印件以及有效身份证件，如工作证等，告知被抽样单位阅读告知书背面的被抽样单位须知，并向被抽样单位告知抽检监测性质、抽检监测食品品种等相关信息。

（3）查验证照，核对资质

要求被抽样单位提供单位营业执照，以及企业信用证书、食品经营许可证、餐饮服务许可证等相关法定资质，确认被抽样单位合法经营，并且拟抽取食品属于被抽样单位法定资质允许经营的类别。抽样中发现被抽样单位存在无营业执照、无许可证等法定资质或超许可范围经营等行为的，应立即停止抽样，并报告有管辖权的市场监管部门进行处理并及时报组织抽检监测的市场监管部门。

（4）依据抽样计划，抽取样品

抽样人员应按抽样计划的规定，从指定的生产企业或抽样区域中随机抽取样品。抽样过程需注意：

a）至少有2名抽样人员同时现场取样，不得由被抽样单位人员自行取样。

b）如果实施细则中抽样数量对重量和独立包装数量均有要求时，必须两者同时满足。

（5）过程记录，留存证据

为保证抽样过程客观、公正，抽样人员可通过拍照或录像等方式对被抽样品状态、食品基数，以及其他可能影响抽检监测结果的因素进行现场信息采集。现场采集的信息可包括：

a）被抽样单位外观照片，若被抽样单位悬挂铭牌的，应包含在照片内。

b）被抽样单位社会信用、营业执照、经营许可证等法定资质证书复印件或照片。

c）抽样人员从样品堆中取样照片，应包含抽样人员和样品堆信息。

d）从不同部位抽取的含有外包装的样品照片。

e）封样完毕后，所封样品码放整齐后的外观照片和封条近照，有特殊贮运要求的样品应当同时包含样品采取防护措施的照片。

f）同时包含所封样品、抽样人员和被抽样单位人员的照片；被抽样单位经手人在抽样单签字的照片。

g）填写完毕的抽样单、进货凭证（检疫票等）、购物票据等在一起的照片。

h）其他需要采集的信息。

（6）封条封样

封条上抽样单编号信息应与抽样单上信息保持一致，样品一经抽取，抽样人员应在填写好抽样单等文书后，在被抽样单位人员面前用封条封样，封条需双方共同签字盖章，确保做到样品不可拆封、动用及调换，真实完好。如果使用多张封条进行封样时，应同时在抽样单备注中注明采用的封条数量。为更好区分检验与备用样品，在封条上注明检样和备样。

（7）填写文书，签字确认

抽样人员应当使用规定的《食品安全抽样检验抽样单》，详细记录抽样信息。抽样文书应当字迹工整、清楚、容易辨认，不得随意涂改，需要更改的信息应采用杠改方式，并由抽样单位和被抽样单位人员签字确认。抽样单填写完毕后，由另外一名抽样人员向被抽样单位介绍抽样单内容，并检查文书填写的正确性。抽样单内容经被抽样单位确认后，由其签字或者盖章。在生产企业抽检时，执行企业标准的，抽样人员应索要经备案有效的企业标准文本复印件。

（8）付费买样，索取票证

抽样人员应向被抽样单位支付样品购置费并索取发票（或相关购物凭证）及所购样品明细，可现场提供发票的，应现场支付样品购置费用。如不能提供发票时，应出具《食品安全抽样检验样品购置费用告知书》，随后支付费用，要求被抽样单位将发票寄送指定单位（异地抽样适用），或者暂不支付，要求被抽样单位将发票、所购样品明细、《食品安全抽样检验样品费用告知书》、银行账号信息寄送至抽检机构，由机构支付样品购置费（本地抽样适用）。抽样完毕后，需交付给被抽样单位的文书包括：《食品安全抽样检验告知书》、《食品安全抽样检验抽样单》、《食品安全抽样检验样品购置费用告知书》（现场交付购样费的不用提供）、《食品安全抽样检验工作质量及工作纪律反馈单》。

（9）妥当运输，完整移交

对于易碎品、有储藏温度或其他特殊贮存条件等要求的食品样品，应当采取适当措施（泡沫箱、冷藏箱、冷冻车等贮存运输工具），保证样品运输过程符合标准或样品标识要求的运输条件。异地抽检时，对不好保存的生鲜产品以及保存条件需要冷藏或者冷冻的样品，如果运输时间相对较长，抽样人员可以适当采取相应措施，如求助相关监管部门对抽样产品进行冷冻，然后封存好，选择最快的航空运输。为保证抽样过程中证据链完整，在邮寄包装过程中进行拍照或录像。本地抽取的食品当天需要返回到实验室，进行样品移交。异地抽取的食品原则上 5 个工作日内返回到承检单位，对保质期短的食品应及时移交。

（10）拒绝抽样

被抽样单位拒绝或阻挠食品安全抽样工作的，抽样人员应认真取证，如实做好情况记录，告知拒绝抽样的后果，填写《国家食品安全抽样检验拒绝抽样认定书》，列明被抽样单位拒绝抽样的情况，报告有管辖权的市场监管部门进行处理，并及时报上级市场监管部门。

（11）不予抽样的情形

a）食品标签、包装、说明书标有“试制”或者“样品”等字样的；

b）有充分证据证明拟抽取食品为被抽样单位全部用于出口的；

c）食品已经由食品生产经营者自行停止经营并单独存放、明确标注进行封存待处置的；

d）过保质期或已腐败变质的；

e）被抽样单位存有明显不符合有关法规或部门规章要求的；

f）法律法规和规章规定的其他情形。

（12）发现问题，沟通协调

如果抽样过程中有因相关规定和过程控制不能解决的，应及时与国家市场监督管理总局相关负责人联系，有解决办法后再进一步执行。

（二）网络抽样

1. 抽样人员的确定

抽检监测工作实施抽检分离，确定抽检人员，抽样人员与检验人员不得为同一人。

2. 抽样前培训

应对抽样人员进行培训，培训内容包括：《中华人民共和国食品安全法》《食品安全抽样检验管理办法》《食品安全监督抽检和风险监测工作规范》《国家食品安全监督抽检实施细则》等相关法律法规及要求，抽样的具体计划和方案、拟抽检的产品执行标准，抽样单填写、保密原则、网络平台商品的购买流程及使用证据链采集工具、抽样实际操作演练等，并做好相关培训记录。

3. 抽样前准备工作

抽样前，提前申请好抽检所需样品费。建好天猫、京东等网络平台有效交易账号，对网络平台交易账号、指定收货地址等信息进行备案，报相关部门存档。

4. 网络抽样工作步骤

a）确认被抽检单位。确认被抽样单位是平台自营还是非自营。

b）确认被抽检样品。确认样品名称、生产日期、规格、生产单位、库存量等。样品信息应覆盖国抽抽样单内容，样品信息要做到准确、有效和完整，对信息不完整，需要进一步核实的，可以使用聊天工具，但注意沟通技巧，避免暴露抽检身份。

c）样品信息验证。确认被抽样单位和被抽样样品可以通过国家市场监督管理总局网上系统验证。

d）支付样品购置费。对抽取样品的费用进行支付，特殊情况下被抽检单位无法提供发票或收据的，可以将网络支付记录作为凭证。

e）网购证据链采集。抽样照片应包括被抽检人信息（营业执照）、样品信息（食品名称、型号规格、单价、商品编号等外观图片）、支付记录（包括订单编号、下订单的日期、收货人信息、快递单号等）。

f）做好网店名、网址等信息统计及录入工作，保证工作顺利进行。

5. 样品接收与保存

a）抽样人员到达实验室后，及时与综合室办理交接，由接样人员按照样品管理程序对样品进行密封性检查、符合性检查、接收和登记，有运输温度要求的，应测定到达时快递箱内温度，做好照片的分类存档。

b）网络抽取的样品在快递送到后，及时开箱检查送到的样品与网上订单的符合性。抽样人员对发现可能影响抽检监测结果的情况进行网络证据的采集；核对并记录样品信息，同时记录样品包装、保存条件、接收人、接收时间、被抽样单位、样品名称、生产日期、检验样品量、备样量。

c）及时填写抽检样品接收、登记等相关记录。

d）根据样品保管制度，样品保管人员不得少于2人，严禁随意调换、拆封样品。复检备份样品的调取需接到复检通知书，经相关负责人签字同意，方可调取移送到指定的复检机构。

6. 样品分发

接样人员对样品进行实验室统一编号，填写任务单，将任务单和检验样品交各检验室进行样品检验，并按照规定妥善保管备样。

7. 样品检验

各实验室在接到样品后，按照方案中规定的检验方法进行检验，及时出具检验原始记录。

a）检测任务分发：检测室主任按检测项目、工作量及完成时间的要求，将检测任务分派有资质的检测人员及时开展检测。

b）样品检测：试验人员按照合同评审确认的方法进行检测，检测方法的选择执行合同评审时约定的方法。

c）仪器设备的使用执行实验室仪器设备管理规定。

d）检测人员在检测过程中如实记录试验过程，并及时填写试验数据等原始记录。有关原始记录的填写，执行记录管理规定。

e）检测过程中使用的标准物质、标准菌株，执行标准物质管理规定。

8. 结果质量控制

根据实验室检测结果质量控制管理要求，有计划地选用适当的技术，采用加标回收、留样再测、人员比对、设备比对或实验室间比对，参加国内、国外能力验证提供者组织的能力验证等多种质控方式对检测活动进行监控，确保检测结果的准确性和有效性，以保证检测工作的质量。

9. 数据处理及审核

根据实验室的检验数据管理要求对检验结果审核，在审核过程中出现可疑数据、不合格判定时，及时安排实验室内部复检。

10. 编制检验报告

由指定工作人员及时按规定的报告格式分别出具国家食品安全监督抽检检验报告和风险监测检验报告，检验报告应当出具及时，内容真实齐全、数据准确可靠。

11. 报告审批

检验报告编制完毕，由审核人员负责审核，由实验室授权签字人负责批准。

12. 检验结论通知

在检验报告出具后，即刻将检验结果录入系统，下载并保存电子报告。当任务下达部门要求纸质检验报告时，综合室应根据要求及时报送。对于不合格或问题样品，当相关市场监管部门要求结果通知书时，应按照要求同时上传到信息系统。

13. 不需复检的异议处理

被抽样单位对被抽样品真实性有异议的，或者对检验方法、判定依据等存在异议的，应及时上报任务下达部门，积极配合负责异议处理的相关市场监管部门做好异议处理工作。

由技术管理部门组织开展涉及异议样品的全部抽检流程的核查，包括抽样过程、检验过程、数据上报过程等，如实记录有关情况，提供充分的证明材料，由综合室汇总整理后及时上报任务下达部门。

14. 数据上报、统计、分析要求

（1）抽样样品信息填写

按照抽样工作程序完成抽样后，在指定的时间节点内由指定的样品信息填报员填写抽样信息，即按照样品抽样单登记样品名称、规格型号、商标、样品状态、生产日期、保质期、抽样日期、执行标准、抽样基数、抽样数量、抽样地点、受检单位和生产单位名称、地点、电话和邮编等信息。信息录入前对样品信息填报员进行管理系统报送培训，并按照相关的填报要求及时间节点进行系统填报，填写完毕后由指定审核人员对照抽样单内容对信息录入的准确性进行审核，确认各个信息录入无误后提交到下一个环节。

（2）检测结果信息

按照检验工作管理规定完成检验工作后，由专门人员收集所有原始资料，包括原始记录、检测方法标准、产品标准、基础标准等，依据判定标准对样品作出符合性判定后，报告编制人核对原始记录数据，进行结果判定，确认无误后，编制检验报告并签字确认，送审核人进行审核；审核人审核签字后，送授权签字人批准；授权签字人批准签字后，加盖印章，并按照任务下达部门的规定，将检验报告发送到指定的相关部门。

网上的数据信息填报由指定的检验结果填报员根据检验报告填写检验结果信息，包括试验结果、单位、依据标准、判定值、判定结果、方法检出限等。信息录入前对检测结果信息填报员进行管理系统报送培训，并按照相关的填报要求及时间节点进行系统填报。填写完毕后由指定审核人员对照检验报告对信息录入的准确性、结果判定的准确性进行审核，确认各个信息录入无误后提交到下一个环节。

（3）数据审核

由指定的审核人员对提交到系统的检验信息进行最终的审核，对样品抽样信息、检测结果信息及结果判定等进行全面审核。确认无误后，提交上级审查部门。

（4）不合格/问题样品信息报送

如出现不合格/问题样品信息，需要对抽样过程、抽样单、抽样照片、检测过程、数据填报等全过程再次进行核查无误后，经相关负责人审核批准将不合格信息上报至

“国家食品安全抽检监测信息系统”，通过该信息系统发送至相关单位。

检验过程中发现被检样品可能对身体健康和生命安全造成严重危害的（如食品中检测出非食用物质或者可能危及人体健康的重要安全问题等），检验人员应及时告知技术负责人，技术负责人会同检测室主任及检验人员共同对检验结果的准确性进行确认。当确认无误后，24h内填写食品安全抽样检验限时报告情况表，将问题或有关情况报告秘书处和被抽样单位所在地省级市场监管部门。在食品经营单位抽样的，还应报告标称食品生产者住所地的省级市场监管部门。综合室同时将食品安全抽样检验限时报告情况表上传至“国家食品安全抽检监测信息系统”，通过该信息系统发送至相关单位。

15. 数据统计分析

抽检工作结束后，负责统计分析的人员及时登录国家食品安全抽检监测数据统计分析系统平台，对数据进行统计分析形成分析报告，经相关负责人审核批准后及时提交到秘书处。

16. 任务总结及持续改进

在任务完成后，及时开展任务总结，将各部门出现的问题统一汇总，由管理层及各相关科室主任参加，对出现问题进行分析，吸取经验教训，并作为持续改进工作的一部分，以便下次更有效地开展工作。

17. 技术资料归档

检验工作完成后，指定人员进行技术资料归档。技术资料包括：食品抽样检验工作单，各检验项目的原始记录，检验报告副本，检验依据以及本次检验收集到的其他技术文件。技术资料保存期限为6年。

第二章

食品安全实验室监督检验在线质量控制规范

第一节 食品安全实验室监督检验在线质控分析评价模型

一、概述

食品安全实验室监督检验在线质控分析评价模型（见图 2-1）具有以下特征：

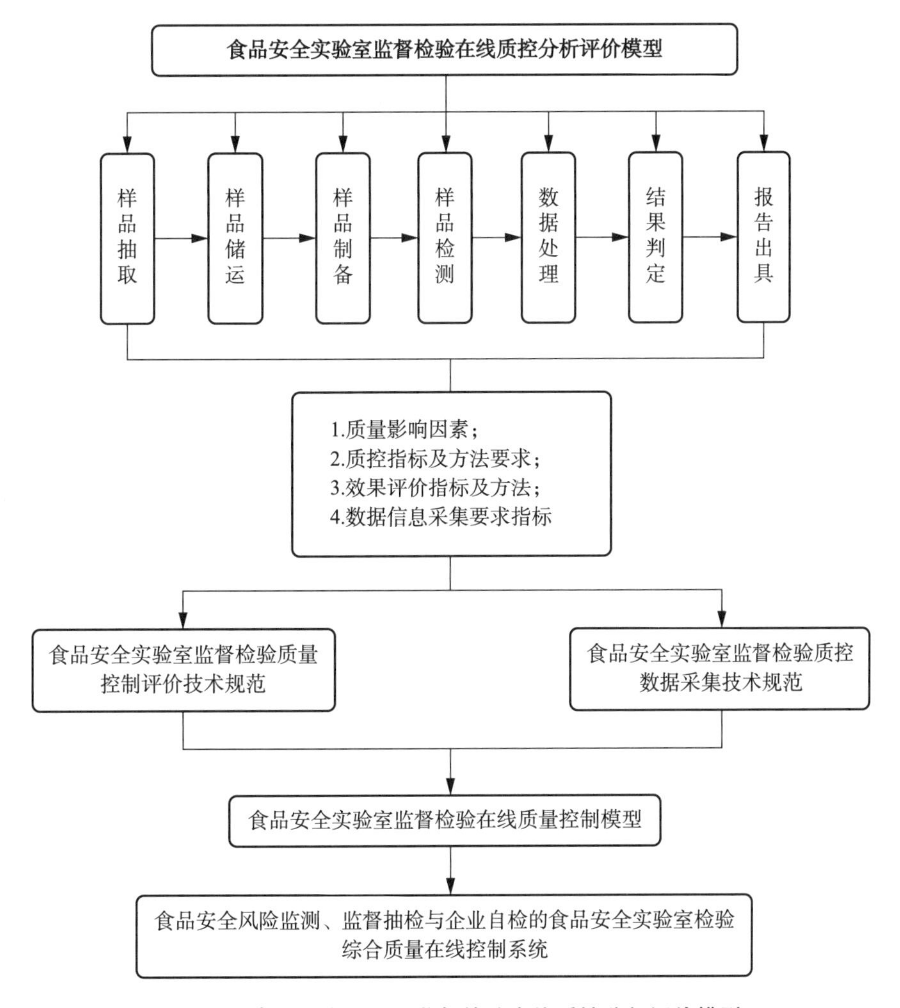

图 2-1 食品安全实验室监督检验在线质控分析评价模型

a）以食品安全实验室监督检验行为为研究对象，根据“食品安全风险监测、监督抽查和企业自检”的不同特点，针对“人、机、料、法、环”等关键环节，按照“抽样、储运、制备、检测到报告出具”检测全过程，逐条筛选出影响检测准确性和可追溯性的关键因素，形成食品安全实验室监督检验质量控制关键指标体系。

b）以ISO/IEC 17025导则、RB/T 214—2017《检验检测机构资质认定能力评价 检验检测机构通用要求》、RB/T 215—2017《检验检测机构资质认定能力评价 食品检验机构要求》为依据，对筛选出的要素提出质量控制要求，建立评价技术规范，对实施的质量控制效果进行评价。

c）根据质量控制关键指标固有属性，利用标准化手段，研究制定质量控制关键数据信息采集规范。

将该模型嵌入食品安全风险监测、监督抽检与企业自检的食品安全实验室检验综合质量在线控制系统，即可实施、实现全流程关键环节质量在线控制的管理，具体应用如食品安全检验在线质量控制计量溯源及符合性智能判定系统所示，见图2-2至图2-6。

食品安全检验在线质量控制计量溯源及符合性智能判定系统（以下简称：智能判定系统）是一套为检测机构和市场监管部门提供的食品安全检测监管过程中关键点合规性判定在线质控标准体系。该系统由中国合格评定国家认可中心项目组牵头研究，由北京智云达科技股份有限公司开发。该系统嵌入抽检机构、承检机构采集抽样和实施检验的标准流程，并形成综合性系统性质控操作指南，配合大平台应用到日常检测和抽查管理中。

图2-2 食品安全检验在线质量控制计量溯源及符合性智能判定系统

智能判定系统针对抽样、检测全过程中的人、机、料、法、环、测环节所对应的样品抽取、样品储运、样品制备、样品检测、数据处理、结果判定、报告出具等关键点进行技术信息和数据采集，利用在线质量监控指标及相关记录信息的直接判定应用为抽样、承检机构实施全过程标准化提供指导。同时，该系统也为食品安全监管部门全链条在线监管提供依据，见图 2-3。

图 2-3　在线质量监控指标及相关记录信息采集情况示意图

智能判定系统也可以为监管部门和抽样、承检机构做日常抽样、检验合规性和质量控制有效性查询提供指导服务，以便减少或杜绝抽检检测中因关键点风险控制造成的抽检检验不准确。在检测机构日常抽检检验中，配合大平台移动采样系统，选择好样品，自动归集到食品分类，选择环节场所和过程关键点，系统自动跟踪并呈现合规性标准要求，以便指导相应的抽样、检验环节合格判定，见图 2-4。

图 2-4　抽检合规性及质控有效性查询服务示意图

针对各级市场监管部门繁重的监管任务，智能判定系统可以提供食品安全抽样、承检任务的具体实施进展情况在线查询。同时，通过提供在线质量控制指标、数据和记录查询，作出及时有效的风险判定。在日常抽查检测应用中，只要选择了样品和环节，该系统将呈现出相应的标准要求和方法，与之对比能快速高效地检查出检验检测过程和结果是否存在符合性风险，具体见图 2-5、图 2-6。

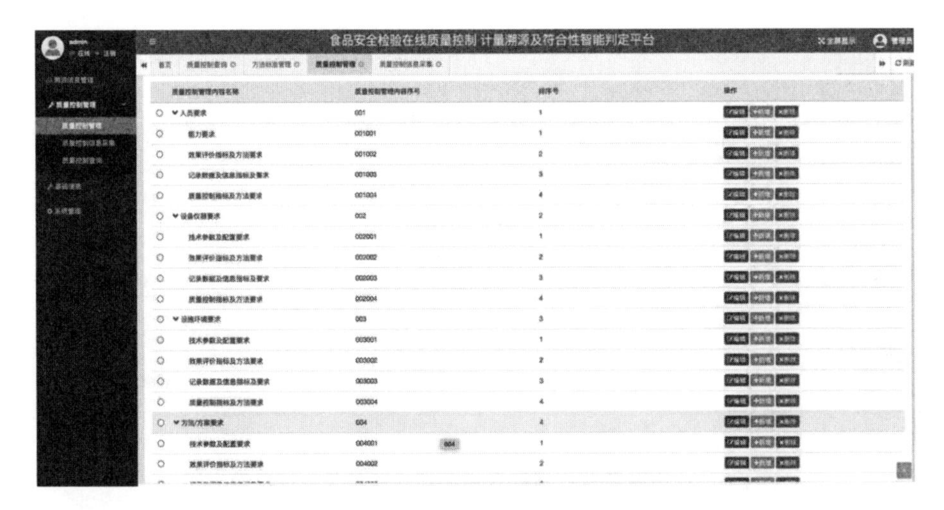

图 2-5　在线质控管理环节示意图

图 2-6　在线质控方法标准环节示意图

二、抽样承检机构质控、评价及数据信息采集指标

抽样承检机构的选择应确保满足《中华人民共和国食品安全法实施条例》和《食品安全抽样检验管理办法》等有关文件要求。

（一）抽样承检机构能力及资格要求

1. 资格要求

a）具有独立承担民事责任的能力；

b）具备 CMA 资质认定/CNAS 认可资质，且资质范围 100％覆盖食品安全抽检项目。

2. 人员能力要求

a）食品抽样相关人员（包括抽样人员、复核人员、接样人员）总体数量与抽样任务要求相匹配；

b）具有专门从事抽样工作的人员，并经过培训考核，熟悉和掌握样品采集方法和相关技术要求，以及相关法律法规规定。

3. 服务能力要求

a）配备用于抽样活动所需的车辆及其他辅助设施；

b）具有承担政府部门委托食品抽检的工作制度；

c）能够严格按照食品安全抽检工作程序和要求，制定相应的工作方案和应急响应方案，按时完成抽检工作。

（二）抽样承检机构评价指标及方法要求

1. 资格评价指标

a）具备独立法人证书；

b）具备CMA/CNAS资质证书，以及100%覆盖食品安全抽检项目的检验检测能力附件。

2. 人员能力评价指标

a）食品抽样人员、检验人员名录，包含工作经历、专业背景等，以及上岗授权书；

b）抽样人员、检验人员培训、考核记录；

c）抽样、检验任务合同评审记录。

3. 服务能力评价指标

a）配备用于抽样活动所需的车辆及其他辅助设施清单；

b）检测关键设备清单；

c）体系文件；

d）食品安全抽检工作程序文件。

（三）抽样承检机构记录数据和信息指标及要求

1. 资格确认记录

a）独立法人证书年检记录；

b）CMA/CNAS资质证书，以及100%覆盖食品安全抽检项目的检验检测能力确认记录。

2. 人员能力确认记录

a）食品抽样人员、检验人员总体数量与抽样任务要求相匹配评审记录；

b）食品抽样人员、检验人员培训方案、培训及有效性评价记录。

3. 服务能力确认记录

a）车辆及其他辅助设施维护、功能确认、使用记录；

b）检测关键设备校准方案及确认记录；

c）食品安全抽样、检验工作规范性监督计划及实施记录；

d）体系运行有效性评审记录。

（四）抽样承检机构质控方法

1. 资格质控方法

a）检查独立法人证书年检有效期；

b）检查 CMA/CNAS 资质证书有效期；

c）抽查抽检机构近 2 年质控方案，100%覆盖食品安全抽检项目检测方法确认记录。

2. 人员能力质控方法

a）抽查食品抽样、检验年度工作策划方案及评审记录；

b）抽查食品抽样人员、检验人员培训方案，覆盖不同食品抽样方法和相关技术要求，以及相关法律法规规定、培训及有效性评价记录；

c）抽查食品抽样人员、检验人员监督、能力监控记录。

3. 服务能力质控方法

a）抽查车辆及其他辅助设施维护、功能确认、使用记录，如运输保温箱的保温效果的确认记录；

b）抽查检测关键设备校准方案及确认记录；

c）抽查食品安全抽样、检验工作规范性监督计划及实施记录；

d）抽查体系运行有效性记录，如年度内审、管评报告中关于食品安全抽样、检验工作的评审记录。

三、食品安全监督抽样流程关键环节质控、评价及数据信息采集指标

抽样机构应制定并有效运行《抽样管理程序》《样品管理程序》《记录管理程序》《数据控制与保护程序》《保持公正性、独立性和诚信的程序》等相关规定，确保抽样

活动满足《食品安全抽样检验管理办法》的要求。

食品安全抽检监测任务应满足抽样、检验流程的质控、评价要求，关键环节如图 2-7所示。

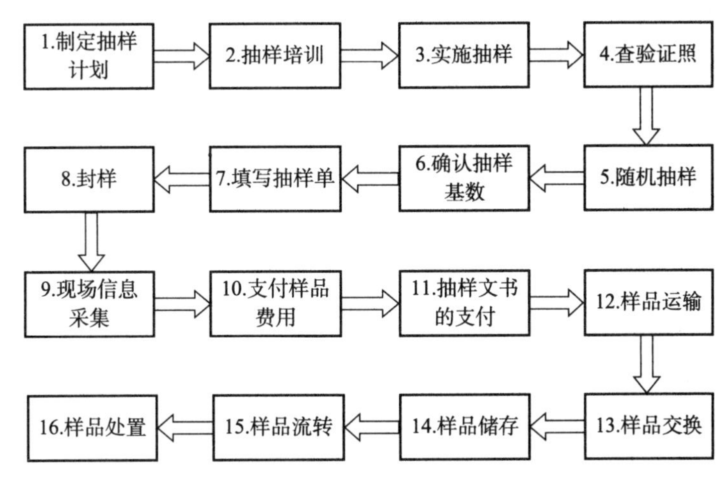

图 2-7　食品安全监督抽样流程图

（一）食品安全监督样品抽取环节

1. 抽样人员要求

（1）抽样人员资质及能力要求

a）熟悉抽检监测工作相关的法律法规和部门规章，包括《食品安全抽样检验管理办法》《食品安全监督抽检和风险监测工作规范》《网络餐饮服务食品安全监督管理办法》《餐饮服务食品安全监督管理办法》《食品生产经营日常监督检查管理办法》，以及其他相关部门规章对抽样工作的要求；

b）熟练掌握食品安全监督抽检实施细则中对食品大类、小类所规定的适用范围、产品种类、检验依据、抽样要求，包括抽样型号及规格、方法、数量、抽样单的填写、封样和样品运输贮存等具体要求；

c）熟练掌握所抽样品的相关食品安全国家标准及产品明示标准和质量要求；

d）熟练掌握国家/省市食品安全监督抽检系统操作要求；

e）熟练掌握抽检工作公正性、保密性要求；

f）熟练处理抽检过程中常见问题。

（2）抽样人员资质及能力评价指标

a）抽样人员上岗授权证书或工作证；

b）抽样人员签署公正性、保密性承诺书；

c）国家/省市级食品安全抽检监测抽样人员资质。

（3）抽样人员资质及能力记录数据和信息要求

a）抽样人员培训、考核评价记录；

b）抽样人员上岗授权记录；

c）抽样组长对组员的评价记录；

d）抽样人员监督及能力监控记录。

（4）抽样人员资质及能力质控方法

a）抽查抽样人员培训、考核评价记录；

b）抽查抽样人员上岗授权记录；

c）抽查抽样人员监督及能力监控记录；

d）比对市场监管部门抽样人员备案名单的一致性。

2. 抽样设备要求

（1）技术参数及配置要求

a）抽样车辆及其他辅助设施等与抽样任务量、进度匹配；

b）车载冰箱、冷藏箱、温度计、抽样箱及蓄冷剂（干冰、冰袋等）满足样品储运温度要求；

c）移动终端、笔记本电脑、照相机等满足实时记录抽样过程的要求；

d）打印机及消耗品、印泥、签字笔等确保现场确认签字的有效性；

e）适宜的密封袋、透明胶带等确保样品完整性。

（2）评价指标及方法要求

a）抽样机构年度抽样工作方案、不同任务/批次食品抽样计划；

b）抽样车辆及其他辅助设施清单；

c）车载冰箱、冷藏箱、抽样箱、温度计等保温效果确认证明材料；

d）实时记录抽样过程的图片及影像资料。

（3）记录数据和信息指标要求

a）抽样机构年度抽样方案与抽样车辆及其他辅助设施清单比对分析记录；

b）抽样过程、储运过程的图片及影像资料、信息等实时记录；

c）车载冰箱、冷藏箱、抽样箱等所抽样品储运过程温度记录；

d）抽样相关文件现场确认签字记录；

e）抽样密封性、完整性等图片及影像资料。

（4）质量控制方法要求

a）抽样机构年度抽样方案与抽样车辆及其他辅助设施清单比对分析；

b）抽样计划、抽样记录与所抽样品储运要求一致性；

c）抽查车载冰箱、冷藏箱、抽样箱等保温效果验证材料及记录；

d）抽查抽样相关文件现场确认签字记录；

e）抽查抽样密封性、完整性等图片及影像资料；

f）定期或不定期核查抽样设备的适宜性。

3. 抽样设施环境要求

（1）技术参数及配置要求

a）抽样时所处的设施环境温度、湿度等在所抽样品标识范围内；

b）所抽样品性状保持完好。

（2）效果评价指标及方法要求

a）抽样时所处设施环境实际温度、湿度数值；

b）所抽样品标识储存要求温度、湿度数值。

（3）记录数据和信息指标要求

a）环境温度、湿度监控记录；

b）所抽样品标识储存要求温度、湿度确认记录。

（4）质量控制方法要求

a）抽查环境温度、湿度监控记录与抽查所抽样品标识储存要求温度、湿度的一致性；

b）抽查所抽样品性状完整性确认，如该样品后续流程中收样人员、检测人员的确认记录。

4. 抽样方法/方案要求

（1）技术参数及配置要求

a）抽样任务来源及目的：国家/省市级监督抽检、风险监测、评价性抽检、专项抽检等。

b）抽样对象：食品大类、小类以及具体产品。

c）抽样方法：按照不同任务来源相应的食品安全监督抽检实施细则中指定抽样方法进行，且抽样过程应确保至少有 2 名具备资质的抽样人员同时现场取样，不得由被抽样单位人员自行取样。

d）抽样时间：应满足委托方工作时限要求。

e）抽样领域和地点：按照委托方要求，确定抽样地点，具体到省市县；环节应具体到某生产企业、经营场所性质及规模要求。

f）抽样量：按照不同任务来源相应的食品安全监督抽检实施细则中指定要求。

g）抽样人员：至少由具备抽样员资质的 2 人随机组合而成。

h）封样要求：当场封样，检验样品、备份样品分别封样，且为保证样品的真实性，要有相应的防拆封措施，并保证封条在运输过程中不会破损。抽样完成后由抽样人员与被抽样单位在抽样单和封条上签字、盖章，上传抽样人员、被抽样单位工作人员以及封样工作图片及视频资料。

i）安全防护要求：特殊情况下，如新冠疫情期间，方案中应包括安全防护内容。

（2）效果评价指标及方法要求

a）比对抽样方案中具体的抽样指标、参数与不同任务来源的《食品安全监督抽检实施细则》要求的一致性；

b）现场登录国家食品安全抽样检验信息系统，实时填写抽样信息；

c）实时填写抽样单等文件，确认签字，确保溯源信息链的完整性；

d）封样要求：检验样品、备份样品签字、盖章的封条以及确保防拆封措施，上传2名抽样人员、被抽样单位工作人员以及封样工作图片及视频资料。

（3）记录数据和信息指标要求

a）抽样人员应在抽检现场，登录国家食品安全抽样检验信息系统，实时填写抽样单，包括任务来源、任务性质、抽样时间、被抽样单位信息、生产单位信息、委托关系信息、样品信息、抽样领域、抽样类别、抽样量、抽样人员等基本信息，确保溯源信息链的完整性。

b）抽样过程应保留的图片及视频资料包括但不限于以下内容：

——被抽样单位外观照片，包含被抽样单位悬挂的铭牌；

——被抽样单位社会信用、营业执照、经营许可证等法定资质证书复印件或照片；

——抽样人员从样品堆中取样照片或视频资料，包含抽样人员和样品堆信息；

——从不同部位抽取的含有外包装的样品照片或视频资料；

——封样完毕后，所封样品码放整齐后的外观和封条照片或视频资料，有特殊贮运要求的样品应当同时包含样品采取防护措施的照片或视频资料；

——同时包含所封样品、抽样人员和被抽样单位人员的照片或视频资料，被抽样单位经手人在抽样单签字的正面照片或视频资料；

——填写完毕的抽样单、进货凭证（检疫票、采购单等）、购物票据等在一起的照片或视频资料；

——其他需要采集的信息。

c）完整的检验样品、备份样品签字、盖章的封条以及确保防拆封措施图片及视频资料。

d）抽样过程温度记录：样品进入保温设备前后的时间和温度及到达实验室的温度，确认样品保存温度要符合样品标识范围温度。

e）记录信息修改：抽样单数据填写准确，更正信息需要抽样人员和被抽样机构双方签字确认。

f）记录保存期限不得少于 6 年。

（4）质量控制方法要求

a）登录国家/省市级食品安全抽样检验信息系统，核查抽样人员是否在抽检现场实时填写抽样单等文件，记录信息是否能确保溯源信息链的完整性；

b）比对抽样实施记录与计划安排的一致性；

c）对正在进行中的现场抽样实施在线监控；

d）抽查抽样人员、被抽样单位工作人员以及封样工作图片及视频资料，确认检验样品、复检备份样品的真实性；

e）通过随机现场考察等方式，确认抽样计划执行准确性；

f）当抽样单为抽样人员电子签名时，核查是否上传 2 名抽样人员工作证及现场抽样工作照片及视频资料，避免非备案抽样人员顶替情况。

5. 抽样环节的特殊质控要求

抽样单位应根据国家及省市食品安全监督抽检实施细则的具体规定，细化抽样环节、抽样方法、抽样数量等工作要求。无论哪个环节抽样，不得由被抽检机构自行提供样品，或机构以定制生产模式为由提供一批“定制样品”，并对抽样场所、贮存环境、样品信息等通过拍照或者录像等方式留存证据。

（1）生产环节特殊要求

生产环节抽样时，在企业的成品库房，从同一批次样品堆的不同部位抽取相应数量的样品，并上传至少 2 名抽样人员工作证及现场抽样工作照片及视频资料。

（2）流通环节特殊要求

流通环节抽样时，在货架、柜台、库房抽取同一批次待销产品。

（3）餐饮环节特殊要求

餐饮环节抽样时，抽取同一批次待销或使用的产品，应抽取完整包装产品。如需从大包装中抽取样品，应从完整大包装中抽取样品。

（4）网络平台特殊要求

网络食品经营平台抽取同一批次待销产品。同时，应当记录购买样品的抽样人员以及付款账户、注册账号、收货地址、联系方式等信息。购买样品的抽样人员应当通过截图、拍照或者录像等方式记录被抽样网络食品生产经营者信息、样品网页展示信息，以及订单信息、支付记录等。抽样人员收到样品后，应当通过拍照或者录像等方式记录拆封过程，对递送包装、样品包装、样品储运条件等进行查验，并对检验样品和复检备份样品分别封样。

6. 抽样过程质控要求

（1）与被抽样单位的沟通事宜

a）公正性、保密性要求：抽样工作不得预先通知被抽样单位，确认抽验单位及抽样人员与被抽样机构无利益关系。

b）抽样现场出示抽样人员有效身份证件，沟通内容包括但不限于以下方面：

——《食品安全监督抽检通知书》及背面的被抽样单位须知；

——《食品安全抽样检验任务委托书》；

——抽检监测性质、抽检监测食品范围；

——依法享有的权利和应当承担的义务；

——《食品监督抽检工作情况反馈单》填写、寄送至组织实施监督抽检机构。

（2）收集被抽样机构资质及产品相关信息

a）确认被抽样单位合法经营，且拟抽取食品属于被抽样单位法定资质允许经营的类别；

b）抽样人员发现食品生产经营者涉嫌违法，如生产经营的食品及原料没有合法来源，或者无正当理由拒绝接受食品安全抽样的，立即报告有管辖权的市场监管部门进行处理；

c）了解近期是否接受过同类监督抽检情况，尽量避免同类样品、相同任务的重复抽样；

d）是否有本次拟抽样品种类及数量。若遇到因“定制服务”而无法抽样时，做好记录，双方确认签字。

（3）现场抽样

a）现场抽样时，应关注正常抽样的过程，遵守被抽样机构的规章制度，尽量不影响企业正常的生产、经营活动；

b）抽样过程应确保至少有 2 名抽样人员同时现场取样，避免 1 人抽样、1 人填表的情况，同时也不得由被抽样单位人员自行取样；

c）实时上传 2 名抽样人员同时现场随机抽样的现场工作照片。

（4）抽样过程记录及证据

抽样现场登录食品安全抽样检验信息系统，实时记录过程信息，实时上传图片及视频材料，确保抽样过程的客观、真实、准确及可追溯。

（5）抽样信息填写

a）抽样现场无法登录时，需要实时填写纸质表格，抽样文书字迹工整、清楚，容易辨认。

b）需要更改信息时，应采用单线杠改方式，并由抽样单位和被抽样单位人员签字或盖章确认。

c）填写被抽样机构信息时，若在批发市场、农贸市场内，应填写“市场名称”＋“市场摊位号”；相关法定资质证书上名称、地址不一致时，要在抽样单备注栏中注明。

d）抽样产品信息填写时，无食品标签的，需在备注栏中注明“样品名称由被抽样单位提供”，在括号中写明真实属性名称，并由被抽样单位签字确认。

e）被抽样品为委托加工时，需要同时填写实际生产企业信息、委托方信息。

f）被抽样品为进口时，填写代理商、进口商或经销商信息，并在备注栏中注明原产国及相关信息。

g）被抽样品仅标示集团公司名称、地址时，填写分公司（生产基地），并在备注栏中注明集团公司相关信息。

h）必要时，如抽检样品为花生油、糕点之类，抽样单备注栏中还应注明食品加工工艺等信息。

i）被抽样单位查验文书填写内容应真实，确认无误后，签字、盖章；无公章时，应注明“无公章，签字有效”等字样或者加印指模。

j）交付给被抽样单位的文书包括国家或省市级《食品安全抽样检验告知书》《食品安全抽样检验样品购置费用告知书》等。

k）在生产企业抽检时，执行企业标准的，抽样人员应索要经备案有效的企业标准文本复印件。

（6）封条封样

a）封条上注明检样和备样，双方共同签字盖章，并在被抽样单位人员见证下封样，确保做到样品不可被拆封，真实完好；

b）使用多张封条进行封样时，应在备注中注明采用的封条数量。

（7）付费买样，索取票证

a）立即向被抽样单位支付样品购置费，并保留所购样品明细；

b）现场不能提供发票时，出具《食品安全抽样检验样品购置费用告知书》，要求被抽样单位将发票寄送至抽样单位；

c）无法提供发票的情况下，应保留购物付费证据。

（8）拒绝抽样

a）被抽样单位阻挠或者无正当理由拒绝接受食品安全抽样时，抽样人员应如实做好情况记录，列明拒绝抽样的情况；

b）告知被抽样单位拒绝抽样的后果；

c）报告有管辖权的市场监管部门，并及时报上级市场监管部门；

d）针对企业以“定制供货”为理由而导致无法抽样时，应在食品安全抽样检验信息系统中予以记录，为监管部门提供定期或不定位飞行检查删选企业。

（9）食品安全抽样检验信息系统信息核查、提交

一名抽样人员现场实时录入抽样信息，另一名抽样人员对照样品标签及抽样现场获得的被抽样单位资质证明文件、进货台账等内容对录入信息进行核对，确认各个信息录入无误后提交。

（10）网络平台抽样

a）网络平台抽样流程质控要求同现场抽样，所有环节抽样人员不得少于2人；

b）抽样图片及视频记录应包括被抽检机构信息（营业执照）、样品信息（食品名称、型号规格、单价、商品编号等）、支付记录（订单编号、下订单的日期、收货人信息、快递单号等）、店铺网络截图及所采购样品网络截图，以及收样后验收记录。

（11）机构自查

a）定期统计样品信息，确保抽样信息符合要求，实时追踪抽样进度；

b）每一项抽样任务完成后，再次进行样品数量、抽样地点、抽样环节、样品类别、抽样时间等信息的核对，确保抽样任务完全符合任务的要求；

c）抽样工作结束后，核查抽样文书的完整性，检查抽样过程的图片及视频记录的客观性；

d）核查样品储运过程时间、温度记录的符合性。

（二）食品安全监督抽样储运环节

1. 储运人员要求

（1）储运人员资质及能力要求

a）熟悉《食品安全抽样检验管理办法》《食品安全监督抽检和风险监测工作规范》等规范性文件对抽样储运工作的要求；

b）熟悉食品安全监督抽检实施细则对食品大类、小类等抽样所规定的运输、贮存等具体要求；

c）熟练掌握所抽样品相关的食品安全国家标准及产品明示标准和质量要求；

d）熟练掌握食品安全监督抽检系统操作要求；

e）熟练掌握安全监督抽检工作的公正性、保密性要求；

f）熟练处理运输、贮存过程中常见问题。

（2）储运人员资质及能力评价指标

a）储运人员上岗授权证书或工作证；

b）储运人员签署公正性、保密性承诺书；

c）食品安全抽检监测抽样人员资质。

（3）储运人员资质和能力记录数据及信息要求

a）储运人员培训、考核评价记录；

b）储运人员上岗授权记录；

c）对储运人员的评价记录；

d）储运人员监督及能力监控记录。

（4）储运人员资质及能力质控方法

a）抽查储运人员培训、考核评价记录；

b）抽查储运人员上岗授权记录；

c）抽查储运人员监督及能力监控记录。

2. 储运设备仪器要求

（1）技术参数及配置要求

a）抽样储运车辆及其他辅助设施等抽样任务量、进度匹配情况；

b）车载冰箱（－18℃～4℃）、冷藏箱、温度计、抽样箱及蓄冷剂（干冰、冰袋等）、防撞击保护设施等满足不同样品储运要求。

（2）评价指标及方法要求

a）抽样机构年度抽样工作方案、不同任务/批次食品抽样计划统筹安排方案的合理性；

b）储运车辆及其他辅助设施清单；

c）车载冰箱、冷藏箱、抽样箱、温度计等保温效果确认证明材料；

d）实时记录储运过程的图片及影像资料。

（3）记录数据和信息指标要求

a）抽样机构年度抽样方案与抽样储运车辆及其他辅助设施清单比对分析记录；

b）食品安全监督抽检系统实时记录储运过程的图片及影像资料、信息；

c）车载冰箱、冷藏箱、抽样箱等储运过程温度记录；

d）储运抽样密封性、完整性等确认图片及影像资料；

e）核查储运人员抽样现场与抽样人员交接储运任务确认签字的完整性。

（4）质量控制方法要求

a）将抽样机构年度抽样方案与抽样车辆及其他辅助设施进行比对分析；

b）核查储运所抽样品要求与抽样计划、抽样记录的一致性；

c）抽查车载冰箱、冷藏箱、抽样箱等保温效果验证材料及记录；

d）抽查储运相关文件现场确认签字记录；

e）抽查储运密封性、完整性等确认图片及影像资料；

f）抽查食品安全监督抽检系统实时记录储运过程信息；

g）定期或不定期核查储运设备仪器的适宜性。

3. 储运设施环境要求

同“2. 储运设备仪器要求”。

4. 储运过程要求

a）对于特殊贮存条件要求的食品样品，所采取措施（蛋类专用泡沫箱、冷藏箱、冷冻车等贮存运输工具），能保证样品运输过程符合标准或样品标识要求，特别是储运过程中储运设备温度监控记录的完整性；

b）抽样储运至承检机构移交样品的时间应满足相关要求。

（三）食品安全监督抽样接收环节

1. 抽样接收人员要求

（1）抽样接收人员资质及能力要求

a）熟悉《食品安全抽样检验管理办法》《食品安全监督抽检和风险监测工作规范》等规范性文件对抽样接收工作的要求；

b）熟悉食品安全监督抽检实施细则对食品大类、小类等抽样所规定的运输、贮存等具体要求；

c）熟悉年度抽样方案及具体任务抽样计划，确保只接受满足抽样计划的样品；

d）熟练掌握所抽样品相关的食品安全国家标准及产品明示标准和质量要求；

e）熟练掌握食品安全监督抽检系统操作要求；

f）拥有异常样品的辨识能力与常见问题的处理能力。

（2）抽样接收人员资质及能力评价指标

a）抽样接收人员上岗授权证书或工作证；

b）抽样接收人员签署公正性、保密性承诺书；

c）食品安全抽检监测抽样接收人员资质。

（3）抽样接收人员资质和能力记录数据及信息要求

a）抽样接收人员培训、考核评价记录；

b）抽样接收人员上岗授权记录；

c）抽样接收人员监督及能力监控记录。

（4）抽样接收人员资质及能力质控方法

a）抽查接收人员培训、考核评价记录；

b）抽查接收人员上岗授权记录；

c）抽查接收人员监督及能力监控记录。

2. 抽样接收设备仪器要求

（1）技术参数及配置要求

a）硬件：配备带有 Office 或 WPS 办公软件的专用电脑或 PAD，并安装证书、接收样品编号打印机；

b）电子签章：国家级抽检任务需申请国抽系统账号及 UK；省/市级任务需配备省/市市场监管部门 UK。

（2）评价指标及方法要求

a）抽样接收人员专用电脑或 PAD；

b）电子签章授权人员登录操作，确保数据安全。

（3）记录数据和信息指标要求

a）登记保密性质任务相关信息的电脑不可连接网络；

b）抽样样品接收记录不可在云盘上进行备份，做好保密工作；

c）登录食品安全监督抽检系统，实时填写接收样品相关信息记录；

d）与储运人员确认样品相关信息的准确性、完整性后提交信息。

（4）质量控制方法要求

a）抽查食品安全监督抽检系统的接收样品相关信息记录与该批次抽检计划的一致性、完整性、有效性；

b）定期或不定期现场监督抽样储运人员与接收人员的实际操作。

3. 抽样接收设施环境要求

（1）技术参数及配置要求

a）抽样储藏设施环境及其他辅助设施等抽样任务量、进度匹配情况；

b）冷冻库温度达到－18℃；

c）冷藏库温度维持在 0℃～4℃；

d）常温库温度在 20℃且避光、阴凉。

（2）效果评价指标及方法要求

a）监控冷冻库温度达到－18℃；

b）监控冷藏库温度维持在 0℃～4℃；

c）监控常温库温度在20℃且避光、阴凉；

（3）记录数据和信息指标要求

a）抽样储藏设施环境及其他辅助设施等抽样任务量、进度匹配情况评审、分析记录；

b）冷冻库、冷藏库、常温库温度实时监控记录。

（4）质量控制方法要求

a）抽查储藏设施环境温度、湿度监控记录的实时动态记录；

b）冷冻库及冷藏库外的指示灯是否正常亮起，风机是否正常运作；

c）定期或不定期进行现场温度、湿度监控有效性核查。

4. 抽样接收方法/方案要求

（1）技术参数及配置要求

a）接收人员在进行抽样接收时，应核对样品是否符合该任务/批次抽样方案/计划要求；

b）与储运人员进行交接时，应核对样品数量、样品状态，确定样品包装、封条是否完好，以及储运时限等；

c）样品确认无误后，需进行样品交接记录登记，记录交接时间及其他可能对检验结论产生影响的情况，核对抽样单信息，并双方签字确认；

d）样品交接后进行样品接收登记，将检验样品和复检备份样品分别加贴相应唯一性标识，按照样品储存要求入库存放，记录样品储存地点及流转时间和人员；

e）样品接收后，样品需与任务单一同流转至检测实验室，任务单需包含样品编号、样品名称、检验项目、发样时间、要求完成时间等内容；

f）任务单出具需根据各任务细则要求以及样品属性确定检测项目，样品需具有唯一性标识，需要发样人员确认无误后签字再流转至实验室；

g）与检测人员进行样品交接时，需双方确认样品编号和名称对应及样品数量准确，且双方签字。

（2）效果评价指标及方法要求

a）样品接收效率：固定时间内样品接收人员接收样品的数量；

b）样品接收信息正确率：样品交接记录、发放记录等与任务要求的样品数量、检测方法等信息的正确性。

（3）记录数据和信息指标要求

a）样品交接记录：要求记录样品编号、抽样数量、样品检查（封条、包装、数量、状态）、抽样单检查（数量、信息）、交接时间、抽样人员、接样人、发样日期、发样人、特殊情况备注；

b）样品接收记录：要求记录接收人员、来样日期、抽样日期、储存条件、样品状态、抽样单编号、样品编号、样品名称、检验项目；

c）样品发放记录：要求记录检验单位、检验实验室、样品编号、样品名称、检验项目、执行标准、发样时间、要求完成时间、制样时间、实际完成时间、发样人、样品接收人、制样人、检测室负责人。

（4）质量控制方法要求

a）定期抽查样品接收过程是否符合要求，是否存在错误的方式，是否接收不合格的样品；

b）定期抽查样品接收后的资料是否齐全完整；

c）定期抽查样品接收、转移等记录是否及时记录。

5. 抽样接收过程要求

抽样接收过程有以下要求：

a）不符合要求的样品，如品种或数量不满足要求、包装破损等，应立即汇报负责人组织研究讨论，必要时可拒收，并做详细记录，组织补充抽样；

b）对于特殊样品，如绿色食品、有机食品等，需对其标签进行拍照记录；

c）对于样品相关项目检验方法出现变更，需及时与检测实验室人员进行沟通；

d）针对不同保存条件的，应分开保存；

e）需冷藏的样品应尽快完成交接和登记，流转至实验室；

f）根据样品的执行标准及食品生产许可证号等进行样品细类划分，如肉制品执行标准为 GB 2726，需根据 SC 号、制作工艺等信息或联系生产企业等渠道对样品进一步划分细类；

g）确定样品细类后，根据不同任务的细则要求、样品配料、包装规格确定理化及微生物检验项目，出具任务单。

四、食品安全检验流程质控、评价及数据信息采集指标

承检机构应制定并有效运行样品管理程序、检测工作管理程序、检测结果复核程序、检测报告的管理程序、记录管理程序、数据控制与保护程序、保持公正性和独立性及诚信的程序、保护客户机密信息和所有权程序等，确保检测结果的准确、有效并可溯源。

（一）样品制备环节

1. 制备人员要求

（1）制备人员资质及能力要求

a）从事样品制备的人员应具有食品或相关专业专科以上学历，或者具有 1 年及以上样品制备相关工作经历；

b）具备不同样品制备基本知识，掌握常用的样品制备工具，掌握检测方法标准中的样品制备操作要求；

c）掌握样品分装、流转、储存要求；

d）熟悉制备样品安全操作知识。

（2）样品制备人员资质及能力评价指标

a）样品制备人员授权上岗证；

b）样品制备前核查信息完整性；

c）样品制备操作规范性。

（3）抽样制备人员资质和能力记录数据及信息要求

a）制备人员培训、考核、上岗、监督/监控记录；

b）样品交接单、流转单，包括样品编号、属性、样品量、状态、交接时间、交接人等信息；

c）样品制备记录，包括试验场所、人员、日期、取样量、取样部位、制备过程描述等信息；

d）根据检测项目将分装的若干个样品单元，分发给相应的检测人员，并在相应的样品登记表、样品流转记录单以及其他系统中做好样品或样品单元的交接记录。

（4）样品制备人员资质及能力质控方法

a）抽查培训、考核评价记录；

b）抽查制备样品的分装、分发记录；

c）定期或不定期现场监督实际操作技能，检测安全操作知识。

2. 样品制备设备仪器要求

不同样品制备的设备仪器配置应满足检测标准的要求，以肉制品为例。

（1）技术参数及配置要求

a）刀式研磨仪：工作舱容量不低于 300 mL，转速不低于 6000 r/min，出样尺寸小于 600 μm；

b）天平：精确到 0.1 g，称量下限不高于 10.0 g，称量上限不低于 2000.0 g；

c）不锈钢刀具：选取抗腐蚀、不易氧化、易清洗的不锈钢刀具；

d）砧板：选取抗菌、防霉且无涂层、不易划伤掉落碎屑的砧板进行样品分割；

e）铲、勺：针对不同样品、不同检测项目，选取金属铲金属勺、木铲木勺以及塑料铲塑料勺；

f）均质机；

g）分装容器：一次性密封袋、密封瓶等；

h）样品柜：常温样品柜温度保持在18℃～28℃，相对湿度维持在25%～60%；低温样品柜温度保持在0℃～6℃；冷冻样品柜温度保持在低于－18℃。

（2）评价指标及方法要求

a）刀式研磨仪：工作舱出样尺寸合格评定记录；

b）天平校准证书：期间核查记录；

c）不锈钢刀具、砧板与铲勺：对其牢固性、可靠性进行周期性核查记录；

d）样品柜：校准温度计、湿度计对样品柜内的温度、湿度进行监测记录。

（3）记录数据和信息指标要求

a）研磨仪状态应有相应记录，出样效果及对应的转速、单次工作时长信息应定期确认并更新，保证所有参与样品制备的人员能正确、高效地使用研磨仪制备出符合要求的样品；

b）样品制备过程中，所涉及的参与检测结果定量的设备（即天平），需按实际操作情况填写仪器设备使用记录，并记录称量所得原始数据且由审核人审核，所有记录应及时填写，并保证信息真实有效、完整无缺漏；

c）样品柜温度、湿度应每日监控、记录，以保证样品柜正常运转，为样品贮存提供优良环境，以利于检测结果的准确性。

（4）质量控制方法要求

a）抽查天平校准因子确认、应用记录，期间核查记录；

b）均质机、分装容器：定期做空白试验，以确保未产生交叉污染；

c）定期对样品颗粒大小进行检测，核对及调整样品粉碎到要求直径所需的转速与所对应的时间，并向所有参与样品制备的人员通告此信息；

d）定期对研磨设备电机、刀头等部件进行维护，通过留样再测等方式，确认研磨过程中的发热等现象不会对目标物质的检测产生影响，若产生影响，则应考虑更换研磨设备或选取其他符合要求的设备进行样品粉碎。

3. 样品制备设施环境要求

样品制备室需对温度、湿度、照明、通风、卫生、用电、消防安全等指标进行控制。

(1) 技术参数及配置要求

a) 要求室内配置空调调节温湿度，并配置温湿度计每日进行记录；

b) 有窗和照明灯，保证通风效果良好和室内明亮；

c) 配置水池和热水器及下水道；

d) 配置垃圾桶，及时处理制样过程中的垃圾，防止发生交叉污染；

e) 配置配电系统，对制备室用电进行控制，可以实现断电保护；

f) 配置灭火器及火灾报警器。

(2) 效果评价指标及方法要求

a) 样品制备室工作期间的温度及湿度记录；

b) 判定是否符合指标要求的确认记录。

(3) 记录数据和信息指标要求

a) 温度：20℃±5℃，要求每日进行检查及记录；

b) 相对湿度：40%～65%，要求每日进行检查及记录；

c) 照明：室内宽敞明亮，要求每日检查照明灯；

d) 通风：室内通风良好，每日对制备室进行适当通风；

e) 清洁：保持室内及设备清洁，要求每日对室内地面及桌面进行清洁，确保无杂物、无异味，定期杀虫灭菌，每日对样品制备设施进行清洁及维护；

f) 安全：定期检查设备及室内线路，确保用电及消防安全。

(4) 质量控制方法要求

a) 抽查样品制备室工作期间的温度及湿度记录；

b) 抽查判定是否符合指标要求的确认记录；

c) 定期或不定期现场核查。

4. 样品制备方法/方案要求

不同样品制备的方法/方案应满足检测标准的要求，以鲜蛋制品为例。

(1) 技术参数及配置要求

以全蛋为分析对象时，去除蛋壳后，取若干样本量的鲜蛋，具体取样量需满足所检项目的方法标准中的规定：

a) 在进行鲜蛋中氟虫腈检测时，制备样品取样量应至少为 16 枚鸡蛋（约 1 kg），并用匀浆机搅拌均匀；

b) 以蛋白、蛋黄分别作为分析对象时，将蛋白、蛋黄分离，分别均质。

(2) 效果评价指标及方法要求

a) 制备样品取样量与检测标准的一致性；

b）制备样品分装、分发与检测任务的一致性。

（3）记录数据和信息指标要求

a）制备样品取样量及制备过程信息记录；

b）制备样品分装、分发记录。

（4）质量控制方法要求

a）抽查制备样品取样量记录与检测标准的一致性；

b）抽查制备样品分装、分发记录与检测任务的一致性；

c）定期或不定期现场监督制样操作规范性。

5. 样品制备过程要求

样品制备过程有以下要求：

a）实验室样品制备应设置独立的工作区域，并安排专人负责。

b）样品品制人员在接收样品前，应该对以下信息逐一核查：

——样品的运输条件是否对样品原始特性造成影响，包括样品贮存容器的密封性等；

——样品信息等资料是否完整，与样品实物特征是否一致；

——样品数量能否满足申请检验项目的用量需要。

c）样品制样后，应根据样品的性质，如生物特性、包装方式、加工工艺等，选择适宜样品的保存方法，以确保样品性状在足够长的时间内保持稳定并满足检测要求。

（二）食品安全监督样品检测环节

1. 检测人员要求

（1）检测人员资质及能力要求

a）检测人员应确保检测行为公正、检测数据保密；

b）具有大专或以上学历，具备与所从事的检测岗位相适应的专业教育背景或工作经历；

c）了解实验室质量管理体系的有关知识；

d）对检测结果的正确性负责，确保检测结果符合相关标准、技术规范和抽检任务及实施细则的要求；

e）由承检机构最高管理者任命、授权上岗。

（2）检测人员资质及能力评价指标

a）检测人员签署公正、保密承诺书；

b）检测人员授权、上岗证；

c）检测人员能力持续满足要求的监控、评价。

（3）检测人员资质和能力记录数据及信息要求

a）人员技术档案，包括上岗证、授权参数、授权日期、授权人、授权使用的仪器、职称证明等信息。

b）培训记录：应建立样品检测相关培训记录，记录内容应包括培训主题、培训时间、培训地点、授课人、人员签到、培训内容以及培训效果综合评定；

c）监督、监控记录：对检测食品中理化指标的人员进行内部质量控制、能力验证或实验室间比对结果等记录。

（4）检测人员资质及能力质控方法

a）抽查检测流程原始记录的完整性、及时性、规范性；

b）定期或不定期现场监督：检测人员在检测过程中是否严格按照检测标准的操作要求进行，防止在操作过程中因人为因素导致检测结果的偏离；

c）抽查内部质量控制、能力验证或实验室间比对结果等记录。

2. 样品检测设备仪器要求

实验室应配备与检测任务匹配的仪器设备，以鲜蛋检测为例。

（1）技术参数及配置要求

a）配置与检测范围和工作量要求相应的仪器设备、试剂、标准物质、标准菌株，并确保其技术性能和指标应满足检测工作需要；

b）编制仪器设备的采购、验收、安装、调试和建档等规范管理程序；

c）制定仪器设备维护计划、维护内容、维护人员等，以确保设备正常运行并防止污染或性能退化。

（2）评价指标及方法要求

a）准确性：对结果有影响的设备（包括色谱仪、天平、pH 计、移液枪、恒温箱、玻璃容器等）需进行计量，以确保结果准确，并对计量结果进行确认，以证实其能够满足实验室的规范要求和相应的标准规范。实验室应制定文件，明确设备期间核查的频次及方法，并按规定执行。

b）灵敏度：色谱仪、天平、pH 计、移液枪、恒温箱、玻璃容器等设备的灵敏度需满足检测方法标准要求。

c）稳定性：所有的仪器设备、试剂耗材、标准物质的稳定性需满足检测方法标准要求。

d）回收率：针对净化、洗脱、浓缩等设备要进行技术性验收，其回收率应满足产品说明书、标准要求。

e）实验室应制定程序，规定标准溶液和其他内部标准物质的采购、制备、标定、验证、有效期限、注意事项或危害、制备人、标识等均需满足 GB/T 27025 要求，并保存详细记录。

（3）记录数据和信息指标要求

a）关键仪器设备清单及档案：所有对检测结果有影响的设备均列入仪器设备清单，并建立设备档案，对设备统一编号、管理。档案应包括但不限于以下内容：

——设备名称及所使用的软件；

——制造商名称、型号、序列号或其他唯一性标志；

——验收日期、验收状态是否符合规定、启用日期；

——仪器放置地点；

——使用说明书；

——检定/校准日期、结果/证书和时限；

——设备的任何损坏、故障和修理记录。

b）仪器设备的使用、维护及期间核查等记录。

（4）质量控制方法要求

a）核查设备种类及数量与抽检任务检测工作要求匹配情况；

b）抽查校准/检定证书及确认记录：校准/检定设备的修正因子/误差得到及时更新和正确使用，并对校准/检定证书进行确认，以证实其能够满足试验要求；

c）抽查期间核查：部分仪器设备，如色谱仪、天平、pH 计等，应定期进行期间核查，以保证仪器设备的稳定、准确；

d）抽查检测效果：定期使用质控样品、标准物质，证实检测效果符合相应的标准规范。

3. 样品检测设施环境要求

（1）技术参数及配置要求

a）根据不同检测方法的要求，对可能影响检测结果的环境因素（如生物消毒、湿度、温度等）采取有效控制措施；

b）有效隔离互不相容的相邻区域，防止工作环境交叉污染；

c）在无菌条件工作的区域，应予以明确标识，并能有效地控制、监测和记录；

d）对在检测过程中可能产生的有毒有害物质（包括气体、液体或固体），应按要求对其进行排放或处理，防止污染环境或对人员健康产生不利影响；

f）确保化学危险品、有害生物、高温以及水、电等危及安全的因素得以有效控制。

（2）效果评价指标及方法要求

a）设施环境控制目标是否满足仪器设备和检测方法限制要求；

b）环境监控手段、方法和配套的控制有效性；

c）检测样品贮存设施环境监控方法及监控设施设备控制有效性；

d）试验用消耗性材料和试剂的贮存环境控制措施有效性；

e）进入检测设施环境相关人员的有效管理与控制有效性；

f）配备足够和适用的办公、通信及其他服务性设施，确保检测工作的正常开展。

（3）记录数据和信息指标要求

a）设施环境控制目标是否满足仪器设备和检测方法限制要求的评审记录；

b）检测过程中环境监控手段、方法和配套的控制记录；

c）检测样品贮存设施环境监控方法及监控设施设备控制记录；

d）试验用消耗性材料和试剂的贮存环境控制措施记录；

e）进入检测设施环境相关人员控制记录；

f）监督人员对检测环境设施控制有效性核查记录。

（4）质量控制方法要求

a）抽查环境设施监控记录；

b）定期或不定期监测，如采用空白试验的方式，对环境控制参数进行监测，预防实验室活动的污染、干扰或不利影响；

c）定期或不定期进行现场核查。

4. 抽样检测方法/方案要求

（1）技术参数及配置要求

a）抽检方法应为《国家食品安全监督抽检实施细则》中指定的检测方法标准，因未标注年代号，实验室应确保使用现行有效的版本。

b）当由于缺乏标准操作规程而造成检测人员对标准或规范理解不同、操作方法不同、判断不同使结果质量受到影响时，承检机构应依据标准或规范编制标准操作规程，以确保应用的一致性。

c）对标准方法应进行资源和技术能力的验证。使用以下方法中的一种，或是其中几种方法的组合以通过核查并提供客观证据，以证实可以满足预定用途或应用领域的需要：

——与其他方法所得的结果进行比较；

——实验室间比对；

——对影响结果的因素做系统性的评价；

——根据对方法的理论原理和实践经验的科学理解，对所得结果不确定度进行评定；

——使用参考标准或标准（参考）物质进行验证。

d）根据实际情况选用适合的指标对方法进行评价，包括结果不确定度、方法的选择性和重复性、检出限和定量限、线性范围等。

（2）效果评价指标及方法要求

a）抽检方法与《国家食品安全监督抽检实施细则》中指定检测方法标准的一致性、有效性；

b）完整的方法验证报告及原始记录；

c）检测方法不确定度评定报告及检测报告中的正确应用；

d）检测方法质控报告或记录。

（3）记录数据和信息指标要求

a）定期或不定期检测方法查新，确保使用最新有效版本的方法，并保留记录；

b）方法验证记录：在方法使用前，应对样品抽检涉及的各项检验方法进行方法验证，并保存记录；

c）检测人员新方法培训、考核记录；

d）内部质控及外部质控结果分析记录。

（4）质量控制方法要求

a）抽查检测方法查新记录、方法验证报告及原始记录；

b）抽查检测人员新方法培训、考核记录；

c）定期或不定期进行现场监督，确认检测方法操作的规范性；

d）抽查内部质控及外部质控结果分析记录。

5. 抽样检测过程特殊要求

a）定量方法：严格依据标准方法要求，分别采取外标法、内标法进行定量。

b）标准曲线溶液配备：严格依据标准方法进行标准溶液配制，并关注一些检验项目需要基质匹配标准曲线。

c）空白试验：为有效监控试验结果，应加入空白试验，以确保检测过程中未产生环境污染、人为污染。

d）实验室应确保检测物品的处置、储存和处理满足抽检细则及抽检任务委托方的要求，且不对检测结果产生影响。

e）对那些延长储存时间可能会影响检测结果的样品，承检机构应规定最长保留时间并在规定的时间内检测。

f）任何检测关键环节若发生偏离，均需进行技术验证并保留相关记录。

五、食品安全抽检信息系统数据上报、结果报送流程质控、评价及数据信息采集指标

承检机构应制定并有效运行文件控制程序、记录管理程序、检测方法及方法确认

程序、数据控制与保护程序、检测报告的管理程序、保持公正性和独立性及诚信的程序、保护客户机密信息和所有权程序等，确保利用计算机或自动设备进行检测数据输入或采集、数据存储、数据转移和数据处理的完整性和保密性。

（一）检测数据处理要求

1. 数据处理人员要求

（1）数据处理人员资质及能力要求

a）数据处理人员应确保做到公正、保密；

b）具有大专或以上学历，具备与所从事的检测岗位、数据处理岗位相适应的专业教育背景或工作经历；

c）掌握检测、质控、数据处理等程序文件要求；

d）对检测结果数据处理正确性负责，确保检测结果数据处理符合相关标准、技术规范和抽检任务及实施细则的要求；

e）由承检机构最高管理者任命、授权上岗。

（2）数据处理人员资质及能力评价指标

a）数据处理人员签署公正、保密承诺书；

b）数据处理人员有考核、授权、上岗证；

c）数据处理人员能力持续满足要求的监控、评价。

（3）数据处理人员资质和能力记录数据及信息要求

a）人员技术档案，包括上岗证、授权参数、授权日期、授权人、授权处理数据领域、职称证明等信息；

b）培训记录：应建立样品检测、质控、数据处理相关培训记录，记录内容应包括培训主题、培训时间、培训地点、授课人、人员签到、培训内容以及培训效果综合评定；

c）监督、监控记录：对检测数据处理人员进行内部质量控制、能力验证或实验室间比对结果等记录。

（4）数据处理人员资质及能力质控方法

a）抽查检测流程、数据处理原始记录的完整性、及时性、规范性；

b）定期或不定期现场监督：数据处理员在检测数据处理过程中是否严格按照检测标准的要求进行操作，防止因人为因素导致检测结果的偏离。

2. 数据处理设备仪器要求

（1）技术参数及配置要求

a）检测、数据处理专用计算机，安装相应的软件并接入承检机构内部网络；

b）检测、数据处理自动化设备所带的软件以及检测管理相关的软件，应保证数据的完整性和真实性，且软件经过试运行后，其可靠性、稳定性和适用性满足要求后方可投入使用；

c）设备软件的使用正确性、保密性；

d）所有数据处理（采集）系统应采取防病毒措施，定期清理和杀毒。

（2）评价指标及方法要求

a）检测、数据处理专用计算机仅接入承检机构内部网络；

b）检测、数据处理软件可靠性、稳定性和适用性确认；

c）设备软件的使用正确性、保密性；

d）所有数据采集、处理系统有效防病毒措施；

e）检测管理软件的操作人员用独立的用户名和密码进入系统，在规定的权限范围内操作使用，并保证操作的准确性。

（3）记录数据和信息指标要求

a）检测、数据处理软件可靠性、稳定性和适用性确认及持续更新维护记录；

b）数据处理人员应确保检测数据作为检测记录的一部分进行保存，以保证检测数据的完整性和准确性；

c）自动化设备产生的原始记录，应同时保存不可更改的原始记录电子文件，以备查询；

d）通过数据处理获得的图、表等由数据处理人员和审核人员签字；

e）使用计算机系统处理数据人员以及后续审核人员电子签名的使用受控的备案、审批记录；

f）重要技术数据及处理记录及时备份。

（4）质量控制方法要求

a）核查确认检测、数据处理软件的可靠性、稳定性和适用性及持续更新维护记录；

b）抽查检测数据原始记录以及数据处理、图、表等记录的完整性；

c）抽查授权电子签名的使用规范性；

d）定期或不定期现场监督、监控数据处理过程的正确性、规范性。

3. 数据处理设施环境要求

（1）技术参数及配置要求

a）确保内部网络稳定链接检测、数据处理专用计算机；

b）数据采集、处理设施、区域应予以明确的标识；

c）环境监控设施的配置及有效的控制；

d）管控进入检测数据采集、处理设施、区域的相关人员；

e）配备足够和适用的办公、通信及其他服务性设施，确保检测数据采集、处理工作的正常开展。

（2）效果评价指标及方法要求

a）环境监控手段、方法及配套设施控制有效性；

b）数据采集、处理设施、区域标识清晰、明确；

c）进入检测数据采集、处理设施、区域的相关人员的管理控制有效性。

（3）记录数据和信息指标要求

a）设施环境是否检测数据采集、处理及保密要求的评审记录；

b）环境监控手段、方法和配套的控制记录；

c）进入检测数据采集、处理设施、区域的相关人员的管理控制记录；

d）监督人员对数据采集、处理设施控制有效性核查记录。

（4）质量控制方法要求

a）抽查环境设施监控记录；

b）抽查监督人员对数据采集、处理设施控制有效性核查记录；

c）定期或不定期进行现场核查。

4. 数据处理方法/方案要求

（1）技术参数及配置要求

a）检测数据处理前，检测人员和数据处理人员双重校核；

b）在进行计算和数据换算时，应引出计算公式或标明出处，以便核验；

c）首次使用计算机或自动设备进行数据处理时，必须进行人工校核，确保结果数据比对验证的正确性，并作为原始档案进行归档；

d）检测数据输入或采集、数据存储、数据转移和数据处理时，需进行身份确认（解码）；

e）检测数据及处理结果进行备份，并检查其正确性和完整性，以保证检测数据及结果的安全性和完整性。

（2）效果评价指标及方法要求

a）双重校核初步判断检测数据的合理性与可靠性；

b）数据计算和换算公式正确性；

c）计算机或自动设备数据处理结果与人工数据处理结果比对验证的正确性；

d）检测数据输入或采集、数据存储、数据转移和数据处理保密性；

e）检测数据及处理结果进行备份的安全性和完整性。

（3）记录数据和信息指标要求

a）检测数据处理前，检测人员和数据处理人员双重校核记录。

b）检测数据异常时处理记录，包括复验等记录。

c）在进行计算和数据换算时，引出计算公式或标明出处、核验的记录。

d）首次使用计算机或自动设备进行数据处理时，人工计算的结果与计算机或自动设备所得的结果进行数据比对以验证程序的正确性的记录，并打印结果、文件作为原始档案进行归档，保证数据修改的可追溯性；若比对有误差，后续的处理的记录。

e）授权检测数据（包括重要文件）输入或采集、数据存储、数据转移和数据处理的身份（解码）的确认记录。

f）检测数据及处理结果进行备份、确认记录。

（4）质量控制方法要求

a）抽查检测数据双重校和异常数据处理记录；

b）抽查人工计算的结果与计算机或自动设备所得的结果进行数据比对以验证程序的正确性的记录，以及比对有误差，后续的处理的记录；

c）抽查检测数据及处理结果进行备份、确认记录；

d）定期或不定期现场监督身份（解码）及检测数据（包括重要文件）输入或采集、数据存储、数据转移和数据处理的规范性。

5. 数据处理过程特殊要求

在检测数据校核、处理过程中出现可疑数据、不合格判定及数据为临界值时，及时安排实验室内部复验。

a）复验过程中应增加平行试验数、空白试验、加标试验、质控标样验证试验等方法保证检验数据的准确性。

b）复验过程中要注意核对标准溶液、试剂是否异常、是否在规定效期之内，处理过程中有无异常情况，关注仪器、量器操作的正确性使用、加热时间限制等。

c）复验过程必须严格遵照有关产品标准和方法标准执行，认为有必要，至少采取以下一种方式：

——更换检测人员；

——更换不同的仪器；

——更换方法；

——增加监督。

d）复验结果由检测室主任审核，必要时技术负责人一同审核。

e）复验时应调取用于内部质量控制的留样样品进行检测。

f）微生物检验项目根据样品适用性，对不合格样品进行复验。

g）不合格/问题样品信息需要对抽样过程、抽样单、抽样照片、检测过程、数据填报、结果判定、样品储存等全过程再次进行核查。

（二）检测结果判定要求

1. 检测结果判定人员要求

（1）检测结果判定人员资质及能力要求

a）具有本科或以上学历，具备与所从事的检测岗位、数据处理岗位、结果判定岗位相适应的专业教育背景及工作经历；

b）熟练掌握所授权领域国抽细则、市抽细则、食品执行标准等相关文件中针对不同检验项目的判定依据和结果判定限量值；

c）掌握检测、质控、数据处理、结果判定等程序文件要求；

d）对检测结果数据处理审核及结果判定正确性负责，确保检测结果数据处理及结果判定符合相关标准、技术规范和抽检任务及实施细则的要求；

e）熟悉产品标签的识读，以便使用相应的标准对检验结果进行判定，避免因日期、等级等具体细节造成判定不准确；

f）由承检机构最高管理者任命、授权上岗。

（2）检测结果判定人员资质及能力评价指标

a）检测结果判定人员签署公正、保密承诺书；

b）检测结果判定人员有考核、授权、上岗证；

c）检测结果判定人员持续满足监控、评价的要求。

（3）检测结果判定人员资质和能力记录数据及信息要求

a）人员技术档案，包括上岗证、授权参数、授权日期、授权人、授权处理数据、结果判定领域、职称证明等信息；

b）培训记录包括保存样品检测、质控、数据处理、结果判定相关培训记录，记录内容应包括培训主题、培训时间、培训地点、授课人、人员签到、培训内容，以及培训效果综合评定；

c）监督、监控记录：对检测数据处理审核及结果判定人员进行内部质量控制、能力验证或实验室间比对结果等记录。

（4）检测结果判定人员资质及能力质控方法

a）抽查检测流程、数据处理审核及结果判定原始记录的完整性、及时性、规范性；

b）定期或不定期现场监督：结果判定员在检测数据处理审核、结果判定过程中是否严格按照检测标准、判定标准的操作要求进行，防止因人为因素导致检测结果判定的偏离。

2. 检测结果判定设备仪器要求

（1）技术参数及配置要求

a）检测、数据处理审核及结果判定专用计算机，应安装相应的软件并接入承检机构内部网络；

b）检测、数据处理自动化设备所带的软件和检测管理相关的软件，以及结果判定软件或人工判定，应保证数据的完整性和真实性，且软件经过试运行后，其可靠性、稳定性和适用性满足要求后方可投入使用；

c）确保设备软件的正确性、保密性；

d）所有数据处理（采集）系统应采取防病毒措施，定期清理和杀毒。

（2）检测结果判定评价指标及方法要求

a）检测、数据处理审核及结果判定专用计算机仅接入承检机构内部网络；

b）确认检测、数据处理审核及结果判定软件的可靠性、稳定性和适用性；

c）确保设备软件的正确性、保密性；

d）所有数据采集、处理、审核及结果判定系统拥有有效防病毒措施；

e）管理软件的操作人员用独立的用户名和密码进入系统，在规定的权限范围内操作使用，并保证操作的准确性。

（3）检测结果判定记录数据和信息指标要求

a）确认检测、数据处理审核及结果判定软件的可靠性、稳定性和适用性及持续更新维护记录；

b）数据处理审核及结果判定人员应确保检测数据作为检测记录的一部分进行保存，以保证检测数据的完整性和准确性；

c）自动化设备产生的原始记录，应同时保存不可更改的原始记录电子文件，以备查询；

d）通过数据处理获得的图、表审核及结果判定等由数据处理人员和审核、结果判定人员签字；

e）使用计算机系统处理数据审核及结果判定人员的电子签名的使用受控的备案、审批记录；

f）重要技术数据及处理记录及时备份。

（4）检测结果判定质量控制方法要求

a）核查确认检测、数据处理审核及结果判定软件的可靠性、稳定性和适用性及持续更新维护记录；

b）抽查检测数据原始记录及数据处理、图、表审核及结果判定等记录的完整性；

c）抽查授权电子签名的使用规范性；

d）定期或不定期现场监督、监控数据处理审核及结果判定过程的正确性、规范性。

3. 检测结果判定设施环境要求

（1）技术参数及配置要求

a）确保内部网络稳定链接检测、数据处理审核及结果判定专用计算机；

b）数据采集、处理审核及结果判定设施、区域应予以明确标识；

c）有效配置并控制环境监控设施；

d）管控进入检测数据采集、处理审核及结果判定设施、区域的相关人员；

e）配备足够和适用的办公、通信及其他服务性设施，确保检测数据采集、处理审核及结果判定工作的正常开展。

（2）效果评价指标及方法要求

a）有效控制环境监控手段、方法及配套设施；

b）数据采集、处理设施、区域标识清晰、明确；

c）有效管控进入检测数据采集、处理审核及结果判定设施、区域的相关人员。

（3）记录数据和信息指标要求

a）设施环境是否检测数据采集、处理审核、结果判定及保密要求的评审记录；

b）环境监控手段、方法和配套的控制记录；

c）进入检测数据采集、处理审核及结果判定设施、区域的相关人员的管理控制记录；

d）监督人员对数据采集、处理审核及结果判定设施控制有效性核查记录。

（4）质量控制方法要求

a）抽查环境设施监控记录；

b）抽查监督人员对数据采集、处理审核及结果判定设施控制有效性核查记录；

c）定期或不定期进行现场核查。

4. 检测结果判定方法/方案要求

（1）技术参数及配置要求

a）检测结果判定前，确认数据在处理前检测人员和数据处理人员双重校核；

b）检测结果判定前，核验计算和数据换算时，引出计算公式或标明出处的正确性；

c）首次或定期对使用计算机或自动设备进行处理的数据与人工处理的数据校核，确保结果数据比对验证的正确性；

d）检测数据输入或采集、数据存储、数据转移和数据处理、结果判定，均需进行身份确认（解码）；

e）检查其正确性和完整性，以保证检测数据、结果及记录的安全性和检测数据处理审核及结果判定记录备份的完整性。

（2）效果评价指标及方法要求

a）审核双重校核初步判断检测数据的合理性与可靠性；

b）审核数据计算和换算公式的正确性；

c）核查计算机或自动设备数据处理结果与人工数据处理结果比对验证的正确性；

d）检测数据输入或采集、数据存储、数据转移和数据处理的保密性；

e）检查其正确性和完整性，以保证检测数据、结果及记录的安全性，并对检测数据处理审核及结果判定记录进行备份。

（3）记录数据和信息指标要求

a）检测数据处理前检测人员和数据处理人员双重校对记录；

b）检测数据异常时处理记录，包括复验等记录；

c）在进行计算和数据换算时，引出计算公式或标明出处的核验记录；

d）首次或定期对使用计算机或自动设备进行处理的数据与人工处理的数据校核，确保结果数据比对验证的正确性，并打印结果、文件作为原始档案进行归档，保证数据修改的可追溯性（若比对有误差，后续的处理记录）；

e）授权检测数据（包括重要文件）输入或采集、数据存储、数据转移、数据处理审核及结果判定人员的身份（解码）的确认记录；

f）检测数据处理审核、结果判定记录备份及确认记录。

（4）质量控制方法要求

a）抽查审核检测数据双重校和异常数据处理记录；

b）抽查审核人工计算的结果与计算机或自动设备所得的结果进行数据比对以验证程序的正确性的记录，以及比对有误差，后续的处理记录；

c）抽查检测数据处理审核及结果判定进行备份、确认记录；

d）定期或不定期现场监督身份（解码）及检测数据（包括重要文件）输入或采集、数据存储、数据转移和数据处理审核及结果判定的规范性。

5. 检测结果判定过程特殊要求

在检测数据校核、处理过程中出现可疑数据、不合格判定及数据为临界值时，及时安排实验室内部复验。复验质控要求同食品安全检验流程质控、评价及数据信息采集指标。

（三）检测报告编制要求

1. 检测报告编制人员要求

（1）检测报告编制人员资质及能力要求

a）确保做到公正、保密；

b）熟练操作办公软件；

c）熟悉并能够正确解读不同级别、种类抽检任务要求，明确报告的格式、报送方式、报送时限等要求，在规定时限内出具相应的报告并以规定方式上报，包括纸质版及电子版检测报告；

d）掌握不同种类抽检任务检测报告出具方法和操作流程，包括食品安全抽检系统填写、上传检测报告以及人工编制出具的检测报告；

e）由承检机构最高管理者任命、授权上岗。

（2）检测报告编制人员资质及能力评价指标

a）签署公正、保密承诺书；

b）持有考核、授权、上岗证；

c）可以规范、及时编制报告；

d）持续满足监控、评价要求。

（3）检测报告编制人员资质和能力记录数据及信息要求

a）人员技术档案：上岗证、授权参数、授权日期、授权人、授权处理数据领域、职称证明等。

b）培训记录：应建立样品检测、质控、数据处理、报告编制相关培训记录，记录内容应包括培训主题、培训时间、培训地点、授课人、人员签到、培训内容以及培训效果综合评定；

c）监督、监控记录：对检测报告编制人员进行软件操作、应用熟练程度、编制报告规范性监督记录；

d）报告被退回记录：汇总每一次报告退回原因分析及处理记录；

e）其他记录：记录报告出具不及时的编号、原因、数量，避免再次发生，同时作为人员考核评价的依据。

（4）检测报告编制人员资质及能力质控方法

a）定期抽查所编制检测报告数量、质量和报告及时率；

b）定期或不定期现场监督：在检测报告编制过程中是否严格按照检测标准及规范

文件操作要求进行，防止因人为因素影响检测报告有效性。

2. 检测报告编制设备仪器要求

（1）技术参数及配置要求

a）检测数据处理、检测报告编制专用计算机，应安装相应的软件并接入承检机构内部网络；

b）检测数据处理、检测报告编制计算机、软件以及检测报告管理相关的软件，应保证检测数据、报告的完整性和真实性，且软件经过试运行后，其可靠性、稳定性和适用性满足要求后方可投入使用；

c）检测报告编制设备软件应正确使用并符合保密规定；

d）检测报告编制设备软件应采取防病毒措施，定期清理和杀毒。

（2）检测报告编制评价指标及方法要求

a）检测报告编制专用计算机仅接入承检机构内部网络；

b）确认检测报告编制软件的可靠性、稳定性和适用性；

c）检测管理软件的操作人员用独立的用户名和密码进入系统，在规定的权限范围内操作使用，并保证操作的准确性。

（3）检测报告编制记录数据和信息指标要求

a）确认检测报告编制软件的可靠性、稳定性和适用性及持续更新维护记录；

b）检测报告编制人员应确保检测报告作为检测记录的一部分进行保存，以保证检测数据的完整性和准确性；

c）保存检测报告编制过程中产生的原始记录，应同时保存不可更改的原始记录电子文件，以备查询；

d）保存使用计算机系统检测报告编制员以及后续授权签字人电子签名的使用受控的备案、审批记录；

e）保存检测报告备份记录。

（4）检测报告编制质量控制方法要求

a）核查检测报告编制软件的可靠性、稳定性和适用性及持续更新维护记录；

b）抽查检测报告编制的及时性、规范性；

c）抽查授权电子签名的使用规范性；

d）定期或不定期现场监督、监控检测报告编制过程的正确性、规范性。

3. 检测报告编制设施环境要求

（1）技术参数及配置要求

a）确保内部网络稳定链接检测报告编制专用计算机；

b）数据处理、检测报告编制设施、区域应予以明确标识；

c）配置环境监控设施并有效控制；

d）管控进入检测数据处理、检测报告编制设施、区域的人员；

e）配备足够和适用的办公、通信及其他服务性设施，确保检测数据处理、检测报告编制工作的正常开展。

（2）效果评价指标及方法要求

a）有效控制环境监控手段、方法及配套设施；

b）数据采集、处理设施、区域标识清晰、明确；

c）有效控制进入检测数据处理、检测报告编制设施、区域的人员。

（3）记录数据和信息指标要求

a）设施环境控制目标是否符合检测数据处理、检测报告编制保密要求的评审记录；

b）环境监控手段、方法和配套的控制记录；

c）进入检测数据处理、检测报告编制设施、区域的人员的管理控制记录；

d）监督人员对数据处理、检测报告编制设施控制有效性核查记录。

（4）质量控制方法要求

a）抽查环境设施监控记录；

b）抽查监督人员对数据处理、检测报告编制设施控制有效性的核查记录；

c）定期或不定期进行现场核查。

4. 检测报告编制方法/方案要求

（1）技术参数及配置要求

a）在国家抽检系统直接填写，自动编制报告：核对样品关键信息→查询方法、限值，调整模板→填报试验结果→系统自动生成电子报告；

b）在省/市抽检系统下载模板，编制报告：从系统下载样品信息，核对关键信息及逻辑性错误→制作食品检验结果录入表→将试验结果录入食品检验结果录入表→利用 Word、Excel 等办公软件出具检验报告；

c）在登录抽检系统编制报告时，需进行身份确认（解码）；

d）分析不同任务的不同环节时限要求文件，确保编制报告的时限。

（2）效果评价指标及方法要求

a）检测报告准确率：

——格式：格式符合委托方和实验室要求；

——内容：内容准确无误，与抽样单一致，无逻辑性错误；

——数据：数据准确无误，与原始记录一致；

——判定：符合结果判定要求。

b）及时率：编制报告在规定时限内完成。

（3）记录数据和信息指标要求

a）检测报告编制人员培训、考核记录；

b）检测报告编制过程中发生异常的处理记录；

c）自动生成报告内容、结果的准确性确认记录；

d）授权检测报告的身份（解码）的确认记录；

e）检测报告编制过程规范性、及时性监督记录。

（4）质量控制方法要求

a）抽查检测报告编制及时率、准确率；

b）定期或不定期现场监督身份（解码）及编制检测报告的规范性。

5. 检测报告编制过程特殊要求

在检测数据校核、处理过程中出现可疑数据、不合格判定及数据为临界值时，及时安排实验室内部复验。复验质控要求同食品安全检验流程质控、评价及数据信息采集指标。

（四）检测报告签发要求

1. 检测报告签发人员要求

（1）检测报告签发人员资质及能力要求

a）具有本科或以上学历，具备与被授权签字范围相适应的专业教育背景或工作经历；

b）熟练掌握抽检细则、食品执行标准等相关文件中针对不同检验项目的判定依据和结果判定限量值；

c）对检测结果报告签发，需要熟悉产品标签，以便使用相应的标准对检验结果判定正确性进行审核，避免因日期、等级等具体细节造成检测报告误判；

d）及时查新判定标准，注意新标准实施日期和旧标准废止日期，准确使用对应标准对结果进行判定；

e）掌握特殊的判定原则，能够考虑环境代入和本底值的情况；

f）对检测报告的正确性和完整性负责；

g）熟悉 CMA、认可规则，具备授权签字人的条件，认真履行授权签字人的权利和义务；

h）由最高管理者任命并具备CMA/CNAS授权签字人资质。

（2）检测报告签发人员资质及能力评价指标

a）检测报告签发人员签署公正、保密承诺书；

b）检测报告签发人员考核、授权、上岗证；

c） CMA/CNAS授权签字人名单、授权范围；

d）检测报告签发人员能力持续满足监控、评价要求。

（3）检测报告签发人员资质和能力记录数据及信息要求

a）人员技术档案：上岗证、授权参数、授权日期、授权人、授权处理数据领域、职称证明等。

b）培训记录：建立样品检测、质控、数据处理、结果判定及报告签发相关培训记录，记录内容应包括培训主题、培训时间、培训地点、授课人、人员签到、培训内容以及培训效果综合评定；

c）监督、监控记录：所签发检测报告正确率、标准有效性核查记录。

（4）检测报告签发人员资质及能力质控方法

a）定期抽查检测报告签发人员是否严格按照相关法律法规或标准对检测项目的实测值判定结果进行审核，签发报告是否准确；

b）抽查检测报告签发人员是否做到及时查新判定标准，是否及时更新标准库、学习判定标准；

c）定期或不定期现场监督：检测报告签发人员在签发检测报告过程中是否严格按照检测标准的要求进行操作，防止因人为因素导致检测结果报告的偏离。

2. 检测报告签发设备仪器要求

（1）检测报告签发技术参数及配置要求

a）用于检测数据、结果判定、审核、签发报告等的专用计算机应安装相应的软件并接入承检机构内部网络；

b）审核、签发报告软件经过试运行后，其可靠性、稳定性和适用性满足要求方可投入使用；

c）确保设备软件的使用正确性、保密性；

d）审核、签发报告软件、系统应采取防病毒措施，定期清理和杀毒。

（2）检测报告签发评价指标及方法要求

a）审核、签发报告的专用计算机仅接入承检机构内部网络；

b）确认检测、数据处理软件的可靠性、稳定性和适用性；

c）审核、签发报告软件的操作人员用独立的用户名和密码进入系统，在规定的权限范围内操作使用，并保证操作的准确性、保密性。

（3）检测报告签发记录数据和信息指标要求

a）确认检测报告签发软件的可靠性、稳定性和适用性及持续更新维护记录；

b）检测报告签发人员应确保检测数据作为检测记录的一部分进行保存，以保证检测数据的完整性和准确性；

c）自动化设备产生的原始记录应同时保存不可更改的原始记录电子文件，以备查询；

d）检测报告签发人员确认数据处理人员、报告编制人员、审核人员签字记录；

e）使用计算机系统处理数据人员和后续审核、检测报告签发人员电子签名的使用受控的备案、审批记录；

f）重要技术数据及处理记录应及时备份。

（4）检测报告签发质量控制方法要求

a）核查签发检测报告审核、签发软件可靠性、稳定性和适用性确认及持续更新维护记录；

b）抽查检测报告审核、签发记录的完整性；

c）抽查授权电子签名的使用规范性；

d）定期或不定期现场监督、监控报告审核、签发过程的正确性、规范性。

3. 检测报告签发设施环境要求

（1）技术参数及配置要求

a）确保内部网络稳定链接检测报告审核、签发专用计算机；

b）检测报告审核、签发设施、区域应予以明确的标识；

c）确保环境监控设施的配置及有效的控制；

d）管控进入检测报告审核、签发设施、区域的相关人员；

e）配备足够和适用的办公、通信及其他服务性设施，确保检测数据采集和处理、检测报告审核和签发，以及原始记录和报告副本归档保存工作的正常开展。

（2）效果评价指标及方法要求

a）有效控制环境监控手段、方法及配套设施；

b）数据采集和处理、检测报告审核和签发设施、区域标识清晰、明确；

c）有效管控进入检测数据采集、处理设施、区域的相关人员。

（3）记录数据和信息指标要求

a）数据采集和处理、检测报告审核和签发及保密要求的评审记录；

b）环境监控手段、方法和配套的控制记录；

c）进入检测数据采集和处理、检测报告审核和签发设施、区域的人员的管理控制记录；

d）监督人员对数据采集、处理设施控制有效性核查记录。

（4）质量控制方法要求

a）抽查环境设施监控记录；

b）抽查监督人员对数据采集和处理、检测报告审核和签发设施控制有效性核查记录；

c）定期或不定期进行现场核查。

4. 检测报告签发方法/方案要求

（1）技术参数及配置要求

a）检测数据输入或采集、数据存储、数据转移和数据处理、结果判定，以及审核签发报告时，均需进行身份确认（解码）。

b）在国家抽检系统自动生成电子报告：核对样品关键信息→查询方法、限值→核对检测数据处理、判定正确性→审核系统自动生成电子报告数据、内容、信息的正确性、规范性。

c）在省/市抽检系统下载模板编制报告：核对抽样环节样品关键信息→核对食品检验结果录入表中数据信息的正确性→审核利用 Word、Excel 等办公软件出具检验报告的数据、内容、信息的正确性、规范性。

d）确认报告格式、信息的有效性：

——标题统一为“检验（测）报告”；

——实验室的名称、地址、邮编、电话和传真；

——检验报告的唯一性编号，每页标明页码和总页数，结尾处有结束标识；

——委托方名称、被抽样单位名称、标称生产企业名称；

——检验类别；

——样品抽样日期、样品生产/加工/购进日期、报告签发日期；

——样品名称和必要的样品描述（如规格、商标、质量等级的描述）；

——样品抽样数量、抽样地点、抽样单编号；

——抽样人员和检查封样人员；

——检测项目、检验结论、判定依据、标准指标、实测值、单项判定、检验依据；

——主检人、审核人、批准人签字（签章），并加盖本实验室印章；

——免责声明报告，如“无检验报告专用章”“检验单位公章无效”“无主检、审核、批准人签字无效”“报告涂改无效”“对检验结果若有异议，请于收到之日起××个工作日内以书面形式提出，逾期不予受理”等内容的声明；

——分析不同任务的不同环节时限要求文件，确保签发报告的时限；

——检测数据、原始记录及报告副本进行备份，并检查其正确性和完整性。

（2）效果评价指标及方法要求

a）检测报告准确率：

——格式：格式符合委托方和实验室报告控制文件规定要求；

——内容：准确无误，与抽样单一致，无逻辑性错误；

——数据：准确无误，与原始记录一致；

——判定：符合结果判定要求；

——签发：授权范围内审核、签发报告，并负责检测报告的意见和解释。

b）及时率：签发报告在规定时限内完成。

c）合理性：签发报告在样品保质期内，抽样、检测、签发报告各环节时限满足《细则》及检测标准的要求。

d）合规性：签发的检测报告应符合委托方要求。

（3）记录数据和信息指标要求

a）检测报告签发人员培训、考核记录；

b）检测报告签发过程中发生异常情况处理记录；

c）自动生成报告内容、结果准确性确认记录；

d）授权签检测报告的身份（解码）的确认记录；

e）检测报告签发过程规范性、及时性监督记录。

（4）质量控制方法要求

a）抽查检测报告签发范围与授权范围的一致性；

b）抽查检测报告签发的及时率、准确率；

c）定期或不定期现场监督身份（解码）及签发检测报告的规范性。

5. 检测报告签发过程特殊要求

a）严格按照流程制度签发报告，进行逐级审核，即“检测—数据处理—结果审核判定—批准签发”，不得跳过某一环节或调整审核顺序；

b）在检测数据校核、处理过程中出现可疑数据、不合格判定及数据为临界值时，及时安排实验室内部复验。复验质控要求同食品安全检验流程质控、评价及数据信息采集指标。

六、食品安全监督抽检复检流程质控、评价及数据信息采集

食品安全监督抽检中，对不合格检验结果有异议的食品生产经营者，可依法提出

复检申请；对抽样过程、样品真实性、检验及判定依据等事项有异议的食品生产经营者，可依法提出异议处理申请。

食品安全监督抽检复检流程质控、评价及数据信息采集指标要求与食品安全抽检数据处理、报告签发流程质控、评价及数据信息采集指标要求相同。本节只对复检流程质控、评价内容提出补充要求，确保满足《食品安全抽样检验管理办法》、《市场监管总局办公厅关于进一步规范食品安全监督抽检复检和异议工作的通知》（市监食检〔2018〕48号），以及RB/T 216—2017《检验检测机构资质认定能力评价　食品复检机构要求》等相关文件要求。

（一）复检申请提出

复检申请人应当自收到检验结论之日起7个工作日内，向实施食品安全监督抽检工作的食品安全监管部门或其上一级食品安全监管部门提出书面申请。

1. 复检申请时限有效性

复检申请人收到检验结论时间与提交复检申请时间节点记录，是否满足复检相关法规文件要求。

2. 复检申请受理部门有效性

a）实施食品安全监督抽检工作的食品安全监管部门或其上一级食品安全监管部门受理书面申请；

b）提交书面申请至出具受理或不予受理通知书时间节点记录。

（二）复检机构确定

1. 复检机构动态管理

a）国家市场监督管理总局会不定期更新食品复检机构名录。

b）复检任务整体情况记录包括：

——复检任务种类、级别、数量等；

——因客观理由，无法承担复检任务的，如有委托检验关系的申请人的复检申请、工作量允许等，确保实验室于2个工作日内向相关食品安全监管部门作出书面说明；

——无正当理由，一年内2次拒绝承担复检任务的，食品安全监管部门可停止其承担的食品安全抽样检验任务，并向复检机构管理部门提出撤销其复检机构资质的建议。

2. 复检机构确定

a）有效时间节点内发出受理通知书至公布的复检机构，如7个工作日内；

b）遵循便捷高效原则，随机确定复检机构；

c）告知初检机构和复检机构，并通报不合格食品生产经营者住所地食品安全监管部门。

（三）复检备份样品移交

承检机构在收到复检通知书、获知确定的复检机构后3个工作日内，将复检备份样品移交至复检机构。

1. 承检机构与复检申请人沟通有效性

核查双方有关复检备份样品沟通记录，确保复检样品移交方式、时限满足相关要求。

2. 承检机构与复检机构沟通有效性

a）核查双方有关复检备份样品沟通记录，确保复检样品移交方式、时限满足相关要求；

b）承检机构人员观察复检机构的复检实施过程记录。

3. 复检备份样品有效性

a）再次确认复检备份样品外包装、封条等的完整性；

b）确认复检备份样品有效期，满足复检时限要求；

c）确认复检备份样品保存期间温湿度等满足储存要求。

4. 复检备份样品移交过程控制有效性

a）样品递送过程中运送条件控制确认记录，如冷冻样品要提前准备好保温箱及干冰，确保运输过程中温度符合样品储运要求；

b）通过图片及视频资料等方式对复检样品移送过程进行记录；

c）做好样品交接记录，包括从库房取出记录以及到复检机构后的交接记录。

（四）复检任务的接收、确认

1. 复检机构技术能力确认

包括但不限于以下方面：

a）检测能力是否覆盖待复检项目；

b）判定标准是否可行有据；

c）初检机构检测方法的可接受性；

d）样品是否符合复检要求，如保质期情况等。

2. 复检机构资格确认

a）与复检申请人是否有委托检验关系；

b）实验室工作量是否允许按时出具检验结果报告。

3. 复检备份样品确认

a）对备份样品外包装、封条等的完整性进行确认，通过图片或视频等方式，做好样品接收记录；

b）如果复检备份样品封条、包装破坏，或出现其他对结果判定产生影响的情况，复检机构应当及时书面报告受理部门；

c）如果存在调换样品或人为破坏样品封条、外包装等情形，受理部门会同有关部门对有关责任单位、责任人员依法严肃查处；

d）在规定时间内将相关信息录入“安全监测信息管理系统”。

4. 复检相关材料确认

a）确认材料的齐全性，包括抽样单、复检通知书、复检同意书、初检报告、相关联系人电话、联系方式等；

b）确认并填写复检备份样品确认单，由复检机构、初检机构和复检申请人共同签字或盖章；

c）如果出现复检备份样品封条、包装破损，或其他对结果判定产生影响的情况（如样品拆封后发现与抽样单不符），应在复检备份样品确认单上如实记录，通过拍照或录像等方式记录复检备份样品异常情况，并书面告知受理复检申请的市场监管部门，终止复检。

（五）不得予以复检的规定

有下列情形之一的，不得复检：

——逾期提出复检申请或者已进行过复检的；

——私自拆封、调换或者损毁备份样品的；

——复检备份样品超过保质期的；

——初检结果显示微生物指标超标的；

——备份样品在正常储存过程中可能发生改变、影响检验结果的；

——其他原因导致备份样品无法实现复检目的的；

——国家有关部门规定的不予复检的。

（六）复检样品检测及质控要求

遵循食品安全抽检数据处理、报告签发流程质控、评价及数据信息采集指标要求。

七、核查处置和信息发布流程质控、评价及数据信息采集指标

（一）监督抽检结果信息发布

1. 发布机构

市场监管部门通过政府网站等渠道及时向社会公开监督抽检结果，任何单位和个人不得擅自发布、泄露市场监管部门组织的食品安全监督抽检信息。

2. 发布信息

发布监督抽检结果信息，包括结果是否合格，以及不合格食品核查处置的相关信息。

（二）监督抽检不合格食品核查

1. 启动核查工作

a）收到监督抽检不合格检验结论后，市场监管部门或上级市场监管部门及时启动核查处置工作；

b）不合格食品含有违法添加的非食用物质，或者存在致病性微生物、农药残留、兽药残留、生物毒素、重金属以及其他危害人体健康的物质严重超出标准限量等情形的，应当依法及时处理并逐级报告至国家市场监督管理总局；

c）调查中涉及其他部门职责，应当将有关信息通报相关职能部门；

d）督促食品生产经营者履行法定义务，配合调查处理。

2. 不合格食品的处置工作

a）收到监督抽检不合格检验结论至核查处置工作完成的时限应满足要求，如 90 日内完成；

b）需要延长办理期限的，应当书面报请负责核查处置的市场监管部门负责人批准并保留记录。

3. 处置结果信息发布

a）市场监管部门应当通过政府网站等渠道及时向社会公开监督抽检结果和不合格食品核查处置的相关信息；

b）发布信息包括被抽检食品名称、规格、商标、生产日期或者批号、不合格项目，标称的生产者名称、地址，以及被抽样单位名称、地址等；

c）将相关信息记入食品生产经营者信用档案；

d）可能对公共利益产生重大影响的食品安全监督抽检信息的发布应满足市场监管

部门的特殊要求；

e）任何单位和个人不得擅自发布、泄露市场监管部门组织的食品安全监督抽检信息。

（三）食品生产经营者风险控制及改进措施

1. 应对不合格检验结论的措施

（1）暂停生产经营活动

a）时限要求：收到监督抽检不合格检验结论至采取风险控制措施应满足时限要求。

b）应对措施有效性：

——立即采取封存不合格食品，暂停生产、经营不合格食品；

——通知相关生产经营者和消费者；

——召回已上市销售的不合格食品。

（2）不合格产品信息公示

a）时限要求：收到监督抽检不合格检验结论至公示相关不合格产品信息应满足时限要求。

b）应对措施有效性：在被抽检经营场所显著位置公示相关不合格产品信息。

（3）分析不合格原因

a）分析、排查不合格发生的根本原因，进行有效的风险评估，制定、实施有效的整改措施。

b）向住所地市场监管部门报告整改、处理情况，积极配合市场监管部门的调查处理，不得拒绝、逃避。

（4）有异议的检测结论

a）食品生产经营者的义务：对检测结论有异议时，在规定的时限内提出复检或异议，但应确保在复检或异议期间，不得停止履行前款规定的义务。

b）食品生产经营者未主动履行的，市场监管部门应当责令其履行，并列入诚信经营评价记录。

2. 食品生产经营者改进

a）改变过去被动应对的思维定式，通过积极配合食品安全监督抽检，及时发现可能存在的潜在风险，积极采取预防措施，确保食品的安全与品质。

b）主动收集监管部门发布的抽检信息，包括全国范围内被抽检的级别、频次、产品类别等，作为企业产品的诚信与质量保障的宣传材料。

第二节 食品安全实验室监督检验在线质量控制评价技术规范（通用要求）

一、范围

本节规定了食品安全实验室监督检验质量控制评价技术的通用要求。

本节适用于食品安全监管机构，以及承担不同级别食品安全监督抽检任务的抽样机构、检验机构等。

二、规范性引用文件

本节引用、参考了下列文件，这些文件的部分或全部内容构成了本节的要求。对注明日期的参考文件，只采用引用的版本；对没有注明日期的参考文件，采用最新的版本（包括任何的修订）。

《中华人民共和国食品安全法》（2018 年修订版）

《中华人民共和国政府采购法》（2002 年）

《中华人民共和国食品安全法实施条例》（中华人民共和国国务院令第 721 号）

《食品安全抽样检验管理办法》（国家市场监督管理总局令第 15 号）

《检验检测机构监督管理办法》（国家市场监督管理总局令第 39 号）

《网络餐饮服务食品安全监督管理办法》（2020 年修订版）

《食品安全监督抽检和风险监测工作规范》（食药监办食监三〔2015〕35 号）

《食品安全监督抽检实施细则》（年度、国家及省市级）

RB/T 214—2017《检验检测机构资质认定能力评价　检验检测机构通用要求》

GB/T 27025—2019《检测和校准实验室能力的通用要求》

三、术语和定义

a）GB/T 27025—2019 中界定的术语和定义适用于本节。

b）《中华人民共和国食品安全法》（2018 年修订版）第十章附则用语及含义适用于本节。

食品：指各种供人食用或者饮用的成品和原料以及按照传统既是食品又是中药材

的物品，但是不包括以治疗为目的的物品。

食品安全：指食品无毒、无害，符合应当有的营养要求，对人体健康不造成任何急性、亚急性或者慢性危害。

预包装食品：指预先定量包装或者制作在包装材料、容器中的食品。

食品添加剂：指为改善食品品质和色、香、味以及为防腐、保鲜和加工工艺的需要而加入食品中的人工合成或者天然物质，包括营养强化剂。

用于食品的包装材料和容器：指包装、盛放食品或者食品添加剂用的纸、竹、木、金属、搪瓷、陶瓷、塑料、橡胶、天然纤维、化学纤维、玻璃等制品和直接接触食品或者食品添加剂的涂料。

用于食品生产经营的工具、设备：指在食品或者食品添加剂生产、销售、使用过程中直接接触食品或者食品添加剂的机械、管道、传送带、容器、用具、餐具等。

用于食品的洗涤剂、消毒剂：指直接用于洗涤或者消毒食品、餐具、饮具以及直接接触食品的工具、设备或者食品包装材料和容器的物质。

食品保质期：指食品在标明的贮存条件下保持品质的期限。

食源性疾病：指食品中致病因素进入人体引起的感染性、中毒性等疾病，包括食物中毒。

食品安全事故：指食源性疾病、食品污染等源于食品，对人体健康有危害或者可能有危害的事故。

承检机构：包括承担国家市场监督管理总局本级食品安全抽检监测检验任务的检验机构，以及承担省（区、市）市场监管局（以下简称：省级局）按照国家市场监督管理总局工作部署和要求，组织开展的本行政区内食品抽检监测检验任务的检验机构。

四、通用要求

（一）公正性

1. 市场监管部门

（1）组织实施

市场监管部门应当按照科学、公开、公平、公正的原则，以发现和查处食品安全问题为导向，依法对食品生产经营活动全过程组织开展食品安全抽样检验工作，如“双随机、一公开”等。

抽样、承检和复检机构的确定严格按照《食品安全监督抽检和风险监测承检机构工作规定》（食药监办食监三〔2014〕70号）第三条至第十四条的要求确定，特别是第十四条将承检机构的考核检查结果作为安排下一年度食品安全抽检监测工作任务的依据。

（2）信息公布

国家市场监督管理总局建立国家食品安全抽样检验信息系统，定期分析食品安全抽样检验数据，加强食品安全风险预警，完善并督促落实相关监督管理制度。

县级以上地方市场监管部门应当按照规定通过国家食品安全抽样检验信息系统，及时报送并汇总分析食品安全抽样检验数据。

2. 承检机构（含复检机构）

市场监管部门应当与承担食品安全抽样、检验任务的技术机构（以下简称：承检机构）签订委托协议，明确双方权利和义务。

承检机构应当依照有关法律、法规规定取得资质认定后方可从事检验活动。承检机构进行检验，应当尊重科学，恪守职业道德，保证出具的检验数据和结论客观、公正，不得出具虚假检验报告。

市场监管部门应当对承检机构的抽样检验工作进行监督检查，发现存在检验能力缺陷或者有重大检验质量问题等情形的，应当按照有关规定及时处理。

3. 食品生产经营者

食品生产经营者是食品安全第一责任人，应当依法配合市场监管部门组织实施的食品安全抽样检验工作，并拥有获得抽检报告的权利，无论结果合格与否。

（二）保密性

1. 监管机构

食品安全抽检信息的公布应满足法律法规的保密要求。

2. 承检机构（含复检机构）

根据《食品安全监督抽检和风险监测承检机构工作规定》第八条要求，承检机构应当承担保密义务，不得泄露、擅自使用或对外发布食品安全抽检监测结果和相关信息，严格遵守法律法规和抽检监测工作有关纪律要求，并承诺：

a）抽样人员不得向无关人员透露承检任务信息、抽样地点、抽样类别信息等所有涉及保障任务的信息；检验人员不得向无关人员透露承检任务信息、检测结果信息等所有涉及检测任务的信息；报告出具人员不得向无关人员透露承检任务信息、被抽样单位信息及检测结果信息等所有涉及检测任务的信息。

b）在检测全过程中，对样品加强监管，防止泄密。所有样品不得向与检测无关人员展示。

c）检测过程的原始记录只能记录在原始记录表上，不得随意记录，不准以任何形式扩散外传。

d）承检实验室出具的相关检测报告严格保密，未经委托单位授权，不得将检测报告转交他人，不得擅自公布检测结果。

e）检测人不得利用被检样品机密信息进行产品研发和技术咨询，发表的论文不得含有泄露保障信息的内容。

f）所有记录应予安全保护和保密。检验人均负有对记录保密的责任，未经批准，不得以任何形式泄露记录内容。任何外人不得随意查阅检测报告、原始记录及有关资料。

3. 食品生产企业

涉及食品安全的信息应逐级上报，不能擅自发布。

4. 食品经营企业

涉及食品安全的信息应逐级上报，不能擅自发布。

五、结构要求

我国食品安全相关部委包括国务院食品安全委员会办公室、国家市场监督管理总局、国家卫生健康委员会、农业农村部、海关总署等，具体如图 2-8。

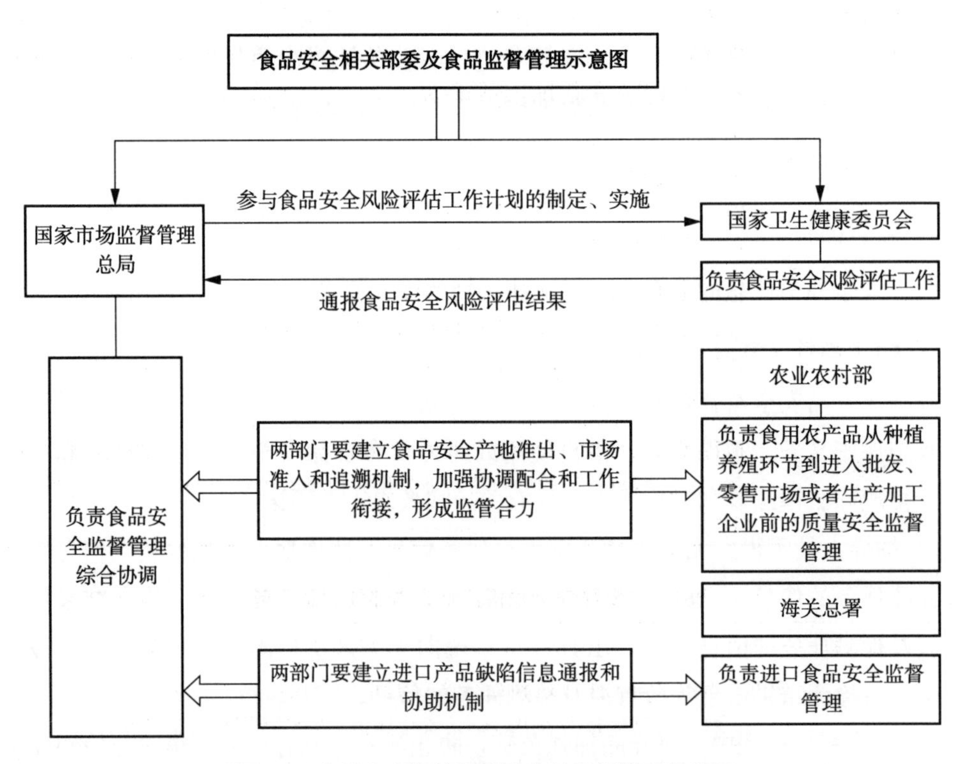

图 2-8　食品安全相关部委及食品监督管理示意图

（一）监管机构

国家市场监督管理总局食品安全相关部门及职责如表 2-1、表 2-2 所示。

表 2-1 国家市场监督管理总局食品安全相关司局及职责

司局	职责
食品安全协调司	拟订推进食品安全战略的重大政策措施并组织实施；承担统筹协调食品全过程监管中的重大问题，推动健全食品安全跨地区跨部门协调联动机制工作；承办国务院食品安全委员会日常工作
食品生产安全监督管理司	分析掌握生产领域食品安全形势，拟订食品生产监督管理和食品生产者落实主体责任的制度措施并组织实施；组织食盐生产质量安全监督管理工作；组织开展食品生产企业监督检查，组织查处相关重大违法行为；指导企业建立健全食品安全可追溯体系
食品经营安全监督管理司	分析掌握流通和餐饮服务领域食品安全形势，拟订食品流通、餐饮服务、市场销售食用农产品监督管理和食品经营者落实主体责任的制度措施，组织实施并指导开展监督检查工作；组织食盐经营质量安全监督管理工作；组织实施餐饮质量安全提升行动；指导重大活动食品安全保障工作；组织查处相关重大违法行为
特殊食品安全监督管理司	分析掌握保健食品、特殊医学用途配方食品和婴幼儿配方乳粉等特殊食品领域安全形势，拟订特殊食品注册、备案和监督管理的制度措施并组织实施；组织查处相关重大违法行为
食品安全抽检监测司	拟订全国食品安全监督抽检计划并组织实施，定期公布相关信息；督促指导不合格食品核查、处置、召回；组织开展食品安全评价性抽检、风险预警和风险交流；参与制定食品安全标准、食品安全风险监测计划，承担风险监测工作，组织排查风险隐患
计量司	承担国家计量基准、计量标准、计量标准物质和计量器具管理工作，组织量值传递溯源和计量比对工作；承担国家计量技术规范体系建立及组织实施工作；承担商品量、市场计量行为、计量仲裁检定和计量技术机构及人员监督管理工作；规范计量数据使用
标准技术管理司	拟订标准化战略、规划、政策和管理制度并组织实施；承担强制性国家标准、推荐性国家标准（含标准样品）和国际对标采标相关工作；协助组织查处违反强制性国家标准等重大违法行为；承担全国专业标准化技术委员会管理工作
认可与检验检测监督管理司	拟订实施认可与检验检测监督管理制度；组织协调检验检测资源整合和改革工作，规划指导检验检测行业发展并协助查处认可与检验检测违法行为；组织参与认可与检验检测国际或区域性组织活动

表 2-2 食品安全抽检监测司内部处室及职责

内部处室	职责
综合处	承担该司工作计划和综合文件起草、会议组织、公文运转、文件档案、政务信息、督察督办、信访安全保密、资产管理和日常行政管理
抽检监测处	起草食品安全监督抽查监测的规章制度和技术规范；拟定国家食品安全监督抽查计划、评价性抽检计划并组织实施；定期公布总局本级监督抽查结果信息；参与拟定食品安全风险监测计划、组织开展风险监测工作

表 2-2（续）

内部处室	职责
处置监督处	指导督促地方监督抽检中出现的不合格食品核查、处置、召回工作；针对风险监测中发现的食品安全问题，指导地方开展食品安全隐患排查和风险控制；组织对承担总局本级抽检监测任务的检验机构完成任务情况进行检查
预警交流和标准处	组织开展食品安全风险预警和风险交流工作；编写食品安全抽检分析报告；参与制定食品安全标准

（二）承检机构（含复检机构）

根据《食品安全监督抽检和风险监测承检机构工作规定》第三条要求，承检机构应为具有独立法人资格的食品检验机构，拥有运行良好的实验室管理体系，同时人、机、料、法、环应满足监督抽检项目的技术要求。

1. 食品安全抽检监测工作组织图

食品安全抽检监测工作组织模式各不相同，但基本应包括质量室、技术室、支持服务部门，图 2-9 为常见模式示意图范例。

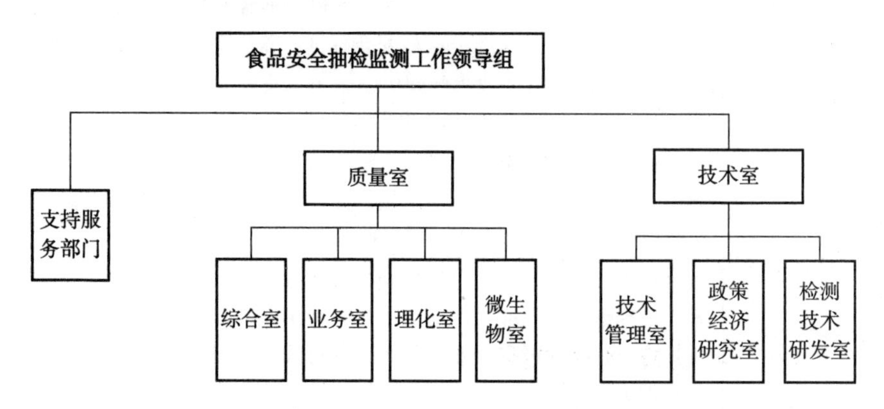

图 2-9　食品安全抽检监测工作组织示意图范例

2. 抽检监测工作部门、岗位职责

（1）食品安全抽检监测工作领导组

食品安全抽检监测工作领导组由机构负责人及相关部门负责人组成。

主要职责：统一组织开展承担的食品安全抽检监测工作；研究制定抽检计划、职责分工、任务安排等重大事项；统筹协调抽检监测涉及的各科室质量控制、资源调配、关键问题等工作。

（2）各科室职责

质量室：负责实验室内部管理体系文件的管理，质量手册、程序性文件、作业指导书和记录等质量体系文件的建立、贯彻、执行检查、跟踪、更改、维护和完善工作；

市场监管部门对本单位实施考核、现场检查时的对接、组织、配合工作等。

技术室：全面负责实验室技术能力的制定、实施、确认和维持，负责食品安全风险因子、热点问题、前沿问题等技术的储备，负责应急检验方法的开发等。

综合室：负责任务的接收、样品的接受、登记、发放、出具报告、检验结论通知、结果报送、数据汇总、分析评估、复检、备样移送、档案保管等。

业务室：负责抽样，抽样信息录入、样品运送、保管及样品处置等。

理化室：负责按照理化食品安全抽检监测任务指定的方法，使用相应的仪器设备，按照检验标准、操作规程的要求，对样品开展各项检验工作、质量控制以及复检工作等。

微生物室：负责按照食品安全抽检监测任务指定的方法，使用相应的仪器设备，按照检验标准、操作规程的要求，对样品开展微生物及生物技术方面的各项检验工作、质量控制等。

技术管理室：负责实验室及检测人员技术能力的培训、考核、确认、组织能力验证及盲样考核、标准查新等。

政策经济研究室：负责国内外标准跟踪、标准制修订、国家政策研究、质量安全状况汇总、技术资料收集、风险分析与评价、风险交流、国际合作与交流。

检测技术研发室：负责食品质量安全前瞻性技术研究工作、风险因子搜集及方法开发、技术储备、快速无损检验技术与装备研发等工作。

3. 食品安全抽检监测工作管理体系文件

依据 GB/T 27025—2019 或 RB/T 214—2017 建立体系文件，同时应满足食品安全抽检监测相关法律、行政法规、部门规章的有关要求。

六、食品安全抽样流程质控

(一) 食品安全抽检任务来源

1. 全国食品安全抽检监测计划

根据国家市场监督管理总局历年全国食品安全抽检监测计划的通知，全国食品安全监督抽检计划任务类型包括：

a) 国家监督抽检：

——国家市场监督管理总局本级监督抽检任务；

——中央转移支付监督抽检任务。

b) 地方监督抽检：

——省级局监督抽检任务；

——市、县局食用农产品抽检任务。

2. 省市食品安全抽检监测计划

根据各省市历年食品安全监督抽检和评价性抽检工作计划，任务类型包括：

a）国家市场监督管理总局部署抽检；

b）市局评价性抽检；

c）市局监督抽检任务（各环节）；

d）快速检测任务；

e）各区市场监管局的抽检监测；

f）食品经营者自行检验任务。

实验室指定专门人员定期或不定期收集、整理、分析国家市场监督管理总局食品安全抽检监测司网站、中国政府采购网/中国政府购买服务信息平台、中国通用招标网以及省（区、市）政府采购网等相关网站发布的食品安全抽检任务招标相关信息，及时完成标书及合同评审事宜。同时，负责与任务下达部门各项联络工作。

（二）食品安全抽检任务合同评审及投标

1. 合同评审

根据不同级别、不同任务类型的要求进行合同评审，具体评审内容包括：

a）抽样检验的食品品种；

b）抽样环节、抽样方法、抽样数量等抽样工作要求；

c）检验项目、检验方法、判定依据等检验工作要求；

d）抽检结果及汇总分析的报送方式和时限；

e）法律、法规、规章和食品安全标准规定的其他内容。

针对以上要求，承检机构对本机构检验资质、仪器配备、人员资质及数量、试验材料等方面开展合同评审。评审中若发现不在资质范围内的抽检项目，则及时提出CMA或认可扩项申请；若在承检过程中发现，必须及时告知任务下达部门，未经其允许，实验室禁止分包检验任务。同时，参考上年度承接食品安全抽检任务完成情况的分析报告，包括不合格食品种类、项目等技术、信息持续积累，持续改进抽检能力，确保抽检结果的准确性、一致性，为投标文件准备奠定基础，并为食品安全性评价、风险监测工作提供相关信息输入。

2. 投标文件编制

（1）承检机构投标资格等相关事宜的要求

a）投标人须符合《中华人民共和国政府采购法》第二十二条的规定：

——具有独立承担民事责任的能力；

——具有良好的商业信誉和健全的财务会计制度；

——具有履行合同所必需的设备和专业技术能力；

——有依法缴纳税金和社会保障资金的良好记录；

——参加政府采购活动前三年内，在经营活动中没有重大违法记录；

——法律、行政法规规定的其他条件。

b）在中华人民共和国境内注册的具有独立法人资格的供应商。

c）投标人食品及食用农产品检测项目资质认定范围需100%覆盖国家市场监督管理总局、省市市场监督管理部门年度食品安全抽检监测计划中食品及食用农产品项目的食品检验资质。

d）投标人未被“信用中国”网站、中国政府采购网列入失信被执行人、重大税收违法案件当事人名单、政府采购严重违法失信行为记录名单。

e）近五年未发生过重大食品检验事故。

f）招标不接受联合体投标，也不接受与检测项目有利害关系的相关食品生产企业的投标。

（2）投标承检机构的能力要求

a）总体要求：

——须具备与承检任务中检验项目和任务量相适应的检验检测能力，近三年未发生过重大食品检验事故。

——在中华人民共和国境内具有固定且能够独立运行的试验场所，能够满足本项目要求的承检任务需要。

——需具有稳定的、高水平的检验和技术管理人员，能保证食品抽样检验工作的连续性和稳定性。

——应有一定的应对突发事件的应急响应能力，应做到1h内迅速响应，2h内到达现场开展采样工作。

b）食品检验人员要求：

——食品检验人员稳定性强，能保证食品抽检工作的连续性和稳定性。承担投标任务的检验人员，应具有较为丰富的食品检验工作经验。

——食品检验人员岗位职责、分工明确。应设置独立的技术管理人员、业务管理人员、检验人员、抽样人员以及统计分析人员等食品检验人员，可分别承担抽样、检测、数据汇总、结果报送、分析评估等工作，能按照时限要求汇总上报检测相关信息，食品检验人员数量与承检任务要求相匹配。

——食品检验人员职称结构良好，具有稳定的、高水平检验和技术管理人员。在食品质量安全、食品检验方法、食品生产工艺等专业方向具有专家人才。

——检验人员应当持有检验人员上岗证，熟练掌握食品安全标准、法规，能按照国内现行有效的标准方法从事食品检测工作。

——具有专门从事抽样工作的人员，并经过培训考核，熟悉和掌握样品采集方法和相关技术要求，以及相关法律法规规定。

——具有专门从事统计分析的人员，能够按要求完成食品安全抽检数据统计分析工作。

c）实验室环境设施和仪器设备要求：

——具有满足承检任务需要的食品检测实验室面积。

——实验室环境设施应当符合国家实验室有关管理规定的要求。

——实验室设置应当满足样品储存、处理、检验、数据处理、结果分析汇总等工作要求。

——实验室具有满足承检任务需要的仪器设备和标准物质。保证仪器设备运行良好，有完整的仪器设备档案。不得租赁或借用他人检测设备。

——实验室具有配合食品检验活动所需的环境控制、数据处理与分析、信息传输等设备设施。

d）服务能力要求：

——配备用于抽样活动所需的车辆及其他辅助设施。

——具有承担政府部门委托食品抽检的工作制度。

——能够严格按照食品安全抽检工作程序和要求，制定相应的工作方案和应急响应方案，按时完成抽检工作。

——应具备相应的检验能力，能够准确出具检验报告。

——应具有食品检验方法研发能力，了解行业发展动态，熟悉食品生产工艺，具备食品相关的科研能力。

——应具备按照指定方法开展应急检验工作的能力。

——能够配合采购人开展食品安全复检工作。

——业绩及资质覆盖情况自查。具有项目所需要的相关检验任务的经历。承检机构对拟投标食品检验项目资质覆盖情况自查，如通过与CMA资质证书比对，自查食品大类的检验项目占所投采购包全部食品检验项目的总比例（%）。

3. 投标文件评审要求

招标通常采用综合评分法，即投标文件满足招标文件全部实质性要求且按照评审因素的量化指标评审得分最高的投标人为中标候选人的评标方法。评分因素所占权重因抽检任务级别与来源不同而有所不同，表 2-3 列出了北京市某区市场监管局标书评审评分因素、评价指标和分值情况。

表 2-3 北京市某区市场监管局标书评审评分因素、评价指标和分值

序号	评分因素	评价指标和分值
1	商务（20 分）	近三年承担食品安全抽样检验工作任务情况
		近三年承担食品应急或专项抽检任务情况
		近三年承担重大活动食品安全技术保障任务情况
		近三年主持或参与食品相关的标准制定或课题研究情况
2	服务能力（70 分）	为本项目配备的食品检验人员
		开展食品安全抽检工作实验室面积情况
		用于食品安全抽样检验工作的车辆情况
		检验项目资质占所投采购包全部食品检验项目的比例情况
		具有复检工作资格和近三年复检经历的情况
		近三年食品检测项目的能力验证情况
		食品安全抽检监测任务工作方案
		针对食品安全突发事件的应急响应方案
		响应速度
3	价格（10 分）	评标基准价＝满足招标文件要求且最低的评标价格
		合格投标人的有效价格得分＝（评标基准价/评标价格）×10
合计 100 分		

4. 食品安全抽检项目中标合同书

承检机构在食品安全抽检项目中标通知书发出之日起，30 日内与下达任务监管部门签订食品安全抽检项目合同书，明确所承担的任务及工作要求，包括抽检种类、批次及经费、抽检要求、抽检结果、有关分析报告，以及抽检时间及结果报送时限要求和项目验收方式等。承检机构根据合同约定双方的权利和义务，编制、实施食品安全抽检任务工作方案。

（三）食品安全抽检任务工作方案编制

1. 食品安全抽样任务联络沟通

承检机构指定专人负责与任务下达部门联系，做好抽检工作任务以及其他相关的各项联络工作。

2. 食品安全抽样项目合同书评审

针对合同书中所列几十种食品大类中每一个检测项目逐一进行评审，从检验资质、仪器配备、人员资质及数量、试验材料等方面开展评审，确认检验的每个环节需满足的要求。如北京市某区市场监管局一个对某批发市场采购抽检任务包就包括了食用农产品（蔬菜）等36大类食品。以其中检测项目数量最少的可可及焙烤咖啡产品为例，也有铅（以Pb计）、总砷（以As计）、二氧化硫残留量、咖啡因、丙烯酰胺、赭曲霉毒素A、沙门氏菌等7个检测项目。评审中若发现存在无检验资质的项目，或资质范围内已过期或已作废的检测标准、产品标准及判定依据，紧急提出CMA扩项、变更申请，并告知任务下达部门，未经其允许，承检机构禁止分包检验任务。

3. 食品安全抽样任务工作方案编制

根据食品安全抽检项目、样品购置最高限价等合同评审结果，在对历年所完成抽检任务结果的分析基础上，结合承检单位的实际情况，制定本年度食品安全抽检任务工作方案，包括确定任务的抽样日期、地点、抽样人员、样品种类、抽样批次、抽样数量、抽样方式、封样要求、样品储运方式、抽样过程记录等，确定检验项目、检验依据和判定原则、检验人员等，规划、确定几十种食品大类完整的抽样、检测工作日程表。

（1）抽样人员培训、考核及备案

1）抽样人员培训

抽样单位应对抽样人员进行培训、考核、授权上岗，并做好相关记录。培训内容包括但不限于以下内容：

a）抽检监测工作相关的法律法规和部门规章。

抽样人员应熟练掌握《食品安全抽样检验管理办法》、《食品安全监督抽检和风险监测工作规范》、《网络餐饮服务食品安全监督管理办法》（2020年修订版）、《餐饮服务食品安全监督管理办法》、《食品检验工作规范》、《食品生产经营日常监督检查管理办法》，以及其他相关部门规章对抽样工作的要求。

b）食品安全抽检监测实施细则。

熟练掌握国家及省市食品安全监督抽检实施细则中对食品大类、小类所规定的适用范围、产品种类、检验依据、抽样要求，包括抽样型号及规格、方法、数量、抽样单的填写、封样和样品运输、贮存等具体要求。

c）相关的食品标准。

熟练掌握所抽样品的相关的食品安全国家标准及产品明示标准和质量要求。

d）国家/省市食品安全监督抽检系统操作。

熟练掌握国家/省市食品安全监督抽检系统操作要求。

e）抽检过程中常见问题。

抽检机构收集、整理、分析历年抽检过程中常见问题，结合风险分析，制定合理解决方案，作为培训的有效输入内容。

2）抽样人员考核、授权

抽检机构对抽样人员培训有效性进行考核，包括抽样相关理论考试，以及模拟抽样文书填写、现场抽样的封样、拍照等实际操作过程考核、评价，考核结果满意，则授权上岗。定期或不定期对抽样人员能力进行现场监督，持续改进。相关培训、考核、授权记录作为技术档案予以保存。

3）抽样人员签署公正性、保密性承诺书

为保证抽样活动的公平、公正、保密，抽样人员正式上岗前，抽样机构应组织抽样人员签署公正性、保密性承诺书，确保抽样单位和人员不得提前通知被抽样机构。

4）抽样人员备案

抽样单位根据抽检任务来源，填写食品安全抽检监测抽样人员名单上报表，上报抽样所在地省级市场监管部门，或国家市场监督管理总局食品安全抽检监测工作秘书处并报抽样所在地省级市场监管部门，完成抽样人员备案。鉴于抽样人员的流动性较大，抽样单位应及时更新备案人员名单，并确保抽样人员数量应与所承担的抽检任务量匹配。

5）抽样人员监督及能力监控

每年对抽样人员的抽样流程质控有效性进行定期/不定期监督，对执行能力进行监控，并保留相关记录。

（2）抽样检验的食品品种分析

抽样检验的食品品种筛选应包括但不限于以下因素。

1）食品大类、小类以及具体产品定义及分类的理解

根据每年《国家食品安全监督抽检实施细则》中关于各类食品的定义、范围等要求，准确界定食品大类、小类等。以速冻食品为例（见表2-4），针对速冻调理肉制品、速冻水产制品只有定义而未列出具体产品，承检机构应在抽检方案中明确到具体产品。

表2-4　速冻食品产品分类

序号	种类	产品	备注
1	速冻面米食品	水饺、汤圆/元宵、馄饨、包子、花卷、馒头、南瓜饼、八宝饭等	
2	速冻谷物食品	玉米、玉米粒、粟米、青麦仁	

表 2-4（续）

序号	种类	产品	备注
3	速冻调理肉制品	未列出	速冻调理肉制品是以畜禽肉及副产品为主要原料，配以辅料（含食品添加剂），经调味制作加工，采用速冻工艺（产品热中心温度≤−18℃），在低温状态下贮存、运输和销售的食品
4	速冻水产制品	未列出	速冻水产制品是以水产品为主要原料，经相应的加工处理后，采用速冻工艺加工包装并在冻结条件下贮存、运输及销售的食品
5	速冻蔬菜制品	豇豆、豌豆、黄瓜、甜椒	不包括速冻玉米、速冻薯条（薯块、薯饼等）、速冻调制食品
6	速冻水果制品	樱桃、蔓越莓、草莓、梨丁、荔枝肉、树莓、黑莓、黄桃条、哈密瓜、猕猴桃、桑葚、李子等	
注：来自《国家食品安全监督抽检实施细则》			

2）国家、省级等近年食品安全抽检产品结果分析

食品安全抽检产品结果分析既要关注不合格率发生频率高的产品种类，也要适度关注未发生问题的产品种类，从而提高抽检食品的针对性、系统性、有效性，未抽样不等于没问题。如 2015 年至 2020 年速冻食品抽检 100 批次不合格产品分析结果（见图 2-10），各类速冻面米食品，特别是流通范围广、消费量大的速冻水饺，以及速冻调理肉制品等不合格率高，而速冻蔬菜制品等 2 类不合格率为零。另外，还有 5 批不包括在速冻食品种类中，编制抽检方案时需要关注。

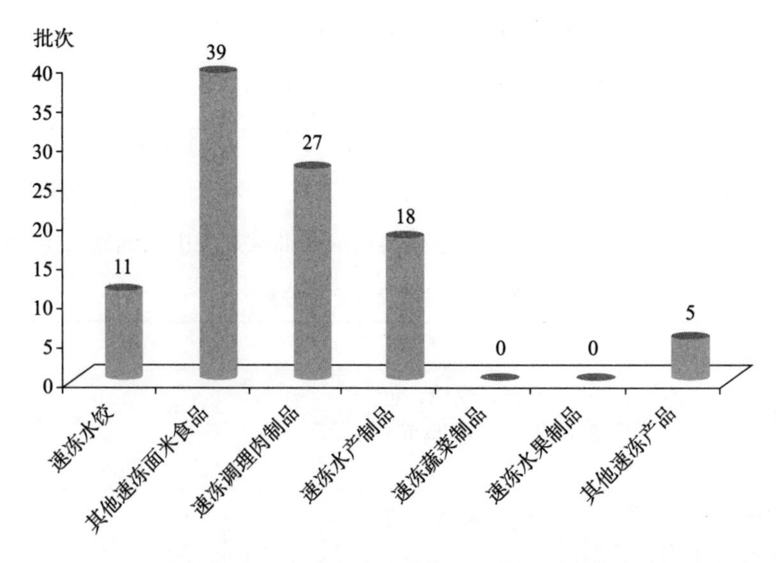

图 2-10　2015 年至 2020 年速冻食品抽检 100 批次不合格产品分析结果

3）承检机构抽检经历分析

针对历年抽检产品进行分析，以避免同类产品、相同企业品牌重复抽检。以速冻食品为例，17 个省（区、市）速冻食品生产企业分布概况见图 2-11。

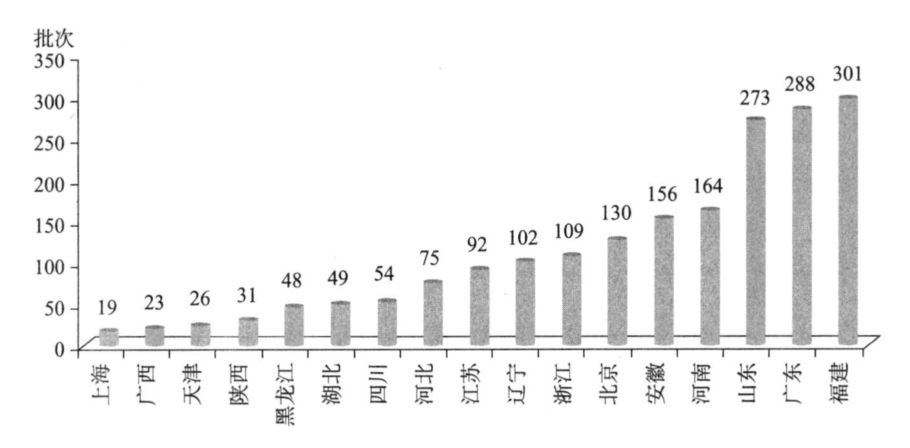

图 2-11　17 个省（区、市）速冻食品生产企业分布概况图

表 2-5 为某速冻食品生产企业 2015 年至 2020 年被抽样批次统计数据，被抽样批次合计 1163，其中不合格样品只有 2017 年的 1 个批次。

表 2-5　某速冻食品生产企业 2015 年至 2020 年被抽样批次统计数据

项目	母公司	分公司
国家级抽样	155	48
省级抽样	722	238
合计	877	286

母公司抽样批次大于 10 批次的省（区、市）见图 2-12。

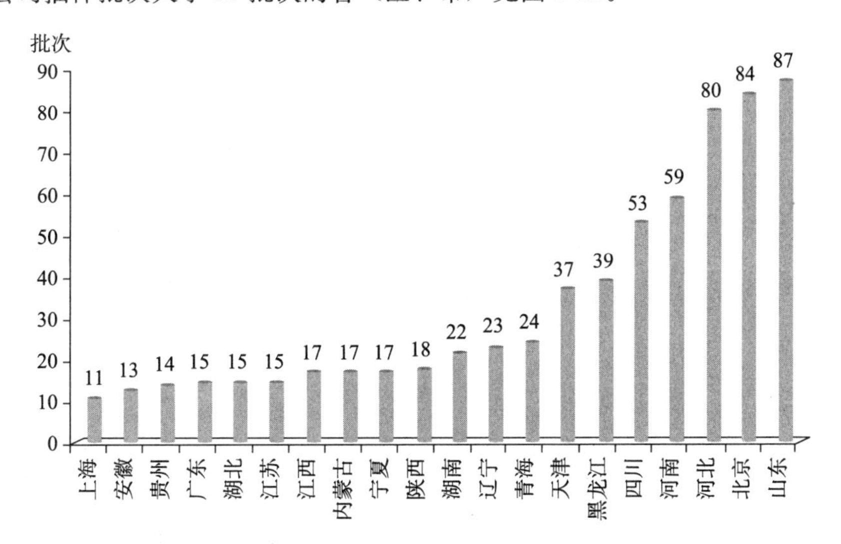

图 2-12　某速冻食品生产企业母公司抽样批次大于 10 批次的省（区、市）

以2020年全国食品安全监督抽检计划为例，计划421万批次抽样，涉及34个食品大类，即每大类食品平均需要抽检123823批次。再平均到17个省（区、市）的1940家速冻食品企业，被抽检到的平均几率为63.8批次/家。上述某家速冻食品生产企业的被抽检频次为193.8批次/年（1163批次/6年）。

4）其他因素分析

关注年度抽检计划、任务标书规定（季节性、时令性），以及其他应当作为抽样检验工作重点的食品（节假日消费食品种类）。

（3）抽样计划编制

1）被抽样单位及其产品类别等相关信息资料的收集、分析

对于拟抽样环节的被抽样单位和产品类别进行资料查询及了解，特别是综合分析历年被抽样机构、产品，尽量避免重复抽样。同时兼顾年度抽检任务中的统筹安排，尽量避免本机构不同抽样组对同一抽检机构的重复抽样。

2）确定抽样人员和组长

根据抽样机构备案的《食品安全监督抽检和风险监测抽样人员名单》，确定执行抽检任务的抽样人员，任命政治素质好、廉洁自律且业务能力、专业素质、沟通和应变能力较强的抽样人员为组长，实行组长负责制，每组抽样人员不得少于2名。抽样检验工作实施抽检分离，对于同一个样品，抽样人员与检验人员不得为同一人。

3）抽样计划内容

抽样计划应包含抽样起止时间、地点、抽样环节、抽样人员、抽样所在地的市场监管部门联系人和联系电话、被抽样品食品种类、食品细类和抽样数量分配、抽样进度安排、被抽样品单位信息、样品储运和路线规划等信息。

4）抽样工具、物品及文件准备

a）抽样人员证件。包括本人身份证、工作证。

b）抽样文书。抽样人员应准备好抽检任务相关文件，如《食品安全抽样检验任务委托书》《北京市市场监督管理局食品监督抽检通知书》《北京市市场监督管理局安全监测送检封条》《北京市市场监督管理局安全监测抽样单（食品监督抽检和风险监测）》《食品安全抽样检验样品购置费用告知书》等抽样文书，对需要加盖单位公章的，提前盖章。

c）抽样工具。抽样人员应准备好冷藏箱、温度计、蓄冷剂（干冰、冰袋等）、遮光布、签字笔、透明胶带、密封袋、照相机、移动终端、打印机、打印纸、墨盒、印泥、笔记本电脑、电源、检查和清洁抽样箱等设备，并保证设备能够正常使用。

d）抽样经费。抽样人员应根据抽样计划在财务部门预支购买样品、交通、就餐等

相关费用。

e）通信设备。抽样人员应保证通信设备畅通、电量充足、储存卡空间足够。

f）抽样用车。抽样时，抽样用车由业务室统一调度，遇到限号等影响抽样进度事项时与机构相关部门联系调换。

g）抽检期间携带的个人物品。要考虑抽样环节，选择合适的衣服，如需到冷冻库房抽取样品应准备防寒衣物。

（4）抽样关键环节质控要求

1）抽样环节、方法及数量

抽样单位应根据国家及省市食品安全监督抽检实施细则的具体规定，细化抽样环节、抽样方法、抽样数量等工作要求。以速冻面米食品预包装食品为例。

a）生产环节抽样时，在企业的成品库房从同一批次样品堆的不同部位抽取相应数量的样品。

b）流通环节抽样时，在货架、柜台、库房随取同一批次待销产品。

c）在网络食品经营平台随机选择一家经营主体抽取同一批次待销产品，同时记录买样人员及付款账户、注册账号、收货地址、联系方式等信息。买样人员应通过截图、拍照或者录像等方式记录被抽样网络食品生产经营者信息、样品网页展示信息，以及订单信息、支付记录等。抽样人员收到样品后，应当通过拍照或者录像等方式记录拆封过程，对递送包装、样品包装、样品储运条件等进行查验，并对检验样品和复检备份样品分别封样。

d）餐饮环节抽样时，抽取同一批次待销或使用的产品（应抽取完整包装产品），如需从大包装中抽取样品，应从完整大包装中抽取样品。

不同环节抽取同一品类样品量应该相同，并依照抽检细则要求抽样，同时进行检样、备样的封存（备份样品封存在承检机构）。抽取样品量、检验及复检备份所需样品量可根据检验和复检需要适量调整。承检机构在检验过程中自行对检验结果进行复验时所采用的样品应为抽取的检验样品，不得采用复检备份样品。

在执行抽样任务时，至少有 2 名抽样人员同时现场随机抽取样品，不得由被抽检机构自行提供样品，并对抽样场所、贮存环境、样品信息等通过拍照或者录像等方式留存证据。

2）不予抽样的情形

根据《食品安全监督抽检和风险监测工作规范》要求，遇有下列情况之一且能提供有效证明的，不予抽样：

a）食品抽样基数不符合实施细则要求的；

b）食品标签、包装、说明书标有“试制”或者“样品”等字样的；

c）有充分证据证明拟抽检监测的食品为被抽样单位全部用于出口的；

d）食品已经由食品生产经营者自行停止经营并单独存放、明确标注进行封存待处置的；

e）超过保质期或已腐败变质的；

f）被抽样单位存有明显不符合有关法律法规和部门规章要求的；

g）法律法规和规章规定的其他情形。

3）不得抽取存在下列情形的食品

a）生产经营国家明令淘汰并停止销售的食品；

b）腐败变质、霉变生虫、污秽不洁、混有异物或者感官性状异常的食品；

c）超过保质期的食品；

d）超出许可范围生产经营的食品；

e）法律法规和规章规定的其他情形。

4）抽样单填写要求

抽样人员应在抽检现场登录国家食品安全抽样检验信息系统，实时填写抽样单，详细、完整记录所抽产品及生产经营企业相关信息，确保溯源信息链的完整性。记录保存期限不得少于2年。当抽样单上是抽样人员电子签名时，必须上传2名抽样人员的现场抽样工作照片。

5）封样和样品运输、贮存要求

抽样完成后，由抽样工作人员（食用农产品抽样时需监管人员签字）与被抽样单位在抽样单和封条上签字、盖章，注明抽样日期。当场封样，检验样品、复检备份样品分别封样。为保证样品的真实性，要有相应的防拆封措施，并保证封条在运输过程中不会破损。上传抽样人员、被抽样单位工作人员以及封样工作图片及视频资料。

抽样工作人员在抽样结束后应对样品在运输途中的防护负责，保护样品的完整性、有效性。对有特殊贮存和运输要求的样品，抽样人员应当采取相应措施，保证样品贮存、运输过程符合国家相关规定和包装标示的要求，不发生影响检验结论的变化。抽样机构必须保留特殊储运条件样品从被抽检机构运输至承检机构整个过程中的相关文件记录，且记录保存期限不得少于6年。

（四）食品安全抽样工作实施

抽样人员熟练掌握抽样计划中每个环节的具体要求，并严格按照计划内容实施抽样，确保抽样工作的规范性、有效性。

1. 与被抽样单位的沟通事宜

抽样工作不得预先通知被抽样单位。抽样单位为承检机构时，应向被抽样单位出示《食品安全抽样检验任务委托书》（复印件）。抽样时应向被抽样单位出示《食品安全抽样检验告知书》（原件）和抽样人员有效身份证明文件，告知被抽样单位阅读通知书背面的被抽样单位须知，并告知被抽样单位抽检监测性质、抽检监测食品范围等相关信息，以及依法享有的权利和应当承担的义务。如对抽样工作有异议，可将《国家食品安全抽样检验工作质量及工作纪律反馈单》填写完毕后寄送至组织实施监督抽检的相关业务处室。

2. 收集被抽样机构资质及产品相关信息

抽样人员应在抽样现场登录国家食品安全抽样检验信息系统，实时填写、上传抽样过程信息及图片。

检查被抽样单位营业执照，以及食品生产许可证、食品经营许可证、餐饮服务许可证等相关法定资质，确认被抽样单位合法经营，并且拟抽取食品属于被抽样单位法定资质允许经营的类别。抽样人员发现食品生产经营者涉嫌违法，或者无正当理由拒绝接受食品安全抽样，应立即报告有管辖权的市场监管部门进行处理。

3. 现场抽样

按照抽样计划，从指定的生产经营企业和（或）抽样区域中随机抽取样品。食品安全监督抽检的抽样数量应符合市场监管部门下发的细则或者方案中的规定，确保满足检验和复检的要求。

抽样过程应确保至少有 2 名抽样人员同时现场取样，不得由被抽样单位人员自行取样。如果实施细则对重量和独立包装数量均有要求，则必须同时满足。实时上传 2 名抽样人员现场随机抽样的工作照片。

4. 抽样过程记录及证据

为保证抽样过程客观、公正，实时登录国家食品安全抽样检验信息系统，记录过程信息，留存证据，如通过拍照或录像等方式对被抽样品状态、食品基数，以及其他可能影响抽检监测结果的因素进行现场信息采集。现场采集的信息包括：

a）被抽样单位外观照片，若被抽样单位悬挂铭牌，应包含在照片内。

b）被抽样单位社会信用、营业执照、经营许可证等法定资质证书复印件或照片。

c）抽样人员从样品堆中取样照片，应包含抽样人员和样品堆信息。

d）从不同部位抽取的含有外包装的样品照片。

e）封样完毕后，所封样品码放整齐后的外观照片和封条近照，有特殊贮运要求的样品应当同时包含样品采取防护措施的照片。

f）同时包含所封样品、抽样人员和被抽样单位人员的照片；被抽样单位经手人在抽样单签字的正面照。

g）填写完毕的抽样单、进货凭证（检疫票、采购单等）、购物票据等在一起的照片。

h）其他需要采集的信息。

5. 抽样单的填写

登录国家食品安全抽样检验信息系统，实时、详细、完整记录抽样信息，样品编号应按规则进行统一编制。现场无法登录时，需填写纸质表格抽样文书且字迹工整、清楚，容易辨认，不得随意更改，使用打印机打印的，应确保墨迹清晰可见。需要更改的信息应采用单线杠改方式，并由抽样单位和被抽样单位人员签字或盖章确认。

a）被抽样机构信息填写。

抽样单上被抽样单位名称严格按照营业执照、许可证等可追溯的相关法定资质证书填写。若批发市场（农贸市场、菜市场）现场提供的证照上无经营者名称或为符号（如＊）等不能获得具体名称或现场不能提供证照时，以批发市场（农贸市场、菜市场）名称＋摊主姓名填写。“单位地址”按照“省（区、市）、地区（市、州、盟）、县（市、区）、乡（镇）”＋“具体地址”的格式填写被抽样单位的实际地址。若营业执照与许可证地址不一致，以许可证为准。若在批发市场、农贸市场、菜市场等经营单位抽样时，应记录被抽样单位的摊位号。

b）抽样产品信息填写。

——抽样单上样品名称按照食品标签上标示的信息填写。若无食品标签的，可根据被抽样单位提供的食品名称填写，需在备注栏中注明“样品名称由被抽样单位提供”，并由被抽样单位签字确认。若标注的食品名称无法反映其真实属性，或者被抽样单位提供的食品名称是俗名、简称时，需要如实填写现场获得的食品名称并在其后加括号，并写明标准名称或真实属性名称。

——被抽样品为委托、代理、经销、进口的，抽样单上“（标称）生产企业信息”需要填写实际生产企业信息，同时填写相应的第三方企业信息，如“委托方（受托方）”；第三方企业与生产企业为供货关系时，在第三方名称填写：“供货商”＋“名称”，在地址填写：“供货商”＋“地址”。

——必要时，抽样单备注栏中还应注明食品加工工艺等信息。例如，食用油、油脂及其制品，“备注栏”填写产品的加工工艺类型；酒类记录酒精度；啤酒记录原麦汁浓度、酒精度及啤酒种类；来自海产品成分的食品用香精，应注明“本产品含有海产品成分”，样品类型应为“食品添加剂”等。

c）抽样单内容的确认、签字。

抽样单填写完毕后，抽样人员向被抽样单位告知抽样单内容，并要求被抽样单位查验文书填写内容的符合性。抽样单内容经被抽样单位确认后，由其签字、盖章。无公章时，应注明“无公章，签字有效”等字样或者加印指模。抽样完毕后，交付给被抽样单位的文书包括：国家或省市级《食品安全抽样检验告知书》《食品安全抽样检验样品购置费用告知书》等。

d）在生产企业抽检时，如生产企业执行企业标准，抽样人员应索要经备案有效的企业标准文本复印件。

6. 封条封样

所抽样品分为检验样品和复检备份样品，复检备份样品应当单独封样。为更好区分检验与备用样品，应在封条上注明检样和备样。

封条上抽样单编号信息应与抽样单上信息保持一致，样品一经抽取，抽样人员应在填写好抽样单等文书后，在被抽样单位人员面前用封条封样，封条需双方共同签字盖章，确保做到样品不可被拆封、动用及调换，且真实完好。如果使用多张封条进行封样，应在抽样单备注中注明采用的封条数量。

7. 付费买样，索取票证

无论被抽样人是否能够提供发票，抽样人员必须在抽取样品后立即向被抽样单位支付样品购置费，并保留所购样品明细。可现场提供发票的，现场支付样品购置费用并索取发票。如现场不能提供发票，应在支付样品费用后出具《食品安全抽样检验样品购置费用告知书》，要求被抽样单位寄送发票；如小型批发市场、菜市场或者小餐饮店等无法提供发票，应在支付费用后按照《样品购置费管理制度》，保留购物付费证据。

8. 妥当运输，完整移交

对于易碎品、有储藏温度或其他特殊贮存条件等要求的食品样品，应采取适当措施（蛋类专用泡沫箱、冷藏箱、冷冻车等贮存运输工具），保证样品运输过程符合标准或样品标识要求。抽样至移交样品的时间应满足相关要求。

9. 拒绝抽样

被抽样单位阻挠或者无正当理由拒绝接受食品安全抽样时，抽样人员应认真取证，如实做好情况记录，告知拒绝抽样的后果，列明被抽样单位拒绝抽样的情况，报告有管辖权的市场监管部门处理，并及时报上级市场监管部门。

针对抽样中越来越普遍出现的——企业以“定制供货”为理由直接将抽样人员拒

于企业大门之外而导致无法抽样的现象，抽样人员也应在国家食品安全抽样检验信息系统中予以记录。

10. 抽样检验信息核查、提交

抽样人员应现场实时录入抽样完整信息，包括被抽样单位名称、地址、社会信用代码、联系人等被抽样单位信息，以及样品名称、规格型号、商标、样品状态、生产日期、保质期、执行标准、抽样基数、抽样数量、抽样地点、标称生产单位名称、地点、电话等样品信息。对照样品标签及抽样现场获得的被抽样单位资质证明文件、进货台账等内容对录入信息进行核对，确认各项信息录入无误后提交。

11. 发现问题，沟通协调

如果抽样过程中遇到突发事件或者无法解决的特殊情况，应及时与抽样机构负责人联系，必要时与市场监管部门负责人联系，有解决办法后再进一步执行。

（五）网络平台抽样

网络平台抽样遵守现场抽样的通用要求。

1. 电商网络平台注册

抽样人员在电商网络平台注册用户交易账号，并确定用于样品支付的银行账号，对支付的银行账号、指定收货地址等信息进行备案，报秘书处存档。抽样前提前申请好抽检所需样品费。

2. 电商网络平台抽样

（1）确认被抽检单位

确认被抽样单位是平台自营还是非自营。

（2）确认被抽检样品

确认样品名称、规格、生产单位、抽样量等。样品信息应覆盖抽样单内容，样品信息要做到准确、有效和完整，对信息不完整需要进一步核实的，可以使用聊天工具，但注意沟通技巧，避免暴露抽检身份。

（3）样品信息验证

确认被抽样单位和被抽样样品是否符合对抽样环节、产地和数量等的要求。

（4）支付样品购置费

对抽取样品的费用进行支付，特殊情况下被抽检单位无法提供发票或收据的，以网络支付记录及收货记录作为凭证。

（5）网购证据链采集

抽样照片应包括被抽检机构信息（营业执照）、样品信息（食品名称、型号规格、单价、商品编号等外观图片)、支付记录(包括订单编号、下订单的日期、收货人信息、快递单号等)、店铺网络截图及所采购样品网络截图。做好网店名、网址等信息统计及录入工作,保证工作顺利进行。

(六)抽样流程规范性机构自查

当天完成抽样后,及时统计样品信息,一方面确保抽样信息符合要求,另一方面实时追踪抽样进度。

每一项抽样任务完成后,再次进行样品数量、抽样地点、抽样环节、样品类别、抽样时间等信息的核对,确保抽样任务完全符合市场监管部门任务要求。

抽样工作结束后,对抽样文书进行核查,确保是否上交抽样告知书、抽样单;对抽样过程记录进行检查,如抽样人员是否整理抽样过程照片、是否有抽样过程要求的必要照片、是否支付样品费、是否有样品封存照片、是否对需要储运条件的样品进行温度记录。

七、食品安全检验流程质控

(一)样品接收与保存

承检机构接收样品时,应确认样品的外观、状态、封条完好,并确认样品与抽样文书的记录相符后,对检验和备用样品分别加贴相应标识。如遇样品存在对检验结果或综合判定产生影响的情况,或与抽样文书的记录不符的情况,承检机构应拒收样品,并填写《食品安全抽样检验样品移交确认单》,明确拒收原因。

1. 现场抽检样品的接收

抽样人员到达实验室后,及时与综合室办理交接。由样品接收人员按照抽样计划、样品管理程序等规定,对样品进行密封性检查、样品保存温度检查,查验样品的外观、状态、封条有无被破坏以及其他可能对检验结论产生影响的情况,并确认样品与抽样文书的记录是否相符;抽样环节、类别、数量是否符合抽检监测任务的要求,并对上述检查内容进行记录。对符合要求的样品进行接收和登记,做好照片的分类存档。不符合要求的样品,样品接收人员应拒绝接收,并汇报负责人。必要时,承检机构应给出书面说明理由,及时向组织或者实施食品安全抽样检验的市场监管部门报告。

对检验样品和复检备份样品分别加贴实验室唯一性编号后,按照样品的储存要求入库存放。样品管理员接到样品后,再次确认样品状态,并按照抽样计划书的要求,保存样品,做好入库记录。

2. 网络抽检样品的接收

网络抽取的样品送到后，2名抽样人员及时开箱检查样品与网上订单的符合性，并对发现可能影响抽检监测结果的情况进行证据采集；核对并记录样品信息，同时记录样品包装、保存条件、接收人、接收时间、样品名称、生产日期、检验样品量、复检备份样品量。

3. 抽检样品接收和确认记录

及时填写《抽检样品接收和登记记录》，确保记录信息与样品信息的完整、准确、一致。

4. 抽检样品接收双人要求

根据样品保管制度，样品接收、入库保管人员不得少于2人，严禁随意调换、拆封样品。

5. 检测环节二次确认

抽检综合室负责初次核对样品信息，检验室的样品接收人员负责核对样品信息，并做好记录，双重信息确认确保样品发放准确率。

（二）抽样检测

各领域检测室在接到样品后，明确检测项目、检测方法，包括抽检方案中规定的检验方法、食品安全标准、食品检验技术要求，参考标准开展检验工作，保证检验工作的科学、独立、客观和规范。检测记录应真实、准确、完整、清晰。

1. 检测任务分发

检测室主任按《检测任务单》对检测项目、工作量及完成时限的要求，将检测任务分派有资质的检测人员及时开展检测。

2. 检测方法核查、确认

检测人员按照合同评审确认的方法进行检测，检测方法的选择执行应满足承检机构制定的合同评审程序。

3. 设施和环境条件核查、确认

根据检测方法的技术要求，确认当前设施和环境条件的设置、控制，是否有效减少潜在的对样品的污染和对人员的危害，保证检测结果的准确性，是否规定样品贮存以及检测场所的环境为受控环境，以及所建立的控制手段是否有效。同时，持续关注管理文件规定是否满足要求，运行、监控记录是否能够提供有效证据。

4. 仪器设备核查、确认

a）根据检测方法的技术要求，核查、确认所有对检测结果有影响的设备均列入仪器设备清单，并建立设备档案，对设备统一编号、管理。档案内容应包括但不限于以下内容：

——设备名称及所使用的软件；

——制造商名称、型号、序列号或其他唯一性标志；

——验收日期、验收状态是否符合规定、启用日期；

——仪器放置地点；

——使用说明书；

——检定/校准日期、结果/证书和时限；

——设备的任何损坏、故障和修理记录。

b）确认仪器设备检定校准结果是否有效。

c）仪器设备的使用、维护及期间核查等记录的完整性。

5. 标准物质、标准菌株核查、确认

根据检测方法的技术要求，检测中所涉及的标准物质、标准菌株的技术验收及管理文件规定是否满足要求，使用记录是否能够提供有效证据。

6. 样品检测

检测人员严格按照抽检细则及检测方法的要求进行检测，根据需要可增加平行试验数、空白试验、加标试验、质控标样验证试验等方法，以保证检验数据的准确性。任何关键环节若发生偏离，均需进行技术验证并保留相关记录。

7. 记录

检测人员在检测过程中实时、客观、清晰、准确、完整记录试验过程数据、信息，杜绝事后补写原始记录。不得随意更改记录，需要更改时，应采用划改，并经检测人员签字或盖章确认，记录更改时间、原因等信息。

8. 检测结果质量控制

食品安全抽检样品的承检机构必须建立检测结果质量控制文件化的规定，有计划地选用适当的技术，采用留样再测、加标回收、质控样、生物标样、人员比对、设备比对或实验室间比对，通过参加国内、国外能力验证提供者组织的能力验证、测量审核等多种质控方式对检测活动进行监控，并通过分析监控活动的数据，控制和改进检测活动，确保检测结果的准确性和有效性，以保证检测工作的质量。如果承检机构发现监控活动数据分析结果超出预定的准则时，应采取适当措施防止报告不正确的结果。

（三）检测结果确认

承检机构应对检测数据审核、质量控制等进行文件化的规定，并保留审核记录。检测流程关键环节的责任人，包括检测人员、复核人员、报告编制人、报告审核人、授权签字人等，对检测数据的记录、计算和数据转移等进行系统和适当地检查，确保数据在记录、计算和转移中保持正确性。

1. 检测原始记录的填写

检测原始记录的填写应由具有相应的资格、能力的 2 名检测人员同时进行，即一人填写，一人复核。

2. 检测数据处理

在处理所有检测数据前，检测人员需对数据进行校对，并根据经验判断数据的合理性与可靠性。若出现数据异常，检测人员应积极检查检测系统并分析原因，是仪器故障，还是违反了操作程序，待查出原因排除故障后进行复验。在进行计算和数据换算时，应引出计算公式或标明出处，以便核验。

3. 检测报告的编制与审核

检测报告编制人负责对计算和数据换算的全面校核。审核人负责对计算和换算的合理性以及是否符合标准规范进行检查复核。复核异常时，向技术负责人提出是否需要进一步采取“技术校核”措施以对结果进行验证。检测报告的审核人员、批准人员审核、批准检测报告时，需核对检测报告和原始记录的一致性。

4. 检测数据的完整性和保密性

承检机构应确保利用计算机或自动设备进行检测数据输入或采集、数据存储、数据转移和数据处理的完整性和保密性。

5. 计算机或自动设备处理数据

使用计算机或自动设备进行数据处理时，计算机或自动设备第一次运算的结果必须进行手工校核存档。核对的方法是人工计算的结果与计算机或自动设备所得的结果进行数据比对，以验证程序的正确性。如果比对有误差，及时找出原因，作出相应调整。对第一次打印出来的结果文件需作为原始档案进行归档，保证数据修改的可追溯性。使用计算机或自动设备进行检测数据（包括重要文件）输入或采集、数据存储、数据转移和数据处理时，需进行身份确认（解码）。计算机或自动设备使用者需对计算机或自动设备的重要文件和检验检测数据进行备份，以保证文件和数据的安全性。当备份完成后，检查其正确性和完整性。

（四）复验

在审核过程中出现可疑数据、不合格判定及数据为临界值时，及时安排实验室内部复验。

a）复验过程应增加平行试验、空白试验、加标试验、质控标样验证试验等方法，以保证检验数据的准确性。

b）复验过程要注意核对标准溶液、试剂是否异常，是否在规定效期之内，处理过程有无异常情况关注仪器、量器操作的使用正确性，以及加热时间限制等。

c）复验过程必须严格遵照有关产品标准和方法标准执行。技术室认为有必要时，至少采取以下方式中的一种：更换检测人员；更换不同的仪器；更换方法；增加监督。

d）复验结果由检测室负责人审核，必要时技术负责人一同审核。复验数据与初检数据的分析，必须满足 GB/T 16306—2008《声称质量水平复检与复验的评定程序》的相关要求。

e）复验时应调取用于内部质量控制的留样样品进行检测。

f）微生物检验项目根据样品适用性，对不合格样品进行复验。有不合格/问题样品信息时，需要对抽样过程、抽样单、抽样照片、检测过程、数据填报、结果判定、样品储存等再次进行核查。

（五）检测过程的特殊情况

1. *无法检测*

检测过程中遇到样品失效或者其他情况致使检测无法进行时，承检机构必须如实记录有关情况，提供充分的证明材料，并将有关情况上报组织抽检监测工作的市场监管部门。

2. *被检样品存在严重安全问题*

检测过程中发现被检样品存在严重安全问题或较高风险问题时（如食品中检出非食用物质，或可能危及人体健康的重要安全问题，以及其他异常情况等），承检机构应在发现问题并经确认无误后 24h 内填写《食品安全抽检监测限时报告情况表》，将问题或有关情况报告被抽样单位所在地省级市场监管部门和秘书处，并抄报国家市场监督管理总局。在流通环节抽样时，还应报告食品标示生产者所在地省级市场监管部门。承检机构信息报告时，应确保对方收悉，并做好记录以备查。

（六）编制检测报告

严格按照检测工作程序完成检验工作后，检测报告编制人员按照相关标准和技术规范的要求及各级监管部门规定的报告格式分别出具食品安全监督抽检报告，并确保检测报告内容客观、完整，数据准确可靠。

检测报告编制人员收集所有原始资料，包括抽检方案、原始记录、检测方法标准、产品标准、基础标准等，并依据判定标准对样品检测结果作出符合性初步判定后，编制检验报告。报告编制人在编制报告的过程中，应仔细核对、确认检测过程原始记录、检测数据及计算处理记录、结果判定记录，确保检测报告内容的完整、准确。

检测报告至少包括以下信息：

a）标题，如检测报告、复检报告等。

b）报告唯一性标识编号，以及表明报告结束的清晰标识。

c）承检机构名称和地址，包括具体实施检测地点。

d）被抽样单位信息、抽样单编号。

e）抽检样品信息。

f）检测项目。检测项目若分包时，应标注分包方的信息。

g）检测依据、判定标准及依据，以及对方法的补充、偏离或删减信息。

h）对检测结果有影响的特定的检测条件信息，如环境条件、关键仪器设备信息。

i）检测数据结果，以及影响与规范符合性判定的测量不确定度信息。使用法定计量单位表达的试验结果、数据，必要时附以图表、照片等加以说明。如果报告的结果是用数字表示的数值，应按照标准方法的规定进行表述。当方法没有相关规定时，依照 GB/T 8170《数值修约规则与极限数值的表示和判定》的规定表述。

j）报告符合性声明时，应清晰标示应用的判定规则，如规范、标准或其中条款。

k）当承检机构不负责抽样时，在报告中声明结果仅适用于收到的样品。

l）抽检样品抽样日期、接收日期、检测日期，审核、签发报告的日期。

m）检测人员、审核人员以及报告签发人员等信息。

（七）检测报告审核、签发

检测报告，由主检人核对签字确认，审核人审核签字确认。检测报告审核内容主要包括检测报告数据是否与原始数据一致，检测结果是否合理，以及检测结论是否正确等。

1. 与抽样单的一致性

审核报告中抽检信息（被抽样名称、地址）、样品信息（名称、标识、数量、状态）、收样日期是否与抽样单一致。

2. 与抽检方案的一致性

审核报告中检测项目、检测标准是否与抽检方案一致，是否是认证认可（CMA/

CNAS）范围内检验检测项目及标准。若有部分非 CMA/CNAS 认可项目，是否已向抽检任务委托监管部门报备。

3. 检测结果数据的有效性

审核报告中检测结果数据、单位及检测限是否正确。凡检测数据经复核与审核有疑问时，应作出是否重新检测的判定。

4. 检测结果符合性判定

检测结果符合性判定依据是否适用、现行有效并受控，核查判定结果是否正确。

5. 审核报告格式及份数

审核报告格式及份数是否与抽检任务委托监管部门的要求一致。

6. 检测报告签发

报告审核人审核、确认满足要求后，签字，送授权签字人批准。

（1）检测报告授权签字人资质

承检机构应确保检测报告授权签字人资质及能力包括但不限于以下要求：

a）熟悉食品安全检测专业技术、有关标准方法及规程，掌握有关项目的限制范围；

b）了解有关仪器设备维护使用、维护及校准的规定，掌握其校准状态；

c）具备 CMA/CNAS 授权签字人资质；

d）熟悉 CMA/CNAS 的准则要求，了解 CMA/CNAS 标志的使用规定；

e）熟悉相应的检测管理程序及记录、报告的核查程序；

f）了解检测要求和目的，审查检测记录和结果；

g）熟悉 CMA/CNAS 检测项目，掌握 CMA/CNAS 检测能力；

h）熟悉本人签字领域内的检测标准；

i）签发检测报告，对检测报告具有解释和建议权；

j）对检测结果具有批准权和否决权。

（2）检测报告格式及时限要求

承检机构对其出具的检验报告的真实性和准确性负责。承检机构应当按食品安全抽检规定的报告格式分别出具国家食品安全监督抽检检测报告和风险监测检验报告，检测报告应当内容真实齐全、数据准确。承检机构不得擅自增加或者减少检验项目，不得擅自修改判定原则。原则上承检机构应在收到样品之日起 20 个工作日内出具检验报告。与市场监管部门相关业务处室与承检机构另有约定的，从其约定。

（3）检测报告电子签名的控制

承检机构使用实验室信息管理平台（LIMS）管理检测报告时，应确保电子签名的有效监控。

a）电子签名的制作。电子签名由签名人手签签名后，由业务室联系软件开发部门制成电子签名并导入系统。

b）电子签名的使用。电子签名仅限签名人在 LIMS 中签发报告用。签名人在该平台的登录名及密码仅限本人或代理人知晓。

c）电子签名的保存。电子签名由业务室及签名人妥善保存。当电子签名已经失密或者可能已经失密时，应当在业务室前台张贴公告，同时在微信等工作平台发布公告，及时告知有关各方，并终止使用该电子签名。

（八）样品的处置

对于检测结果合格的样品，自检测结论作出之日起 3 个月内妥善保存复检备份样品，剩余保质期不足 3 个月的复检备份样品，应当保存至保质期结束。

对于检测结果不合格或有问题的样品，自检测结论作出之日起 6 个月内妥善保存复检备份样品；剩余保质期不足 6 个月的复检备份样品，应当保存至保质期结束。

检测后仍有剩余的样品及抽检监测备份样品，经监管机构授权处理后，填写检验机构备份样品处置记录表，由专人递送到指定机构进行无害化处理，并留存处理收费单据。

（九）技术资料归档

检测工作完成后，由机构资料管理员进行技术资料归档。技术资料包括食品抽样检测工作单、各检测项目的原始记录、检测报告副本、质量控制记录，以及本次检测收集到的其他技术文件。检测的原始记录是出具检测报告的依据，是最重要的检验过程记录。为了保证能够复现检验活动的全部过程，原始记录应包含足够的信息。

a）原始记录内容应包括但不限于以下内容：

——原始记录的标题；

——原始记录的唯一编号和每页及总页数的标识；

——检测对象的状况，包括编号、名称和送检单位；

——使用的仪器设备名称；

——检测时的环境条件（必要时）；

——检测中意外情况的描述和记录（如果有）；

——检测日期；

——检测人员、审核人员的识别。

b）检测的原始记录应该用书面文件方式保存，当使用电子方式记录检测数据时，应保证内容能够再现。

c）原始记录应根据实际情况与检测报告、检验委托书（协议）、抽检单合并成册，也可单独立卷保管。

d）原始记录和检测报告属于保密文件，借阅检测报告和原始记录需执行机构保护客户机密信息和所有权程序。

e）技术资料保存期限不少于6年，或按照法规要求长期保存。

（十）抽检任务风险分析与自我评价

在抽检任务完成后，及时开展任务的风险分析与评价，收集任务执行过程中各个环节的风险点，将各部门出现的问题统一汇总，由最高管理者及各检测室负责人对风险点进行分析，吸取中间过程中出现的问题教训，并作为持续改进工作的一部分，便于下次更有效地开展工作。同时，对任务过程中发现的新的食品安全风险因子，进行汇总、分析与评价，完成自我评价报告。

（十一）配合各级市场监管部门开展承检机构的考核管理工作

积极参加各级市场监管部门组织开展的盲样考核，充分准备，认真细致完成盲样考核工作，确保盲样考核结果的准确性。

积极配合各级市场监管部门每季度开展的飞行检查，配合专家在现场检查过程中的报告、记录调取、问题回复等工作，确保飞行检查顺利进行。同时针对专家提出的不符合项，进行认真的反思和分析，举一反三，认真整改，并及时提交整改报告。

八、食品安全抽检监测信息系统数据上报、结果报送流程质控

（一）检测结论上报

1. 检测结论合格数据、结果上报

（1）时限要求

食品安全监督抽检的检测结论合格时，承检机构在检测结论作出后5至7个工作日内将检测结论报送组织或者委托实施抽样检验的市场监管部门。

抽样检验结论不合格时，承检机构应当在检验结论作出后2个工作日内报告组织或者委托实施抽样检验的市场监管部门。

检验过程中发现被检样品可能对身体健康和生命安全造成严重危害时（如食品中检测出非食用物质或者可能危及人体健康的重要安全问题等），检测人员应及时告知技术负责人，技术负责人会同检测室主任及检测人员共同对检测结果的准确性进行确认。

确认无误后 24h 内填写食品安全抽样检验限时报告情况表，将问题或有关情况报告秘书处和被抽样单位所在地省级市场监管部门。在食品经营单位抽样时，还应报告标称食品生产者住所地的省级市场监管部门。转移地方任务还需综合室将食品安全抽样检验限时报告情况表上传至“国家食品安全抽检监测信息系统”，通过信息系统发送至相关单位。

（2）上报方式

食品安全抽检任务来源于转移地方任务则上报至“国家食品安全抽检监测信息系统”，通过信息系统发送至相关单位；省市市场监管部门抽检任务上报至省市市场监管部门的“安全监测信息管理系统”，同时联系市级、区级市场监管部门，根据各部门要求进行线下报送，并按照组织或者委托实施抽样检验的市场监管部门的要求出具检测报告。

（3）数据上报环节质控要求

a）数据上报人员要再次确认样品类别是否正确，核查数据的正确性；

b）系统上报时，数据上报人员还要确保下载最新样品信息表、数据上报模板；

c）上报数据前，要检查检验原始记录是否齐全完整，如果有问题要及时通知检验室；

d）上报的检验数据结果、检出限要与原始记录完全一致，不允许私自修约；

e）判定值要严格按照相关产品要求填报，对不熟悉的或者新的类别必须要上报室主任，确定后再填报；

f）数据审核要核对数据数量、检验方法、判定方法等是否符合细则要求；

g）对关键信息如检验结果、结论、检验方法、判定值、判定方法等进行整体审核，以便发现系统性错误；

h）数据上报表填写完成后，要提交审核人员进行审核，由中心主任批准后上报系统。

2. 检测结论不合格数据、结果上报

（1）国家市场监督管理总局组织的抽检

食品安全监督抽检的检验结论不合格时，承检机构除按照相关要求报告外，还应当通过食品安全抽样检验信息系统及时通报抽样地以及标称的食品生产者住所地市场监管部门。

（2）地方市场监管部门组织的抽检

地方市场监管部门组织或者实施食品安全监督抽检的检验结论不合格时，抽样地与标称食品生产者住所地不在同一省级行政区域的，抽样地市场监管部门应当在收到不合格检验结论后通过食品安全抽样检验信息系统及时通报标称的食品生产者住所地同级市场监管部门。同一省级行政区域内不合格检验结论的通报按照抽检地省级市场监管部门规定的程序和时限通报。

通过网络食品交易第三方平台抽样时，除按照前两款的规定通报外，还应当同时通报网络食品交易第三方平台提供者住所地市场监管部门。

(3) 县级以上地方市场监管部门的抽检

县级以上地方市场监管部门收到监督抽检不合格检验结论后，应当按照省级以上市场监管部门的规定，在5个工作日内将检验报告和抽样检验结果通知书送达被抽样食品生产经营者、食品集中交易市场开办者、网络食品交易第三方平台提供者，并告知其依法享有的权利和应当承担的义务。

（二）检测结果报送

1. 食品安全抽检监测信息系统填报

食品安全抽检监测信息系统的数据信息填报由指定的检测结果填报员根据检测报告填写，包括试验结果、单位、依据标准、判定值、判定结果、方法检出限等。信息录入前对检测结果信息填报员进行“安全监测信息管理系统”报送培训，并按照相关的填报要求及时间节点进行系统填报。

2. 食品安全抽检监测信息系统审核

填写完毕后由指定审核人员对照检测报告对信息录入的准确性、结果判定的准确性进行审核，确认各项信息录入无误后提交到下一个环节。由指定的审核人员对提交到系统的检验信息进行最终的审核。全面地对样品抽样信息、检测结果信息及结果判定等进行审核，经授权签字人确认无误后批准，提交上级审查部门。

3. 食品安全抽检监测信息系统报送

按照市场监管部门相关业务处室的要求，分别将食品监督抽检不合格信息汇总后报送委托实施抽样检验的市场监管部门和被抽样单位所在地食品监管部门。

在食品经营领域抽检的不合格样品标称的食品生产者为本市生产企业时，同时将检测报告报送市场监管局食品生产处和不合格样品标称的食品生产者所在地区级市场监管部门。

在食品经营领域抽检的不合格样品标称的食品生产者为外省市时，同时将本省市食品安全监测结果通知书和检测报告寄送标称的食品生产者。

抽样单位或承检机构应通过检测结果确认回执、快递查询等方式确认相关单位收到监督抽检检测报告。

（三）检测数据汇总、统计分析

抽检任务结束后，由专职的统计分析人员对检测数据、检测结论等从多视角多维度进行统计分析，结合加工工艺、市场情况等形成分析报告，经承检机构最高管理者审核批准，在任务结束后 5 个工作日内将分析报告提交到组织或者委托实施抽样检验的市场监管部门。

（四）检测结果异议处理

收到相关市场监管部门发来的，被抽样单位对被抽样品真实性有异议或者对检验方法、判定依据等有异议的异议书后，应积极配合负责异议处理的相关市场监管部门做好异议处理工作。

由机构最高管理者组织开展涉及异议样品的全部抽检流程的核查，包括抽样过程、检验过程、数据上报过程等，如实记录有关情况，提供充分的证明材料，由综合室汇总整理后，形成书面情况说明，及时上报异议书下发部门。

（五）复检备样移交

承检机构在收到复检通知书、获知确定的复检机构后 3 个工作日内，将复检备份样品移交至复检机构。为确保按时移交样品，收到复检通知书后应：

a）与复检申请人协商确定复检样品递送方式、时间，保留通信联系记录。

b）与复检机构协商确定复检样品的递送时间，同时明确告知对方是否派试验人员观察复检机构的复检实施过程，保留通信联系记录。

c）样品管理员调出备份样品，对备份样品外包装、封条等完整性再次进行确认后放到库房中的不合格复检备份样品专区等待递送。

d）样品递送过程中应符合样品保存的要求。冷冻样品要提前准备好保温箱及干冰，确保运输过程中温度符合样品储运要求，必要时可通过拍照或者录像等方式对复检样品递送过程进行记录。

e）如因客观原因不能按时移交时，需上报受理复检的市级市场监管部门。后期根据其要求，再次启动复检备样移交事宜。

f）做好样品交接记录，包括从库房取出记录以及到复检机构后的交接记录。

九、食品安全监督抽检复检或异议流程质控

（一）复检或异议申请提出

食品安全监督抽检中，对不合格检验结果有异议的食品生产经营者，可依法提出

复检申请；对抽样过程、样品真实性、检验及判定依据等事项有异议的食品生产经营者可以依法提出异议处理申请。

复检申请人应当自收到检验结论之日起7个工作日内，向实施食品安全监督抽检工作的市场监管部门或其上一级市场监管部门提出书面申请。

对抽样过程有异议时，被抽样单位应当在抽样完成后7个工作日内，向实施抽检工作的市场监管部门提出书面申请，并提交相关证明材料。

对样品真实性、检验及判定依据等事项有异议时，申请人应当自收到不合格结论通知之日起7个工作日内，向实施抽检工作的市场监管部门提出书面申请，并提交相关证明材料。

（二）复检或异议申请受理

1. 复检或异议申请材料

食品生产经营者应提交真实、完整复检或异议申请材料。

a）复检或异议申请书；

b）食品安全抽样检验结果通知书；

c）复检申请人营业执照或其他资质证明文件；

d）食品安全抽样检验报告；

e）食品安全抽样检验单；

f）经备案的企业标准（如使用）；

g）与异议内容相关的证明材料。

2. 复检或异议申请受理

受理部门应当于收到申请材料之日起7个工作日内，出具受理或不予受理通知书，告知申请人。不予受理的，应当说明理由。

有下列情形之一的，不予受理：

a）检验结论为微生物指标不合格的；

b）复检备份样品超过保质期的；

c）逾期提出复检申请的；

d）其他原因导致备份样品无法实现复检目的的；

e）法律、法规、规章规定的不予复检的其他情形。

（三）复检机构确定

1. 复检机构动态管理

国家市场监督管理总局不定期更新食品复检机构名录的公告。复检机构无正当理由不得拒绝复检任务，确实无法承担复检任务的，应当于2个工作日内向相关市场监管部门作出书面说明。无正当理由，一年内2次拒绝承担复检任务的，市场监管部门可停止其承担的食品安全抽样检验任务，并向复检机构管理部门提出撤销其复检机构资质的建议。

2. 复检机构确定

受理部门应当自出具受理通知书之日起7个工作日内，在公布的复检机构名录中，遵循便捷高效原则，随机确定复检机构进行复检。因客观原因7个工作日不能确定复检机构的，可适当延长，但应当将延长的期限和理由告知申请人。

确定复检机构后，受理部门应当将复检受理事项告知初检机构和复检机构，并通报不合格食品生产经营者住所地市场监管部门。

（四）复检备份样品移交确认

1. 初检机构移交复检备份样品

初检机构自接到复检受理通知之日起3个工作日内，将备份样品移交至复检机构。受理部门对时限另有规定的，从其规定。初检机构应当保证备份样品运输过程符合相关标准或样品标示的贮存条件和备份样品的在途安全。

2. 复检机构接收、确认复检备份样品

复检机构接到备份样品后，应当通过拍照或录像等方式对备份样品外包装、封条等的完整性进行确认，并做好样品接收记录。如发现复检备份样品封条、包装破坏，或出现其他对结果判定产生影响的情况，复检机构应当及时书面报告受理部门。

如发现存在调换样品或人为破坏样品封条、外包装等情形时，受理部门会同有关部门对有关责任单位、责任人员依法严肃查处。

（五）实施复检

复检机构应当按照食品安全检验的有关规定实施复检，并使用与初检机构一致的检验方法（包含其最新版本）。初检机构可以赴复检机构实验室观察复检实施过程，复检机构应当予以配合。初检机构不得干扰复检工作。

1. 复检任务接收、确认

a）在收到复检通知书时，复检机构对其相应的技术能力进行确认，包括检测能力是否覆盖待复检项目、判定标准是否可行有据、初检机构检测方法可否接受，确认样品是否符合复检要求。

b）确认复检机构资格，确保不接受有委托检验关系的申请人的复检申请，确保实验室工作量允许，确保能够按时出具检验结果报告。

c）做好复检样品接收记录，并在规定时间内将相关信息录入“安全监测信息管理系统”。

2. 复检样品接收、确认

a）收到复检备份样品后，确认复检样品是否为备份样品，样品的封条、包装是否完好。

b）复检相关材料是否齐全，包括抽样单、复检通知书、复检同意书、初检报告、相关联系人电话、联系方式等。

c）在食品经营单位抽样时，被抽样单位和标称的食品生产者对检验结论有异议的，双方协商统一后由其中一方提出；涉及委托加工关系时，市场监管部门和受托方对检验结论有异议的，双方协商统一后由其中一方提出，需提交协商后的结果说明，有双方的签字、盖章。出现上述情况时需向复检任务下达部门确认。接样人员需保留该结果说明及双方的委托授权书。

d）由复检机构、初检机构和复检申请人共同签字或盖章予以确认，并填写复检备份样品确认单。如发现复检备份样品封条、包装破损，或其他对结果判定产生影响的情况（如样品拆封后发现与抽样单不符），应在复检备份样品确认单上如实记录，通过拍照或录像等方式记录复检备份样品异常情况，并书面告知受理复检申请的市场监管部门，终止复检。

3. 复检样品检测及质控要求

复检应按照国家相关规定进行检验，使用与初检机构一致的检验方法（包含其最新版本）。如实施复检时，食品安全标准对检验方法有新的规定，从其规定。复检检验过程中应注意以下事项：

a）采取平行试验、空白试验、加标试验、质控标样验证试验等方法，以保证检验数据的准确性。

b）注意核对标准溶液、试剂是否异常，是否在规定效期之内，处理过程有无异常情况，关注仪器、量器的正确使用、加热时间限制等。

c）严格遵照有关产品标准和方法标准。

d）复检结果由检测室主任审核，必要时技术负责人一同审核。

e）初检机构需要赴实验室直接观察复检实施过程时，由初检机构提供相关单位授权及身份证明，在确保其他客户委托样品检测过程不受影响下，由实验室主任批准后，在室主任的陪同下观察复检实施过程并做好相关记录。

4. 复检结果提交

（1）时限要求

复检结束后，复检机构应在收到样品之日起 10 个工作日内出具复检报告，并向受理部门提交复检结论。受理部门与复检机构对时限另有约定的，从其约定。在出具复检报告之日起 2 个工作日内将检验相关数据及检验报告上报“安全监测信息管理系统”。

受理部门应当自收到复检结论之日起 5 个工作日内，将复检结论通报申请人及不合格食品生产经营者住所地市场监管部门。

（2）复检报告提交要求

复检报告中应含有被检样品是否合格的检验结论，并注明是针对复检备份样品作出的结论。复检机构出具的结论为最终结论。

5. 复检费用的支付

申请人应当自收到交费通知书后 3 个工作日内，先行向复检机构交纳复检费用，逾期不交纳的，视为放弃复检。复检费用包括检验费用和样品递送产生的相关费用。

复检结论与初检结论一致时，复检费用由申请人承担。复检结论与初检结论不一致时，复检费用由实施监督抽检的机构承担，复检机构应当自作出复检结论之日起 3 个工作日内，退回申请人交纳的复检费用。

6. 不得予以复检的规定

有下列情形之一时，不得予以复检：

a）逾期提出复检申请或者已进行过复检的；

b）私自拆封、调换或者损毁备份样品的；

c）复检备份样品超过保质期的；

d）初检结果显示微生物指标超标的；

e）备份样品在正常储存过程中可能发生改变、影响检验结果的；

f）其他原因导致备份样品无法实现复检目的的；

g）国家有关部门规定的不予复检的其他情形。

（六）异议审核

1. 抽样及样品真实性异议

对抽样及样品真实性有异议时，受理部门应当自出具受理通知书之日起 20 个工作日内，完成异议审核，并将审核结论书面告知申请人。

2. 检验及判定依据等事项异议

对检验及判定依据等事项有异议时，受理部门应当自出具受理通知书之日起 30 个工作日内，完成异议审核，并将审核结论书面告知申请人。需商请有关部门明确检验及判定依据相关要求的，所用时间不计算在内。因客观原因不能完成审核的，经本单位负责人批准，可延长10个工作日。

经审核，异议成立的，受理部门应当根据实际情况依法进行处理。

3. 异议协助审核及通报

异议涉及多个市场监管部门时，相关市场监管部门应当协助进行异议审核。受理部门应当及时将异议处理申请受理情况及审核结论通报不合格食品生产经营者住所地市场监管部门。

（七）复检、异议处理期间风险防控措施

食品生产经营者在申请复检和异议处理期间，不得停止履行法定义务，应当采取封存库存问题食品、暂停生产销售和使用问题食品、召回问题食品等措施控制食品安全风险，排查问题产生原因并进行整改，及时向住所地市场监管部门报告相关处理情况。

十、核查处置及信息发布

（一）市场监管部门核查处置

市场监管部门应当通过政府网站等渠道及时向社会公开监督抽检结果，以及不合格食品核查处置的相关信息。任何单位和个人不得擅自发布、泄露市场监管部门组织的食品安全监督抽检信息。

1. 不合格食品核查

（1）启动核查工作

市场监管部门收到监督抽检不合格检验结论后，应当及时启动核查处置工作，督促食品生产经营者履行法定义务，依法开展调查处理。必要时，上级市场监管部门可以直接组织调查处理。

县级以上地方市场监管部门组织的监督抽检，检验结论表明不合格食品含有违法添加的非食用物质，或者存在致病性微生物、农药残留、兽药残留、生物毒素、重金属以及其他危害人体健康的物质严重超出标准限量等情形的，应当依法及时处理并逐级报告至国家市场监督管理总局。

（2）相关职能部门协调工作

调查中发现涉及其他部门职责时，应当将有关信息通报相关职能部门。有委托生产情形时，受托方食品生产者住所地市场监管部门在开展核查处置的同时，还应当通

报委托方食品生产经营者住所地市场监管部门。

2. 不合格食品的处置工作

市场监管部门应当在90日内完成不合格食品的核查处置工作。需要延长办理期限的，应当书面报请负责核查处置的市场监管部门负责人批准。

3. 处置结果信息发布

市场监管部门应当通过政府网站等渠道及时向社会公开监督抽检结果和不合格食品核查处置的相关信息，并按照要求将相关信息记入食品生产经营者信用档案。市场监管部门公布的食品安全监督抽检不合格信息，包括被抽检食品名称、规格、商标、生产日期或者批号、不合格项目，标称的生产者名称、地址，以及被抽样单位名称、地址等。

可能对公共利益产生重大影响的食品安全监督抽检信息，市场监管部门应当在信息公布前加强分析研判，科学、准确公布信息。必要时，应当通报相关部门并报告同级人民政府或者上级市场监管部门。

任何单位和个人不得擅自发布、泄露市场监管部门组织的食品安全监督抽检信息。

（二）食品生产经营者风险控制及改进措施

1. 应对不合格检验结论的措施

（1）暂停生产经营活动

食品生产经营者收到监督抽检不合格检验结论后，应当立即采取封存不合格食品，暂停生产、经营不合格食品，通知相关生产经营者和消费者，召回已上市销售的不合格食品等风险控制措施。

（2）不合格产品信息公示

食品经营者收到监督抽检不合格检验结论后，应当按照国家市场监督管理总局的规定在被抽检经营场所显著位置公示相关不合格产品信息。

（3）分析不合格原因

分析、排查不合格发生的根本原因，进行有效的风险评估，制定、实施有效的整改措施，并及时向住所地市场监管部门报告整改、处理情况，积极配合市场监管部门的调查处理，不得拒绝、逃避。

（4）有异议的检测结论

食品生产经营者对检测结论有异议时，在规定的时限内提出复检或异议，但应确保在复检或异议期间，不得停止履行前款规定的义务。食品生产经营者未主动履行的，市场监管部门应当责令其履行。

2. 食品生产经营者改进机遇

改变过去被动应对的思维定式，通过积极配合食品安全监督抽检，及时发现可能存在的潜在风险，积极采取预防措施，确保食品的安全与品质。

主动收集监管部门发布的抽检信息，汇总分析，包括全国范围内被抽检的级别、频次、产品类别等，作为企业产品的诚信与质量保障的有力宣传材料。

十一、法律责任

食品安全抽检工作中，涉及法律责任的相关事宜，参考《食品安全抽样检验管理办法》第七章法律责任的相关规定。

第三章

食品安全实验室计量溯源体系及产品符合性判定技术指南

民以食为天，食以安为先，安以质为本，食品安全和食品质量事关人民健康、社会稳定、贸易出口和民族繁荣。食品检验检测是食品安全得以实现的一个重要途径。近年来，随着我国对食品监管力度的逐步加大，检验检测结果实现同一实验室内及不同实验室间的准确一致、可靠可比成为食品量值溯源的关键。在保证检验检测结果准确可靠的前提下，对检验检测结果的准确、科学判定也是至关重要的，尤其检验检测结果正好处于不确定区域内时，就必然面临临界数值的风险判定。当前，食品检验检测领域仍存在数据处理与判定概念不清、数值修约不一致、不应用不确定度或不确定度应用不恰当、部分食品标准判定依据不明确等问题。所以，如何借鉴风险评估理论、利用风险系数对检验检测结果进行数据处理，对产品作出合适的判定，是一个亟待解决的问题。

本章旨在帮助食品安全检验检测实验室从标物、设备和检验检测过程等关键计量溯源因素入手，建立食品安全检验检测量值溯源体系。在利用检验检测结果进行食品符合性判定时，引入 ISO/IEC Guide 98-4 中的“guard band”理论。在考虑测量不确定度进行符合性判定时，提供一定的“安全裕度”，帮助食品安全检验检测实验室在食品安全综合监管中对产品的符合性进行科学、准确的判定，确保检验检测结论的可靠性。

第一节　食品安全检验检测计量溯源通用技术指南

一、引言

在食品安全检验检测领域，结果的有效性来源于检验检测结果的可靠性和可比性，结果的可靠性来源于纵向的计量溯源结果，而结果的可比性则来源于同级实验室间检验检测结果的横向对比。因此，保证食品安全检验检测结果的有效性是一项综合工程，食品安全实验室出于市场竞争的压力和自身利益与效益的驱动，应主动作为计量溯源和内外部质量控制的发起者和参与者，充分评估食品安全检验检测的内外部溯源因素（包括标准物质、仪器设备、方法标准以及试剂耗材等），并对需要计量溯源的仪器设备按照要求进行校准和检定，积极寻求并参加实验室间比对、能力验证等活动，从而保证检验检测结果的可靠性。

本节是食品安全实验室建立食品安全检验检测计量溯源体系的指导性文件，旨在帮助食品安全实验室对标物、设备和检验检测过程中的关键量值进行分析和评估，保障食品安全检验检测结果的准确性、一致性和可溯源性。

二、范围

本节规定了食品安全检验检测计量溯源的术语和定义，溯源体系重要因素的选择和评估，以及如何绘制溯源等级图等。

本节适用于食品安全检验检测计量溯源体系的建立。

三、规范性引用文件

下列文件对于本节的应用是必不可少的。凡是注日期的引用文件，仅注日期的版本适用于本节。凡是不注日期的引用文件，其最新版本（包括所有的修改单）适用于本节。

JJF 1001《通用计量术语及定义》

CNAS-CL01《检测和校准实验室能力认可准则》

CNAS-RL02：2018《能力验证规则》

CNAS-CL01-G002：2021《测量结果的计量溯源性要求》

ISO/IEC Guide 99《国际计量学词汇　基础和通用概念及相关术语（VIM）》

ISO Guide 33：2015《标准物质/样品　使用标准物质/样品的良好做法》

四、术语和定义

国际通用计量学基本术语（VIM）、JJF 1001 中界定以及下列术语和定义适用于本节。为了便于使用，以下重复列出了这些文件中的某些术语和定义。

（一）计量溯源性（metrological traceability）（VIM 2. 41）

VIM 中对计量溯源性的定义为：通过文件规定的不间断的校准链，将测量结果与参照对象联系起来的测量结果的特性，校准链中的每项校准均会引入测量不确定度。

注 1：不间断的校准链也称为“溯源链”，严格意义上来说，所有的测量，其结果都应按照溯源链追溯到国际单位制（SI）。

注 2：当技术上不可能溯源到国际单位制（SI）时，应通过有证标准物质的标准值，或使用能够满足预期要求，并能通过比对等方式保证测量结果的参考测量程序、规定方法或描述清晰的协议标准等溯源到适当的参考标准，从而使测量的准确性和一致性得到技术保证。

注3：计量溯源的实现，必须具备可以密切联系测量结果的参照对象（如标准物质、国家或国际测量标准等）。

注4：每个可溯源的测量结果均应附有合理评定的测量不确定度。

（二）参考物质（RM）（VIM 5.13）

也称：标准物质、标准样品。

用作参照对象的具有规定特性、足够均匀和稳定的物质，其已被证实符合测量或标称特性检查的预期用途。

注1：标称特性的检查提供一个标称特性值及其不确定度。该不确定度不是测量不确定度。

注2：赋值或未赋值的参考物质均可用于测量精密度的控制，但只有赋值的参考物质才可用于校准或测量正确度的控制。

注3：“参考物质”既包括具有量的物质，也包括具有标称特性的物质。

注4：参考物质有时与特制装置是一体化的。

注5：有些参考物质所赋量值计量溯源到单位制外的某个测量单位，这类物质包括疫苗，其国际单位（IU）已由世界卫生组织（WHO）指定。

注6：在某个特定测量中，所给定的参考物质只能用于校准或质量保证两者中的一种用途。

注7：参考物质的说明书应当包括该物质的追溯性，指明其来源和加工过程。

（三）有证参考物质（CRM）（VIM 5.14）

有证标准物质、有证标准样品附有由权威机构发布的文件，提供使用有效程序获得的，具有不确定度和溯源性的一个或多个特性量值的参考物质。

注1：“文件”是以“证书”的形式给出（见ISO Guide 31）。

注2：有证参考物质生产和定值程序在ISO 17034和ISO Guide 35中给出。

注3：本定义中，“不确定度”既包含了“测量不确定度”，也包含了“标称特性值（例如同一性和序列）的不确定度”。“溯源性”既包含“量值的计量溯源性”，也包含“标称特性值的追溯性”。

注4：“有证参考物质”的特定量值要求附有测量不确定度的计量溯源性。

（四）国家计量院（NMI）

本节中的国家计量院既包括全球范围内维持一个国家（或地区、经济体）测量标准的国家计量院，也包括其他指定机构（DI）。

五、食品安全检验检测计量溯源重要参照

（一）标准物质

标准物质在食品安全检验检测计量溯源中占据了主导地位，包括理化检验检测计量溯源的标准物质/有证标准物质、微生物检验检测的标准菌株以及分子生物学检验检测的含目标基因 DNA 的质量标准分子等。标准物质是具有一种或多种规定特性，足够均匀且稳定的材料，并已被确定其符合测量过程的预期用途，其特性值表征了其物理、化学或生物所对应特性量的值，具有良好的可追溯性。在我国，标准物质分为一级标准物质（GBW）和二级标准物质［GBW（E）］，均为国家有证标准物质（CRM），需要经过国家计量行政审批。国际通用的基准标准物质（PRM）类别目前在我国没有单独分级，而是列入一级标准物质进行管理。我国标准物质计量溯源和分级体系如图 3-1 所示。其中，一级标准物质采用绝对测量法或两种以上不同原理的准确可靠方法定值，若只有一种方法，可采用多个实验室合作定值，它的不确定度具有国内最高水平。而二级标准物质采用与一级标准物质进行比较测量的方法或一级标准物质的定值方法定值，其不确定度和均匀性均未达到一级标准物质的水平，但能够满足一般测量的需要，实验室检验检测采用的工作用标准物质一般为二级标准物质，因此，二级标准物质也叫工作标准物质。

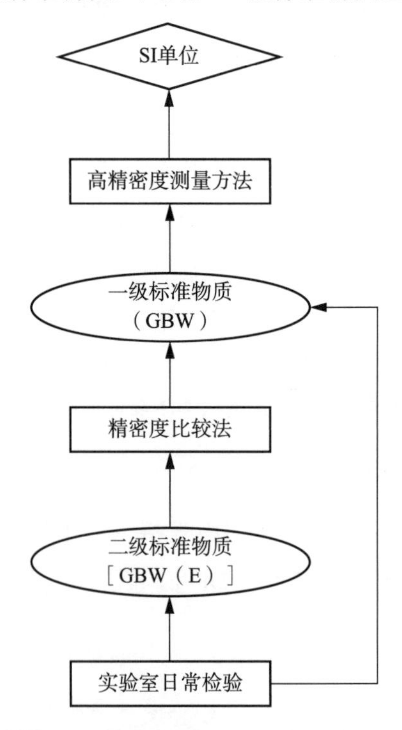

图 3-1　我国标准物质计量溯源等级图

对于食品安全检验检测的计量溯源来说，标准物质是溯源过程中不可或缺的部分。图 3-2 给出了包括抽样和样品制备的食品检验检测流程框图，可以看出标准物质在抽样、样品制备、仪器校准、数据评估、结果计算以及结果的测量不确定度评估中发挥着重要作用。因此，在食品检验检测过程中使用标准物质是实现食品安全检验检测计量溯源，保证测量结果准确一致的重要手段。

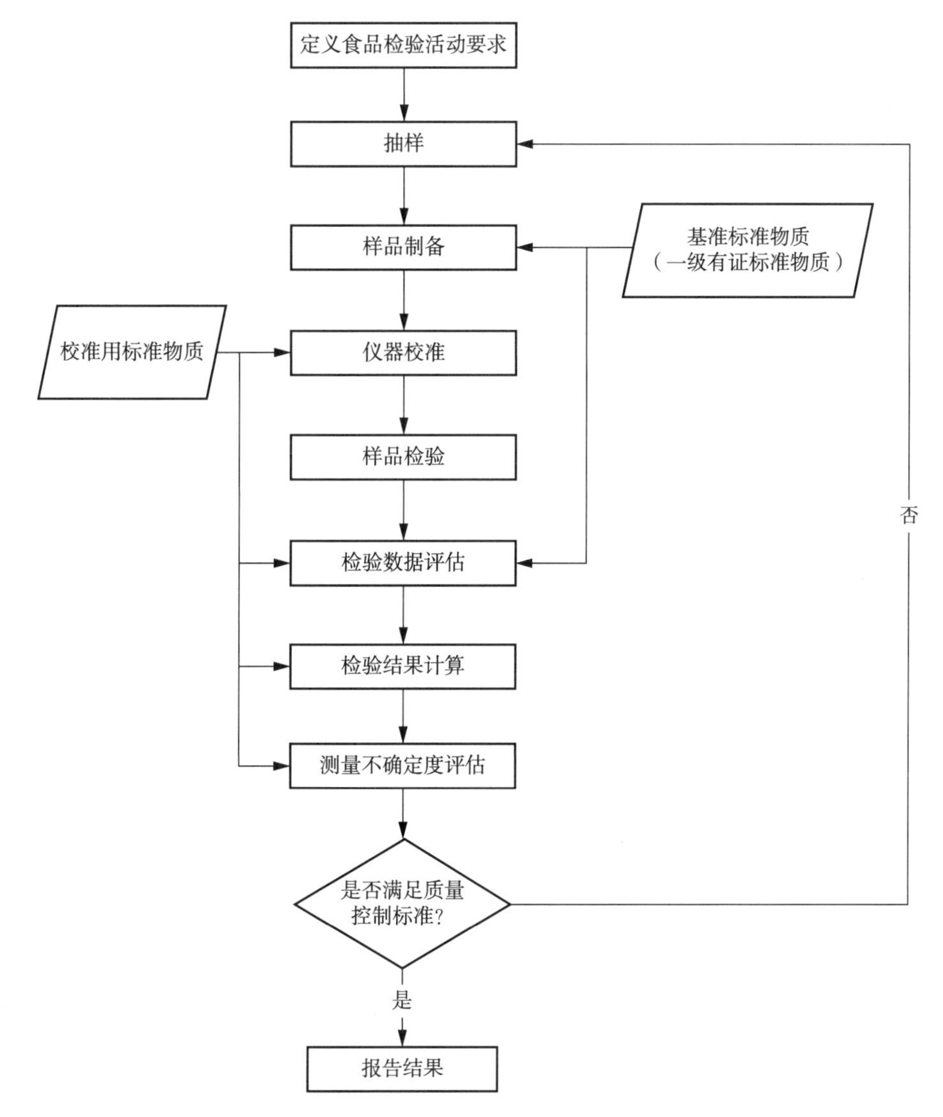

图 3-2 食品检验检测流程框图

食品安全实验室在使用标准物质进行计量溯源时，应注意以下几点：

a）充分评估标准物质对预期用途的适用性。例如：对于食品安全检验检测理化分析中的痕量组分（如重金属残留等），应明确是否是全部含量、不完全消解得到的含量、浸出含量或包含痕量元素的某个特定组成。对于食品安全检验检测溯源中最常用的有证标准物质（CRM），图 3-3 给出了如何进行标准物质适用性评估的通用流程。

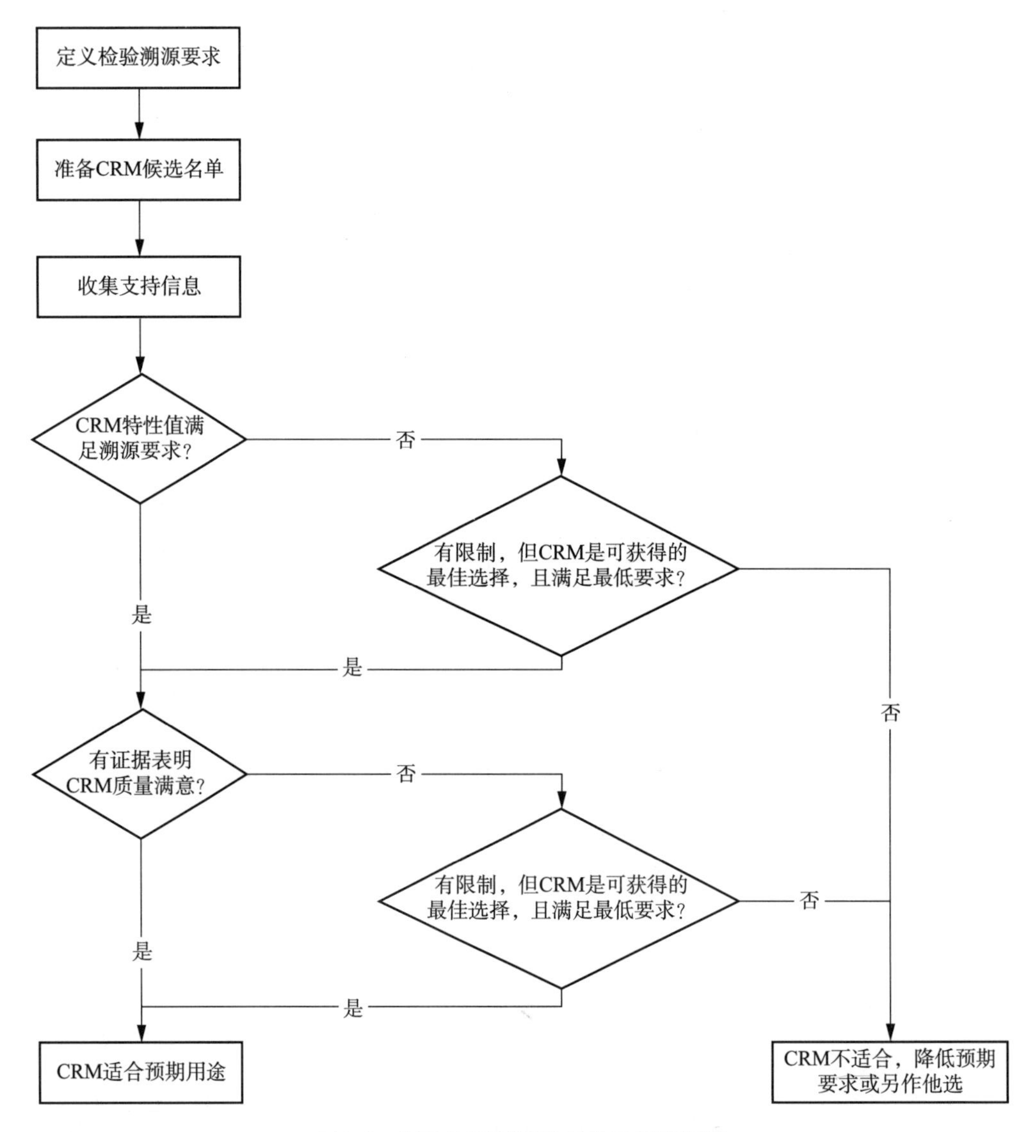

图 3-3　标准物质适用性评估通用流程图

b）确认标准物质特性值关于计量溯源性的声明，实验室可以通过声明中特性值溯源到的测量标准来判断标准物质是否适用于预期的检验检测活动。对于有证标准物质尤其一级标准物质来说，通常应溯源至国际单位制（SI）。

c）遵守标准物质使用和储存说明，避免不正确地使用标准物质，以保证标准物质特性值及其不确定度的有效性。

d）遵守标准物质证书上的有效期限，不使用超过有效期的标准物质，尤其是有证标准物质。

e）对于可多次使用的标准物质，应遵循标准物质生产者提供的标准物质包装和储存使用说明，确保包装的严密性和储存方式的恰当性。

f）标准物质的取样，应能代表整个包装样品特性，以保证特性值和不确定度的有效性。同时，应按说明给出的最小取样量取样，小于最小取样量的取样没有代表性。有必要时，标准物质应按说明在取样前再次均匀化。

g）当使用实物标准物质时，其基质应尽量与食品样品匹配。

随着我国对食品安全检验检测的日益重视，与溯源相关的标准物质（包括有证标准物质和基准标准物质）的数量、种类已基本满足食品安全检验检测的需求。根据国家标准物质资源共享平台（CNRM）的数据，截至 2021 年 4 月，我国食品相关一级标准物质 173 种、二级标准物质 201 种，涉及食品添加剂、食品限量物质、茶叶、烟草、果蔬、草药、粮食、动物源制品、白酒、营养及功能成分、食用油、食品包装中残留有害物质等，覆盖食品理化、食品微生物和食品分子生物学三大检验检测领域。因此，对于食品安全检验检测来说，首选采用我国研制和生产的标准物质进行计量溯源。

食品安全检验检测的计量溯源除标准物质外，检验检测过程中使用的标准方法和关键仪器设备等也是重要的溯源性因素，尤其当标准物质不可获得时，这些溯源因素在实验室参加外部质控（如能力验证、实验室间比对等）或仪器设备校准和检定等获得横向可比性的活动中显得尤为重要。因此，实验室应根据自身的检验检测活动对采用的标准方法和关键仪器设备进行充分评估，制定标准方法持续适用性的核查程序和关键仪器设备的校准/检定程序，并按照评估结果和程序要求定期对标准方法的适用性进行核查，对关键仪器设备进行校准或检定。

（二）食品安全检验检测计量溯源体系架构

食品安全检验检测主要涉及理化检验检测（含仪器分析、常规理化分析等）、微生物检验检测和分子生物学检验检测三个领域。实验室在进行计量溯源评估时，应充分考虑不同检验检测类型的标准物质和关键仪器设备的可获得性、不确定度及相关技术指标等重要参考因素的溯源性要求，评估相应的关键溯源参考因素数据，构建计量溯源体系架构，有条件的实验室应形成溯源体系数据库，确保检验检测结果的准确性和可靠性。实验室在搭建计量溯源体系架构时，可参考当年《国家食品安全监督抽检实施细则》的检验检测要求，对涉及的理化、微生物和分子生物学检验检测领域的检验检测参数/项目和方法标准进行评估、分析和研究，根据不同溯源因素对检验检测结果准确性和可靠性贡献大小进行充分评估，并建立适当的控制级别。可对溯源因素按照溯源性贡献从大到小分为：较高控制级别、中等控制级别和基本控制级别等（也可标注不同颜色进行控制，如图 3-4 所示），并对较高和中等控制级别的溯源性因素进行溯源体系评估分析。不同实验室可根据实际情况适当予以调整并建立自身的食品安全检验检测计量溯源体系。

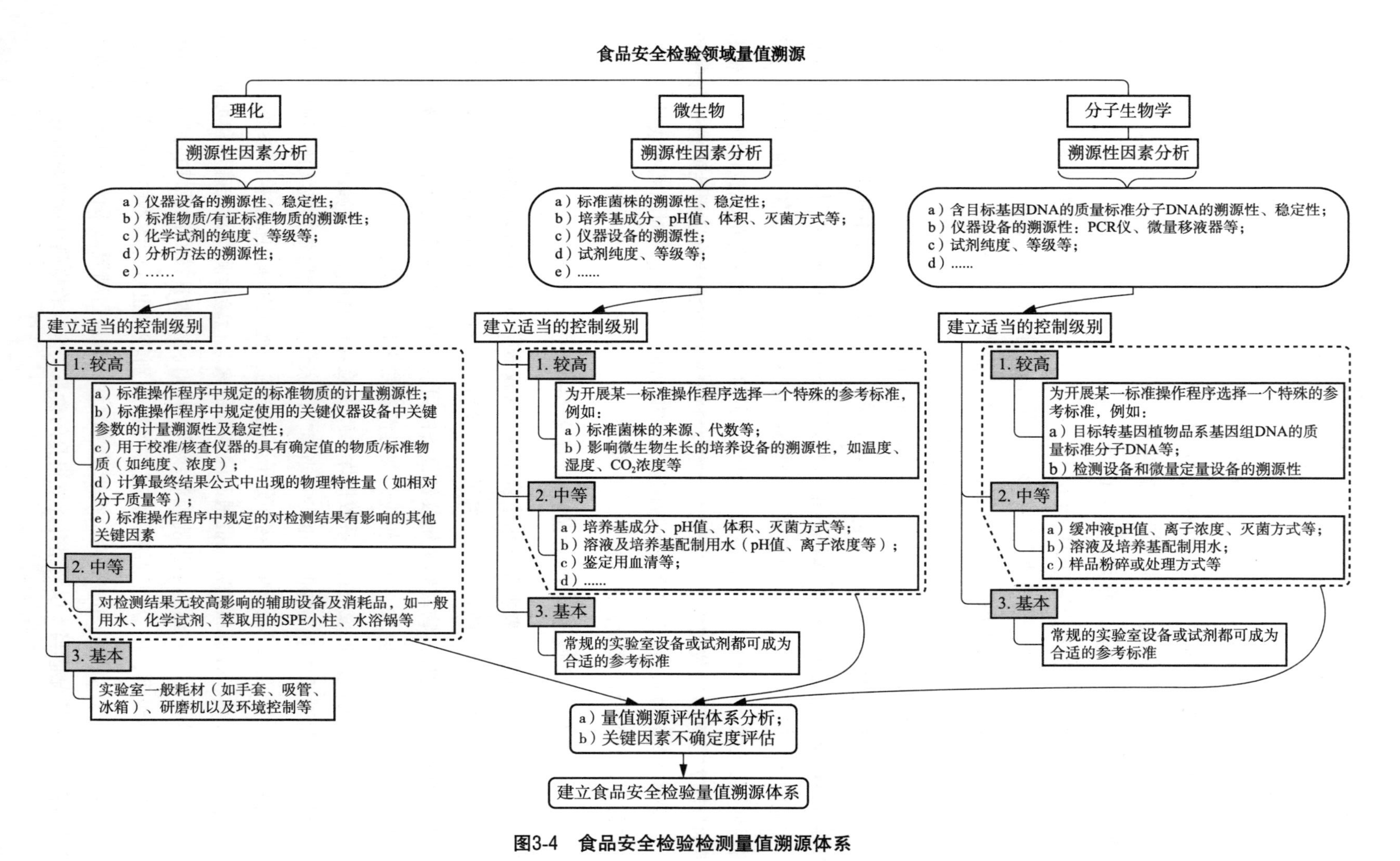

图3-4　食品安全检验检测量值溯源体系

1. 食品理化检验检测计量溯源体系架构和重要参考因素

对于食品理化检验检测来说，影响结果准确性和可靠性的因素比较多，从计量溯源的角度看，主要包括标准物质、检测方法、仪器设备等。实验室可通过对不同检测方法的检验检测过程进行分析和评估，从标准物质和仪器设备的技术指标（如标准物质纯度和配置要求、标准物质和仪器的测量范围、规格、不确定度等）以及其他因素（如有效期、校准周期等）进行评估，形成不同控制级别的计量溯源体系。食品理化检验检测计量溯源体系架构示例如表 3-1 所示。

2. 食品微生物检验检测计量溯源体系架构和重要参考因素

对于食品微生物检验检测来说，影响结果准确性和可靠性的溯源性因素主要包括标准菌株和仪器设备等。实验室可通过对不同检验检测方法的检验检测过程进行分析和评估，从标准菌株和仪器设备的技术指标（如标准菌株来源和代数、仪器的测量范围、规格、不确定度等）以及其他因素（如有效期、校准周期等）进行评估，形成不同控制级别的计量溯源体系。食品微生物检验检测计量溯源体系架构示例如表 3-2 所示。

3. 食品分子生物学检验检测计量溯源体系架构和重要参考因素

对于食品分子生物学检验检测来说，与理化和微生物检验检测不同的是，检测对象属于痕量级别，主要依靠 PCR 反应（聚合酶链反应）对基因片段进行指数扩增，所以影响结果准确性和可靠性的溯源性因素主要包括含有目标 DNA 的质量标准分子和 PCR 仪以及其他重要辅助仪器设备（如移液器、微量核酸分析仪等）。实验室可通过对不同检测方法的检测过程进行分析和评估，从质量标准分子 DNA 和仪器设备的技术指标（如 DNA 分子质量、仪器的测量范围、规格、不确定度等）以及其他因素（如有效期、校准周期等）进行评估，形成不同控制级别的计量溯源体系。食品分子生物学检验检测计量溯源体系架构示例如表 3-3 所示。

表3-1　食品理化检验检测计量溯源体系架构示例

食品类别序号	食品大类（一级）	食品亚类（二级）	食品品种（三级）	食品细类（四级）	风险等级	检验项目	依据法律法规或标准	检测方法
一、2	粮食加工品	大米	—	—	较高	镉（以Cd计）	GB 2762	GB 5009.15

标准物质溯源性要求													
一级标准物质	二级标准方法	名称	分子式	技术指标					制造厂商及出厂编号	有效期	控制级别	溯源等级图类别	备注
				纯度（浓度）	标准液配置要求	测量范围	不确定度、准确度或最大允许误差	规格					
√	—	镉标准溶液	Cd	100 μg/mL	—	—	—	100 mL/瓶	国家有色金属及电子材料分析测试中心/GNM-M235239-2013	2020.3.11—2021.3.10	1	标准物质	—

仪器和设备溯源要求														
名称	技术指标							检定周期或复校间隔	检定或校准机构	制造厂商及出厂编号	有效期	控制级别	溯源等级图类别	备注
	测量范围	感量	容量	规格	溯源方式	不确定度、准确度或最大允许误差	其他指标							
原子吸收分光光度计	波长范围：（190～900）nm	—	—	—	校准	波长示值误差0.12 nm，波长重复性0.02 nm	—	2年	北京市计量检测科学研究院	Perkinelmer/800S9070401	2019.9.25—2021.9.24	1	原子吸收分光光度计	—
天平	（0～500）g	0.1 mg	—	XP205	校准	U=3.5 mg，k=2	—	1年	北京市计量检测科学研究院	梅特勒/1129101624	2020.10.8—2021.10.7	1	天平	—
微波消解仪	40位	—	—	MARS6	—	—	—	—	—	CEM/MJ2100	—	2	—	—
马弗炉	温度范围：（20～1000）℃	1℃	—	SXL-1008	校准	U=3.0℃，k=2	—	1年	北京市计量检测科学研究院	上海精宏实验设备有限公司/L-903786	2020.10.8—2021.10.7	2	—	—
电热板	温度：（40～350）℃	—	—	EH20APlus	—	—	—	—	—	北京莱博曼科技公司	—	2	—	—
食品加工机	—	—	—	符合要求即可	—	—	—	—	—	—	—	3	—	—

注：1. 食品类别序号来自《国家食品安全监督抽检实施细则（2019年版）》。
2. 控制级别根据图3-4所示进行评估。
3. 溯源数据由中国检验检疫科学研究院提供。

表3-2　食品微生物检验检测计量溯源体系架构示例

食品类别序号	食品大类（一级）	食品亚类（二级）	食品品种（三级）	食品细类（四级）	风险等级	检验项目	依据法律法规或标准	检测方法
五、2	乳及乳制品	乳粉(包括加糖乳粉)和奶油粉及其调制产品	全脂奶粉	—	较高	大肠菌群	GB 19644	GB 4789.3

标准菌株溯源性要求

名称	菌属	来源或服务商	菌株号	代数（次）	体积	保存形式	保存温度	生长条件	生物安全等级	控制级别	溯源等级图类别	备注
大肠埃希氏菌	埃希氏菌属	CICC	CICC 10389	2	1 mL	甘油	-80℃	37℃，需氧	2	1	标准菌株	—

仪器和设备溯源要求

名称	技术指标							检定周期或复校间隔	检定或校准机构	制造厂商及出厂编号	有效期	控制级别	溯源等级图类别	备注
	测量范围	感量	容量	规格	溯源方式	不确定度、准确度或最大允许误差	其他指标							
电子天平	—	0.1 g	称量范围：(0~4100) g	送校	—	准确度等级：E2等级	—	一年	×××计量检测科学研究院	METTLER/ 1225250080	—	1	质量	—
无菌吸管	1 mL（具0.01 mL刻度），10 mL（具0.1 mL刻度）	—	0.01~1.00；0.1~10.0	送校	—	最大允许误差：±(0.00008-0.06) ml	—	三年	×××计量检测科学研究院	北玻	—	1	容量：玻璃量具	—
恒温培养箱	36℃±1℃	—	温度范围：(5~65)℃	送校	—	不确定度：U=0.1℃，k=2	—	一年	×××计量检测科学研究院	memmeert/ D 813.0176	2019.8.2—2021.8.1	1	温度	—
高压灭菌锅	115℃、121℃	—	(105~135)℃	送校	—	不确定度：U=(0.010-0.024)℃，k=2	—	一年	×××计量检测科学研究院	厦门致微/ A6174001	—	2	温度	—
pH计	0~14	—	-2.00~20.00	送校	—	准确度：国际一级标准物质 U=0.005，k=3；国家二级标准物质U=0.001，k=3	—	一年	中国计量科学研究院	METTLER/ B741795896	—	2	pH酸度计	—
冰箱	(2~5)℃	—	(0~10)℃	送校	—	不确定度：U=0.1℃，k=2	—	一年	×××计量检测科学研究院		—	1	温度	—
	-80℃	—	(-86~-50)℃	送校	—	不确定度：U=0.1℃，k=2	—	一年	×××计量检测科学研究院		—	1	温度	—

注：1. 食品类别序号来自《国家食品安全监督抽检实施细则（2019年版）》。
2. 控制级别根据图3-4所示进行评估。
3. 溯源数据由中国检验检疫科学研究院提供。

表3-3 食品分子生物学检验检测计量溯源体系架构示例

食品类别序号	食品大类（一级）	食品亚类（二级）	食品品种（三级）	食品细类（四级）	风险等级	检验项目	依据法律法规或标准	检测方法
一、4	粮食加工品	其他粮食加工品	谷物碾磨加工品	玉米粉	较高	转基因玉米	GB/T 19495.5	GB/T 19495.5

标准分子DNA溯源性要求

名称	规格	测量范围	不确定度、准确度或最大允许误差	制造厂商及出厂编号	有效期	保存形式	保存温度	控制级别	溯源等级图类别	备注
含有目标转基因植物品系基因组DNA的质量标准分子DNA	GBW（E）100307	（10^2~10^{10}）copy/uL	U_{rel}=2.8%，k=2	上海市计量测试技术研究院160520	2018.4—2020.4	冻干粉	4℃	1	基因序列溯源	—

仪器和设备溯源要求

名称	技术指标：测量范围	技术指标：感量	技术指标：容量	技术指标：规格	技术指标：溯源方式	技术指标：不确定度、准确度或最大允许误差	技术指标：其他指标	检定周期或复校间隔	检定或校准机构	制造厂商及出厂编号	控制级别	溯源等级图类别	备注
实时荧光PCR仪	—	通道：4	—	—	—	—	—	—	—	—	1	—	—
离心机	—	≤3000 rpm	—	—	—	—	—	一年	中国计量科学研究院	—	1	速度	—
高压灭菌锅	—	—	—	—	—	—	—	—	—	—	2	温度	—
涡旋振荡器	—	—	—	—	—	—	—	—	—	—	3	速度	—
微量移液器	—	—	2 μL、10 μL、100 μL、200 μL、1000 μL	—	—	—	—	一年	中国计量科学研究院	—	1	容量	—
核酸蛋白分析仪	—	—	—	—	—	—	—	—	—	—	1	—	—
样品粉碎仪	—	—	—	—	—	—	—	—	—	—	2	—	—
恒温孵育器	—	—	—	—	—	—	—	—	—	—	3	温度	—

注：1. 食品类别序号来自《国家食品安全监督抽检实施细则（2019年版）》。
2. 控制级别根据图3-4所示进行评估。
3. 溯源数据由中国检验检疫科学研究院提供。

六、食品安全检验检测重要参考因素溯源等级图

从表 3-1、表 3-2 和表 3-3 可以看出，在对计量溯源重要参考因素进行评估过程中，计量溯源等级图也是一个重要的参考因素。所谓计量溯源等级图是用框图的形式表示计量溯源的技术特性，其可以清晰直观地表明计量器具或标准物质的计量特性与给定量的基准之间的关系，代表了计量溯源等级的顺序，是对溯源链的一种说明。绘制食品安全实验室标准物质和重要仪器设备的计量溯源图是一件技术性和专业性较强的工作，应由专业人员根据相关标准、作业指导书、仪器设备性能指标以及自身的专业理论、实践经验进行绘制。同时，在绘制过程中，应充分考虑溯源过程中的不确定度，并应用到实际的检验检测过程中。

食品安全检验检测涉及的理化、微生物和分子生物学检验检测中的标准物质、标准菌株、质量分子 DNA 及重要仪器设备等重要组成部分的溯源性需要绘制溯源等级图，并在溯源等级图上清晰标明标称特性值和计量溯源到上级计量标准的途径。

我国食品安全检验检测中涉及的标准物质计量溯源等级图如图 3-1 所示。

仪器设备的溯源通常由仪器使用方或服务供应商根据校准方案进行核查、校准或检定，并根据校准方案要求定期送上一级计量机构进行校准或检定，以确保检验检测结果的溯源性能通过不间断的校准链与适当参考标准相链接。上一级计量机构通常包括：中国计量科学研究院、获得相关资质或授权的校准或检定实验室（如获得中国合格评定国家认可中心认可的校准实验室、我国法定计量机构或计量行政主管部门授权的相关校准或检定实验室等）。

以下为食品安全检验检测常用仪器设备的溯源等级图示例，不同的实验室可以根据自身需求和情况进行相应的调整。

（一）质量溯源等级图示例

食品安全检验检测涉及的理化、微生物和分子生物学检验检测中质量组分计量溯源等级图示例如图 3-5 所示（以质量为例）。

（二）温度溯源等级图示例

食品安全检验检测涉及的理化、微生物和分子生物学检验检测中温度类设备计量溯源等级图示例如图 3-6 所示（以温度类器具为例）。

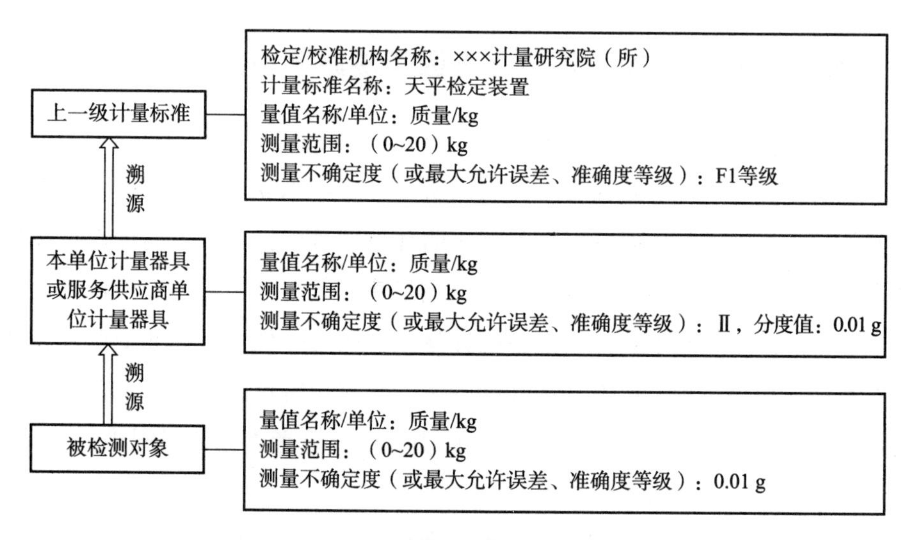

图 3-5　质量溯源等级图示例

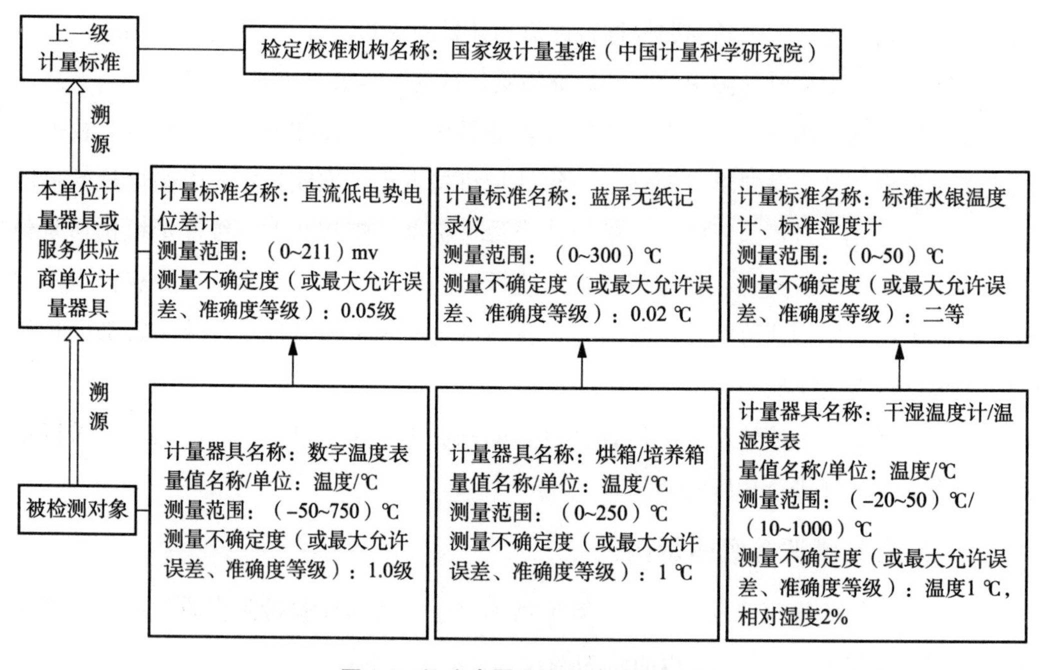

图 3-6　温度类器具溯源等级图示例

（三）容量溯源等级图示例

食品安全检验检测涉及的理化、微生物和分子生物学检验检测中容量组分计量溯源等级图示例如图 3-7、图 3-8 所示（以玻璃量具、微量移液器为例）。

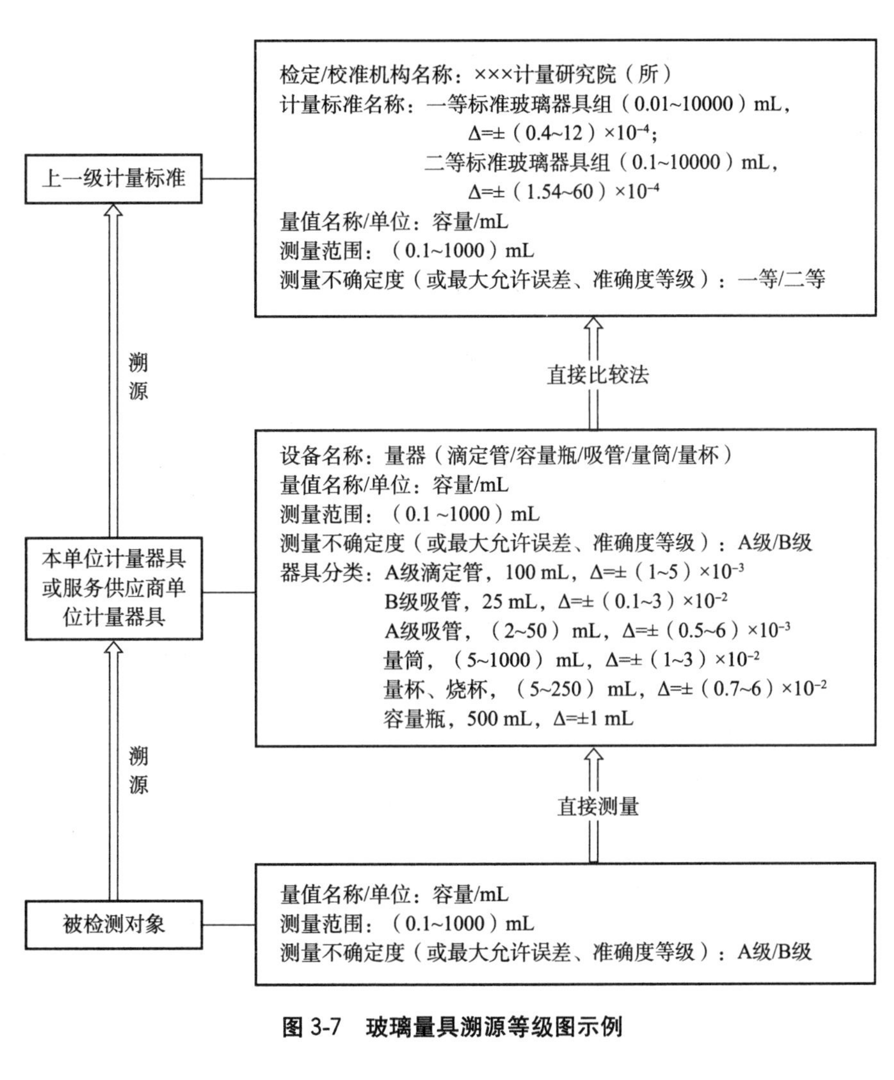

图 3-7　玻璃量具溯源等级图示例

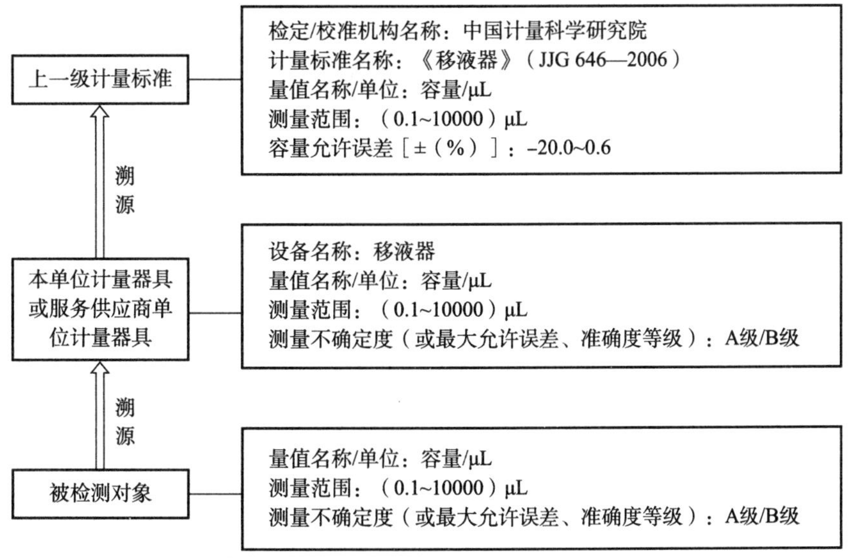

图 3-8　微量移液器溯源等级图示例

（四）色谱、质谱等仪器溯源等级图示例

食品安全检验检测涉及的理化检验检测领域中色谱、质谱等仪器溯源等级图示例如图3-9、图3-10、图3-11所示（以气相色谱仪、液相色谱仪和液相色谱－质谱联用仪为例）。

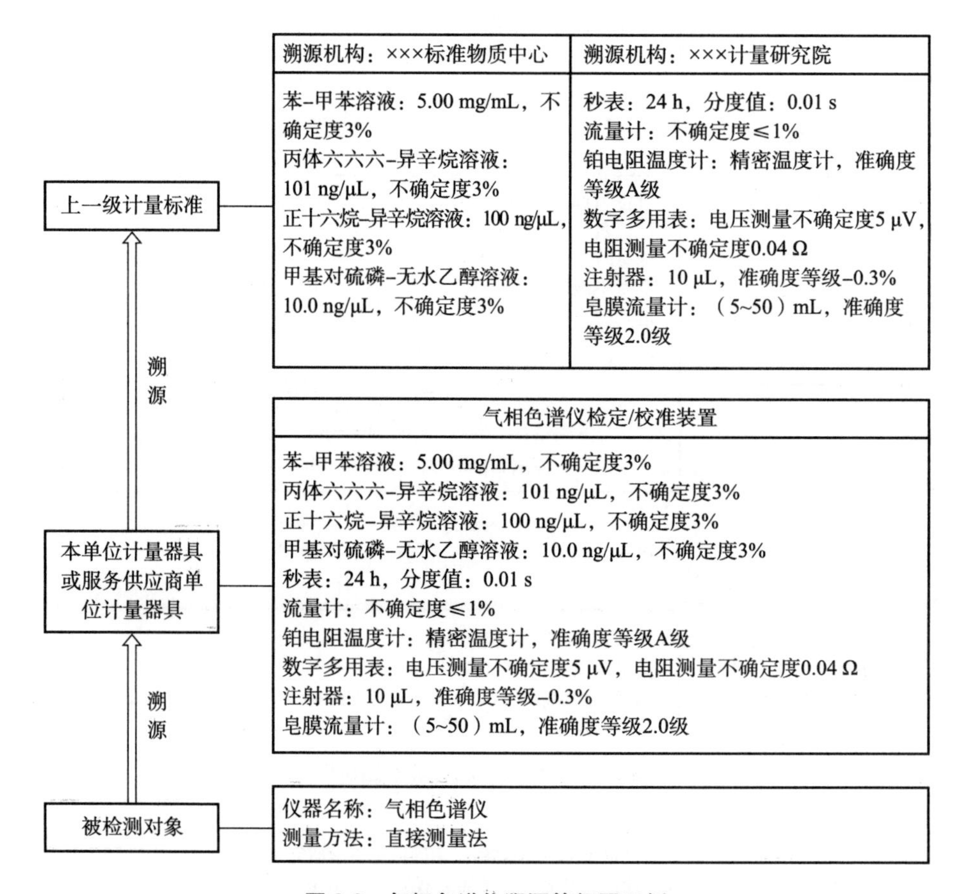

图3-9　气相色谱仪溯源等级图示例

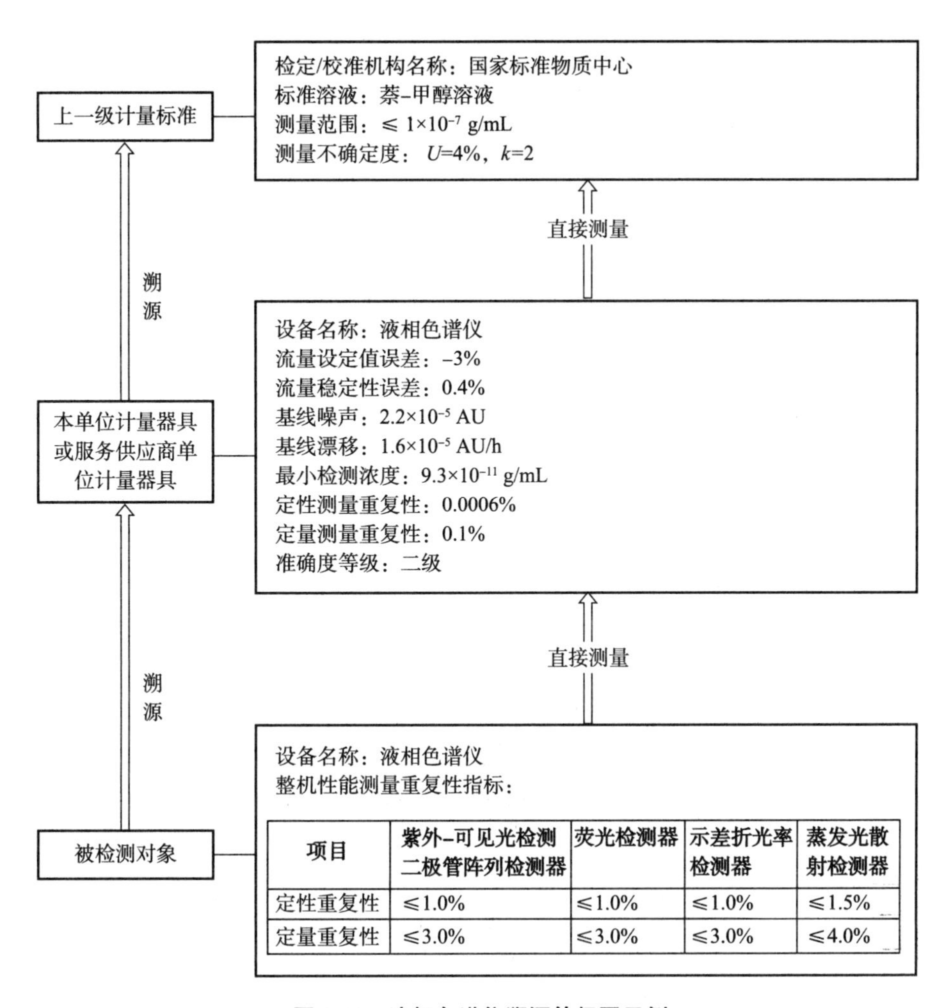

项目	紫外-可见光检测二极管阵列检测器	荧光检测器	示差折光率检测器	蒸发光散射检测器
定性重复性	≤1.0%	≤1.0%	≤1.0%	≤1.5%
定量重复性	≤3.0%	≤3.0%	≤3.0%	≤4.0%

图 3-10 液相色谱仪溯源等级图示例

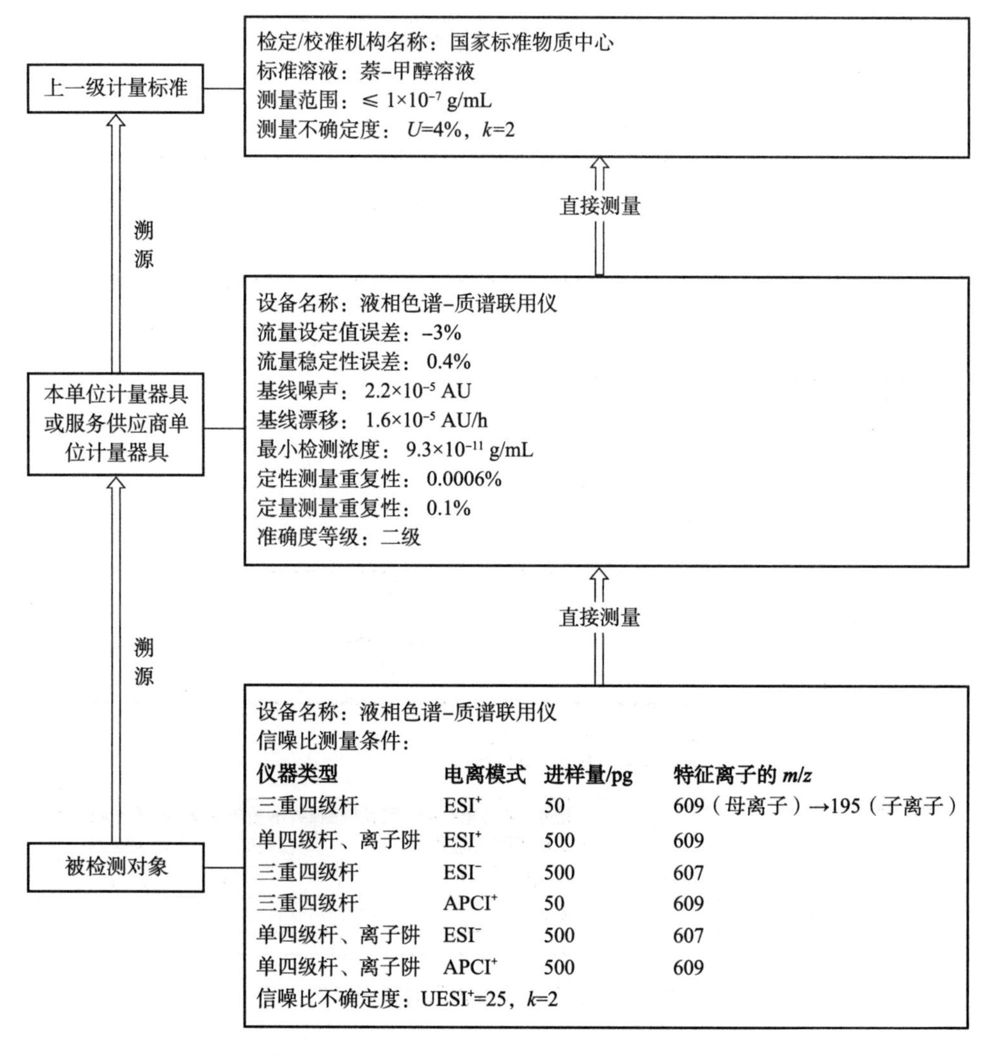

图 3-11 液相色谱－质谱联用仪溯源等级图示例

（五）分光光度计溯源等级图示例

食品安全检验检测涉及的理化检验检测领域中分光光度计溯源等级图示例如图 3-12、图 3-13 所示（以原子吸收分光光度计和紫外分光光度计为例）。

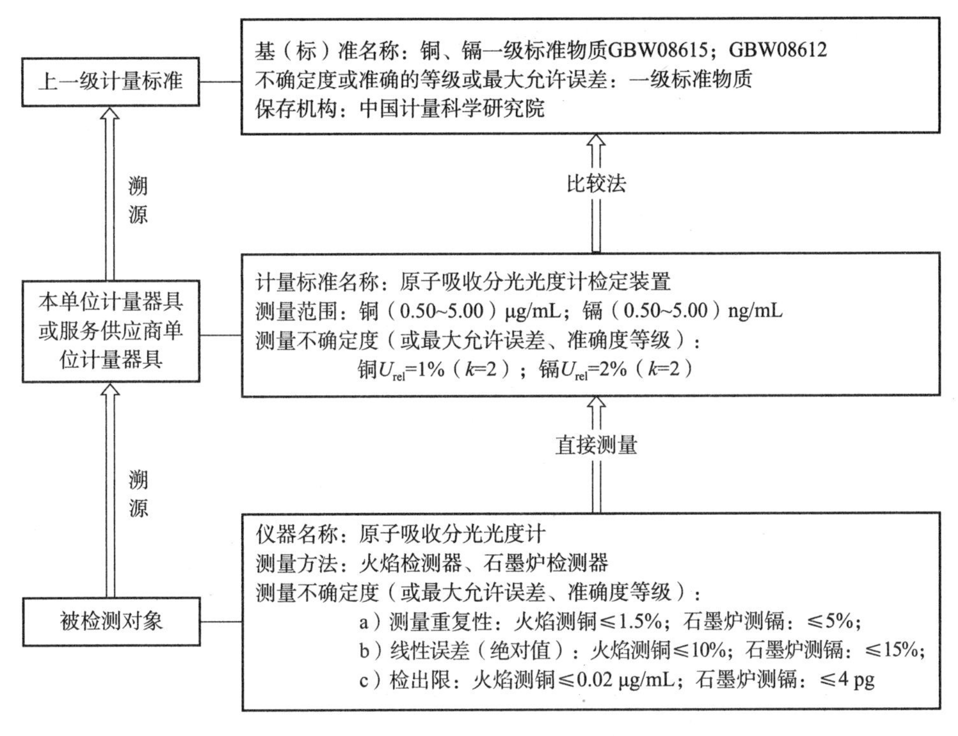

图 3-12　原子吸收分光光度计溯源等级图示例

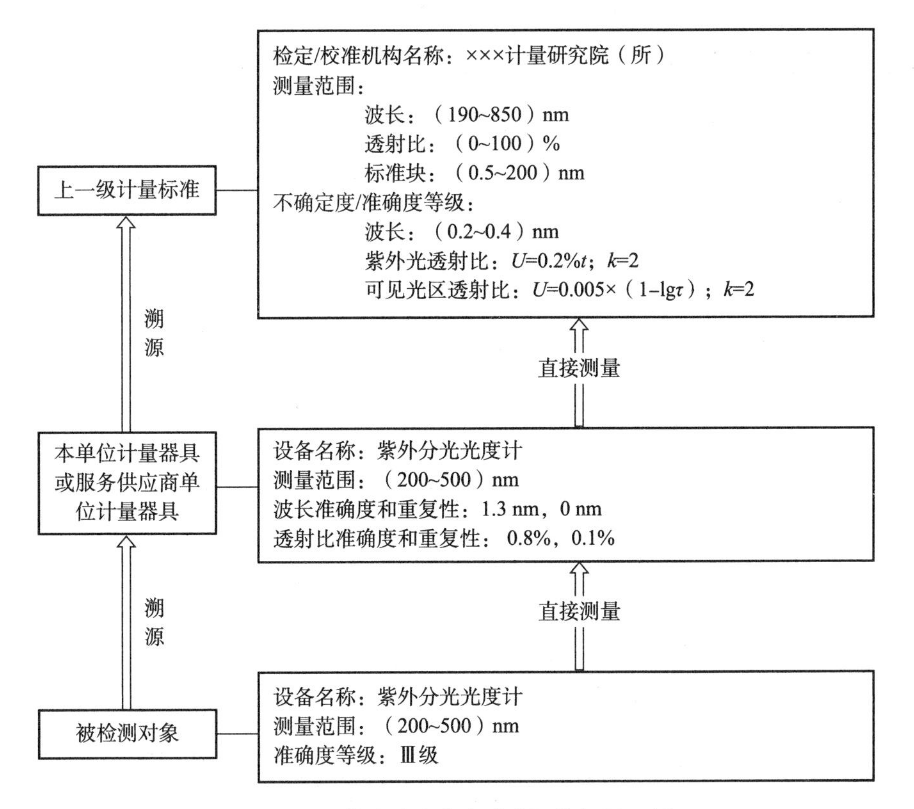

图 3-13　紫外分光光度计溯源等级图示例

（六）酶标分析仪溯源等级图示例

食品安全检验检测涉及的理化检验检测领域中酶标分析仪溯源等级图示例如图 3-14所示。

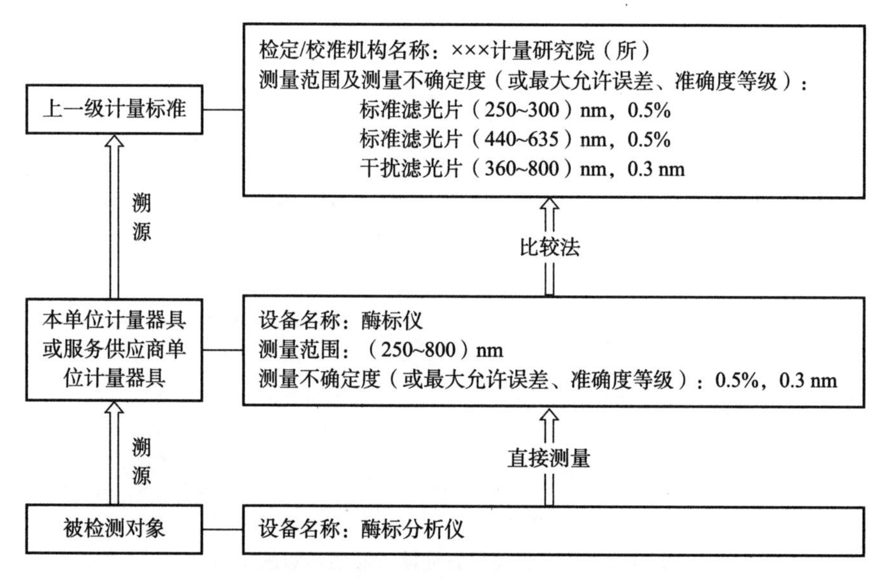

图 3-14　酶标分析仪溯源等级图示例

（七）pH 值酸度计溯源等级图示例

食品安全检验检测涉及的理化检验检测和微生物检验检测领域中 pH 值酸度计溯源等级图示例如图 3-15 所示。

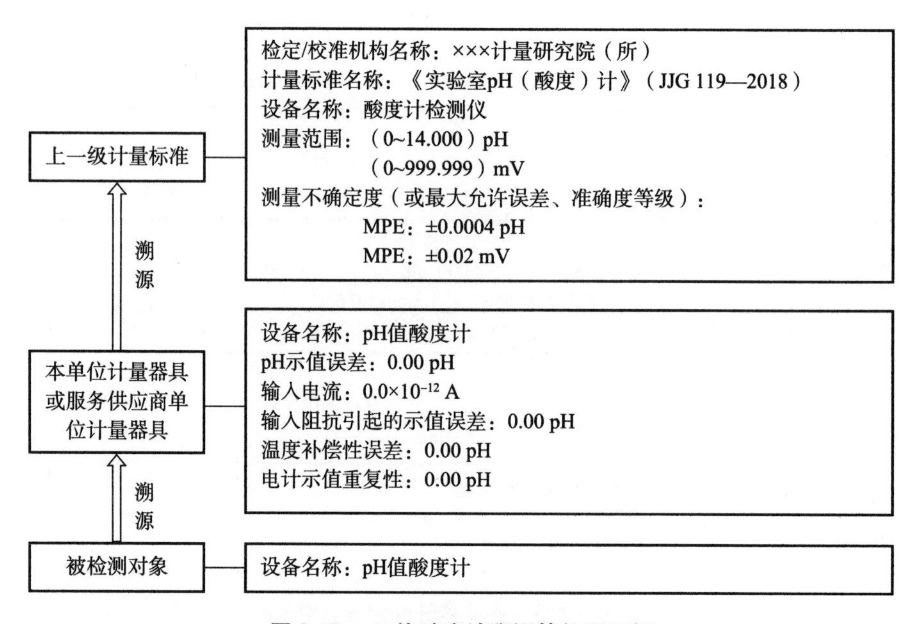

图 3-15　pH 值酸度计溯源等级图示例

（八）标准菌株溯源等级图示例

食品安全检验检测涉及的微生物检验检测领域中标准菌株溯源等级图示例如图 3-16所示。

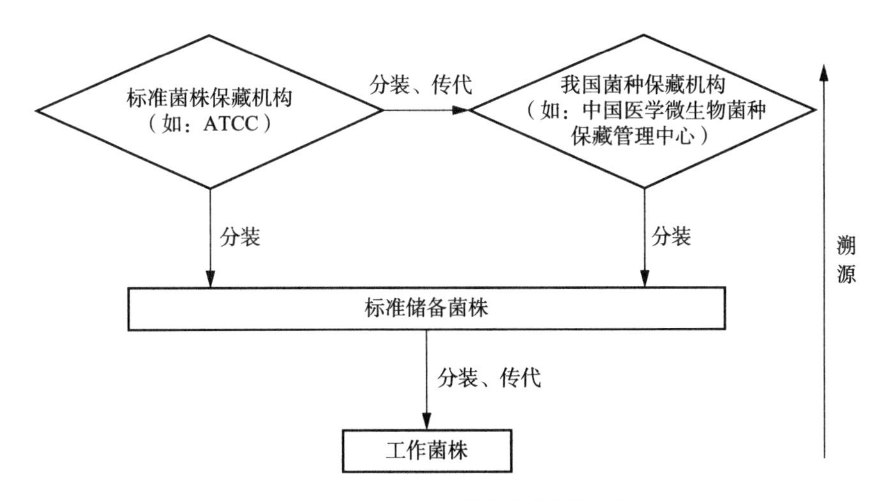

图 3-16 标准菌株溯源等级图示例

（九）分子生物学基因序列溯源等级图示例

食品安全检验检测涉及的分子生物学检测中基因序列溯源等级图示例如图 3-17所示。

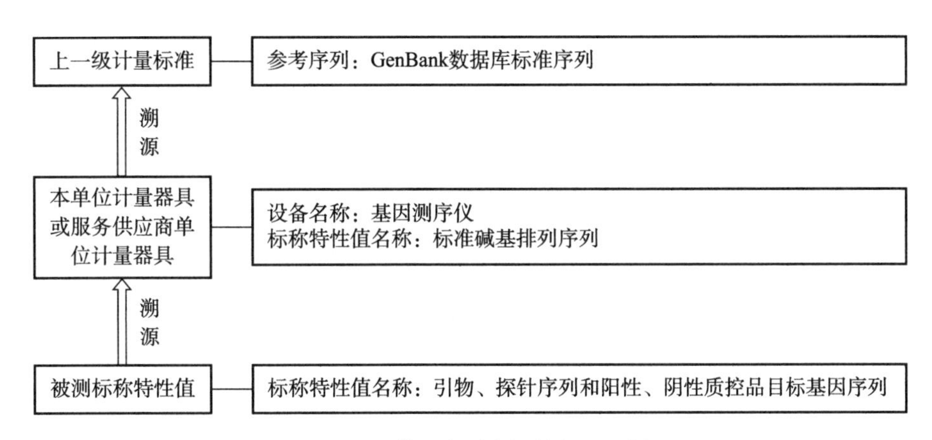

图 3-17 基因序列溯源等级图示例

（十）分子质量溯源等级图示例

食品安全检验检测涉及的分子生物学检测中分子质量溯源等级图示例如图 3-18所示。

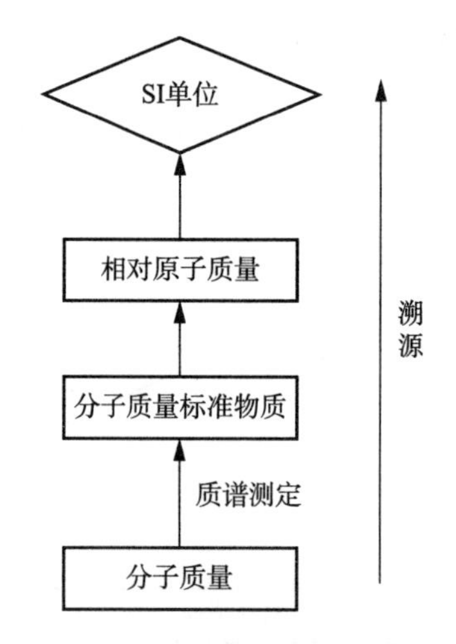

图 3-18 分子质量溯源等级图示例

第二节 食品安全综合监管中产品符合性判定通用技术指南

一、引言

在食品安全检验检测活动中，产品的符合性判定是根据食品检验检测结果判断食品产品的特定属性是否满足规定要求的活动，属于延伸检验检测结果的服务，是食品安全实验室经常从事的活动。根据食品检验检测结果和数据作出准确的符合性判定结论既体现了食品产品本身的安全状况，也是综合监管部门执法的重要依据，判定结论将会极大地影响公众对食品安全的信心。因此，食品检验检测结果符合性判定至关重要，应充分体现准确性、科学性和客观性。

本节旨在从食品安全检验检测活动依据的法律法规、标准、合同评审、检验检测结果不确定度评估等方面阐述如何系统、科学地根据检验检测结果对食品产品作出符合性判定，保证食品安全检验检测活动的客观公正。

二、范围

本节规定了食品安全综合监管中产品符合性判定的术语和定义、结果符合性判定流程、判定要求、判定规则和报告编制。

本节适用于食品安全检验检测测量结果的符合性判定。

三、规范性引用文件

下列文件对于本节的应用是必不可少的。凡是注日期的引用文件，仅注日期的版本适用于本节。凡是不注日期的引用文件，其最新版本（包括所有的修改单）适用于本节。

JJF 1001《通用计量术语及定义》

CNAS-CL01《检测和校准实验室能力认可准则》

CNAS-TRL-010《测量不确定在符合性判定中的应用》

GB/T 27418《测量不确定度评定和表示》

GB/T 27419《测量不确定度评定和表示　补充文件 1：基于蒙特卡洛方法的分布传播》

RB/T 197《检测和校准结果及与规范符合性的报告指南》

四、术语和定义

VIM、JJF 1001、GB/T 27418 和 GB/T 27419 中界定以及下列术语和定义适用于本节。为了便于使用，以下重复列出了这些文件中的某些术语和定义。

（一）规定要求（specified requirement）

明示的需求或期望。

注 1：可在诸如法规、标准和技术规范这样的规范性文件中对规范要求作出明确说明。

注 2：特定要求里的术语“期望”并非随机变量的“期望”。

注 3：在本节中，典型的特定要求表现为事物可测量属性的允许值区间的形式。

例如，工业废水样品中的溶解水银（属性）的质量浓度不高于 10 ng/L；食品店用秤在称 1 kg 的标准重量时，示值 R（属性）满足（$999.5\ g < R < 1000.5\ g$）。

（二）容许限（tolerance limit）

规定限

可测量属性允许值的规定上限和下限。

（三）容许区间（tolerance interval）

可测量属性允许值的区间。

注 1：在没有其他说明的情况下，容许限在容许区间里。

注 2：符合性判定中的术语“容许区间”和统计学中的“容许区间”含义不一样。

注 3：容许区间有时也称作规范区域。

（四）容差（tolerance）

规定容差

容许上限和下限之间差值。

（五）合格概率（conformance probability）

事物满足规定要求的概率。

（六）接受限（acceptance limit）

测得值的允许上限或下限。

（七）接受区间（acceptance interval）

测得值的允许区间。

注 1：在没有其他说明的情况下，接受限值在接受区间里。

注 2：接受区间有时也称作接受区域或合格区间。

（八）拒绝区间（rejection interval）

测得值的不允许区间。

注：拒绝区间有时也称作拒绝区域或不合格区间。

（九）保护带（guard band）

容许限和接受限之间的区间。

（十）判定规则（decision rule）

当声明测量结果与规定要求的符合性时，描述如何考虑测量不确定度的规则。

五、符合性判定要求

（一）判定原则或依据

a）无论是委托检验检测还是监督抽查检验检测，当需要对检验检测结果进行判定时，委托书或抽样单中应明确判定依据等相关信息。在合同评审中，除了要对委托书、样品基本信息和封样包装进行核对外，还应着重检查委托书或抽样单中检测方法和判定依据的有效性。

例如：某单位委托检测机构对猪肉产品 A 中的磺胺类药物残留、克伦特罗、土霉素这几个指标进行检测并判定。此时，检测机构应收到随样品一起的材料（包括猪肉产品 A 的食品标签和检测委托书等）。通常，检测委托书中应明确或指定现行有效的检测方法和判定规则，检测方法包括：GB/T 21316—2007《动物源性食品中磺胺类药物残留量的测定　液相色谱-质谱/质谱法》、GB/T 22286—2008《动物源性食品中多种β-受体激动剂残留量的测定　液相色谱串联质谱法》和 GB/T 21317—2007《动物源性食品中四环素类兽药残留量检测方法　液相色谱-质谱/质谱法与高效液相色谱法》等，判定依据包括：《食品中可能违法添加的非食用物质和易滥用的食品添加剂名单（第四批）》（整顿办函〔2010〕50 号）和中华人民共和国农业部公告第 235 号（发布日期：2002 年 12 月 24 日）等。

检测机构收到上述信息时，应主动核对委托书中检测方法和判定依据是否有效以及判定依据是否覆盖全部检测指标，核对食品标签、企业标准、委托书中检测方法、判定依据等关键信息的一致性。当发现不一致时，要及时与相关方沟通并协调解决。

b）食品安全检验检测活动中，产品的符合性判定应充分考虑和评估与所用判定规则相关的风险水平（如错误接受、错误拒绝以及统计假设等），将所使用的判定规则形成文件并予以应用。判定规则文件的依据通常来自于合同规定、法律法规、判定标准或标签、测量结果的不确定度等。当合同或标签要求与法律法规冲突或偏离时，应以法律法规要求为准，并及时与委托单位协调。食品检验检测结果判定的流程如图 3-19 所示。

（二）合同评审

对于食品安全检验检测工作来说，通常分为委托检验检测和监督抽查检验检测，两者对应的合同评审对象则分别为委托单和抽样单。因此，合同评审的内容包括委托单审查和抽样单审查。

1. 委托单审查

委托单审查中需要重点注意的是委托方提出的检验检测要求，即检测项目和检测方法。确认检测项目时，首先要了解委托方的检测目的，根据实验室的实际检测能力和检测资质，评估是否能够满足委托方的要求。同时，还要保证检测方法的有效性和适用性。委托检测一般有个人委托、企业委托、政府委托及仲裁检验检测。委托检验检测仅对本次来样及所检项目的检验检测结果负责。仲裁检验检测除了要对委托单进行认真评审，还要对样品进行审查，样品应该是在争议双方及第三方的见证下共同抽取的具有代表性的样品。审查结束后，还需要确认是否需要对检验检测结果进行判定。如需要进行判定，那么判定所依据的相关文件或资料也要进行核实。

2. 抽样单审查

监督抽查检验检测一般都是根据任务来源的文件要求开展抽样工作，文件对检测项目和检测方法做了规定。因此，对抽样单的审查主要包括样品名称、生产日期、保质期、抽样日期、被抽检单位信息、生产单位信息、抽样人和被抽样人的签字及单位盖章、抽样单上的信息是否和样品相符，同时要审查样品标签和样品相关的企业标准是否和抽样单在一起。另外，样品标签和企业标准是对检验检测结果判定的重要依据。

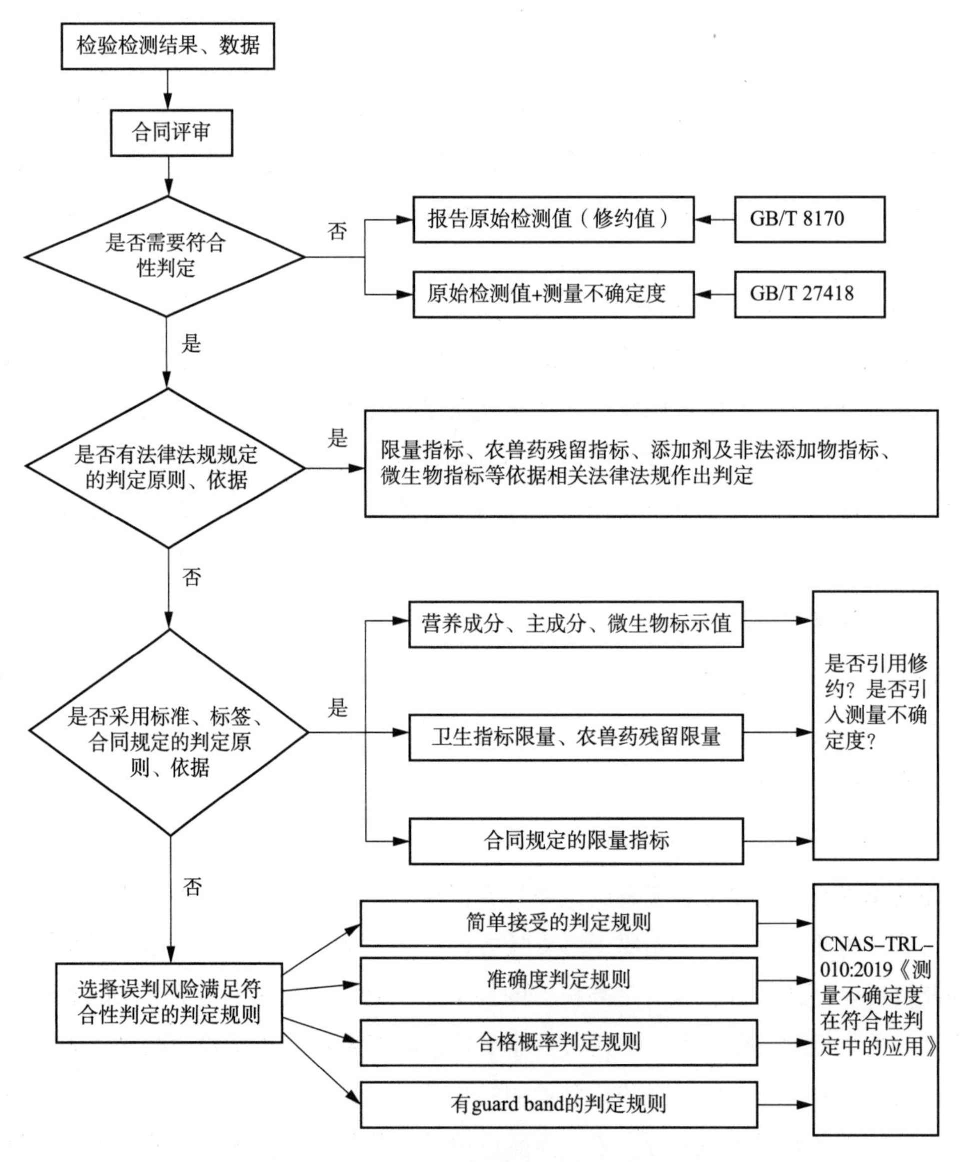

图 3-19　食品安全检验检测符合性判定流程

（三）检验检测对象

对于食品安全检验检测工作来说，其检验检测对象为委托检验检测和监督抽查检验检测的食品样品。从符合性判定角度来看，检测对象应具有可测量的属性，且测量结果应满足如下条件。

a）可用单一的标量表示，如：g/mL、CFU、g/mol、copies/uL 等；

b）容许区间由一个或两个容许限值确定；

c）表述方式与 GUM 规定的原则一致，其值的信息可以通过概率密度函数、概率分布函数、两种函数的数值近似或带有包含区间和相应包含概率的被测量估计值等表述。

（四）被测量（参数/项目）

被测量的准确表述应包括以下内容：

a）待测的特定量，如食品营养物质的浓度或质量分数。

b）待分析的参数或项目，如食品中“铅”的测定。

c）必要时，应标注该检测对象所在部位的附加信息，如样品“猪前腿肉”。

d）必要时，报告结果量值的计算依据。例如，被测量可能是在某规定条件下萃取的量，或某个质量分数是以干重计或检测对象某些特定部分（如食物中不能食用的成分）被去除后得出的。

应明确过程中是否包括抽样，即检测对象是委托检验检测还是监督抽查检验检测，如被测量是否只与被送到实验室的检测样品相关，或与抽取该样品的整批材料有关。很显然这两种情况下测量不确定度是有差别的。如果检验检测结论是对抽取该样品的整批材料作出的，则一级抽样的影响变得很重要，其相关不确定度经常远大于实验室样品检测的不确定度。如果抽样是获取测试结果的检测程序中的一部分，需要考虑与抽样过程相关的不确定度评估。

（五）容许限和容许区间

被测量的符合性判定要求通常由限值组成，此限值称为容许限，它将被测量的允许值区间和不允许值区间分隔开。允许值区间也叫容许区间，分为两类：

a）含一个容许上限（T_{U}）或一个容许下限（T_{L}）的单侧容许区间；

b）同时含有容许上限和容许下限的双侧容许区间。

在以上任意情况中，当被测量的真值位于容许区间中则称该检测对象符合规定要求，反之则不符合要求，上面三种容许区间如图 3-20 所示。

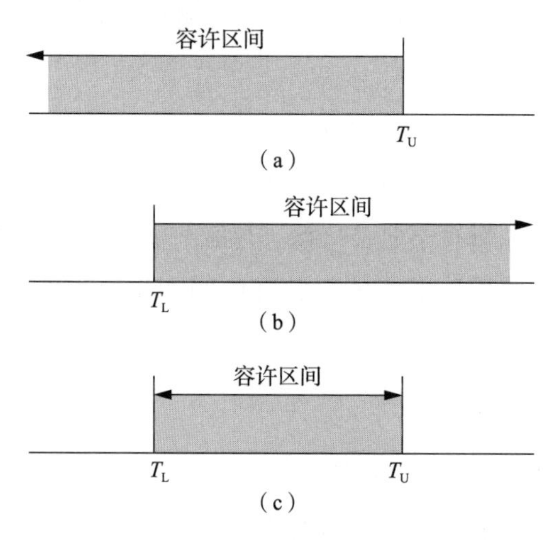

图 3-20　容许区间分类

注 1：(a) 为含单一容许上限 T_U 的单侧区间。

注 2：(b) 为含单一容许下限 T_L 的单侧区间。

注 3：(c) 为同时含有容许上限 T_U 和容许下限 T_L 的双侧区间，差值 T_U-T_L 称为容差。

由于某些客观或理论原因，单侧容许区间通常具有隐含的附加限值，这些限值并未明确规定。这样的容许区间实际上是双侧的，其包含一个规定的限值和一个隐含的限值。

例如：

a) 明确的容许上限和隐含的容许下限。

某食品限量标准 GB 18394—2020《畜禽肉水分限量》要求猪肉的水分含量 X 不高于 76.0 g/100 g，这是一个明确的容许上限，但由于水分含量不可能低于 0，因此有一个隐含的容许下限 0 g/100 g。因此，遵守该标准要求的猪肉水分含量应为 0 g/100 g$\leqslant X \leqslant$76.0 g/100 g。

b) 明确的容许下限和隐含的容许上限。

规定食品防腐剂粉末状苯甲酸钠的纯度 P 不低于 99%（以干基的质量百分含量计），这是一个明确的容许下限，但实际上纯度不可能高于 100%，这是隐含的容许上限。因此，合格的苯甲酸钠样本的纯度应为 99%$\leqslant P \leqslant$100%。

（六）数据修约

检测数据应按照 GB/T 8170—2008《数值修约规则与极限数值的表示和判定》的要求进行数据修约。检测数据最后的保留位数在相应的检测方法中有具体要求时，应以检测方法规定为准。

如果在检测中出现检测原始结果合格，但数据经修约后超标的现象，应以修约后的数据为准。

六、符合性判定规则

如果无法利用标准、标签、合同规定的判定原则和依据进行符合性判定，实验室应在合同评审时选择合适的判定规则并征得客户同意。需要注意的是，没有一种判定规则适用于所有的符合性判定活动，选择判定规则时应综合考虑被测属性的特点、所用的标准或技术规范要求、测量结果、双方风险等多方面因素，并达成客户可以接受的限值和区间，即接受限和接受区间。

以图 3-20 所示单侧容许上限（T_U）区间为例（单侧容许下限区间和双侧容许区间与之类似），当需要进行符合性判定时，直接将测量结果与容许区间相比较进行判定，会有如图 3-21 所示 5 种情况。

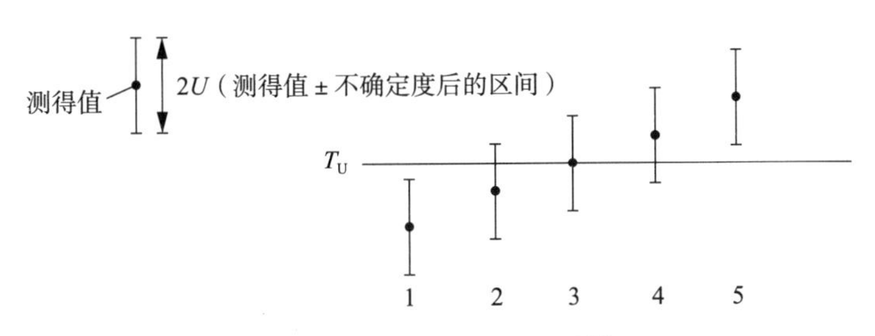

图 3-21　符合性判定的 5 种情况

从图 3-21 可以看出，1 和 5 两种情况是可以直接判断为合格或者不合格，而 2、3、4 等三种情况，在考虑测量不确定度的情况下，不能直接判断是否合格（详见 RB/T 197），需要选择合理的判定规则。判定规则规定了如何考虑测量不确定度，并由此确定可接受的测得值的区间，即接受区间。接受区间的上限（A_U）和/或下限（A_L）就是接受限。只要测得值出现在接受区间内，均可判定为合格。

在食品安全检验检测领域，通常采用的判定规则有以下三种，利用不同判定规则进行符合性判定的示例和计算方法见附录 1。

（一）简单接受（风险共担）判定规则

简单接受（风险共担）判定规则是一种主要且应用广泛的判定规则。这种判定规则不考虑测量不确定度的影响，被测属性的测得值落在容许区间时判定为合格，由实验室和客户共同承担误判的风险。

在实际应用时，简单接受（风险共担）判定规则中测量方法的不确定度通常是可以接受的，而且其不确定度在必要的时候是可以评定的。

简单接受（风险共担）判定规则的适用情况：

a）依据的标准或规范中没有明确要求符合性判定时，考虑测量不确定度的影响；

b）客户和实验室之间有协议声明符合性判定时，不需要考虑测量不确定度的影响；

c）双侧容许区间情况下，测量不确定度与容差（$T_U - T_L$）的一半之比小于或等于1∶3；

d）适用于“准确度法”判定规则。

“准确度法”判定规则是通过严格控制测量时的人员、设备、环境、程序等影响测量不确定度的因素，将不确定度的变化控制在可以接受的小范围内，在符合性判定时可忽略测量不确定度的影响。

“准确度法”要求实验室使用先进的测量设备和完善的检测方法，并通过如下方式控制测量不确定度影响因素的变化：

a）测量仪器的最大允许误差在规定限值内；

b）环境条件变化在规定限值内；

c）文件化的测试流程；

d）有技术资质的人员。

如果能满足以上要求，则符合性判定时可以不考虑测量不确定度的影响。

（二）单侧容许区间正态概率密度函数的合格概率判定规则

被测量 Y 的真值落在容许区间内时，可判为符合规定要求。Y 的信息是通过概率密度函数 $g(h \mid h_m)$ 表达的，因此符合性声明是一定概率正确的推断。对于食品理化检验检测领域来说，当被测量 Y 是正态分布时，符合性判定多为单侧容许区间。

1. 含单一容许下限的单侧容许区间

单一容许下限 T_L 的单侧容许区间正态概率密度函数如图3-22所示。被测量 Y 的合格取值落在 $\eta \geqslant T_L$ 的区间内。测量后，Y 的信息通过测得值和标准不确定度共同确定的正态概率密度函数进行描述。容许区间和概率密度函数（PDF）同时表示在图3-22上。测得值 y 落在容许区间内。左侧的阴影部分表示不合格的概率。

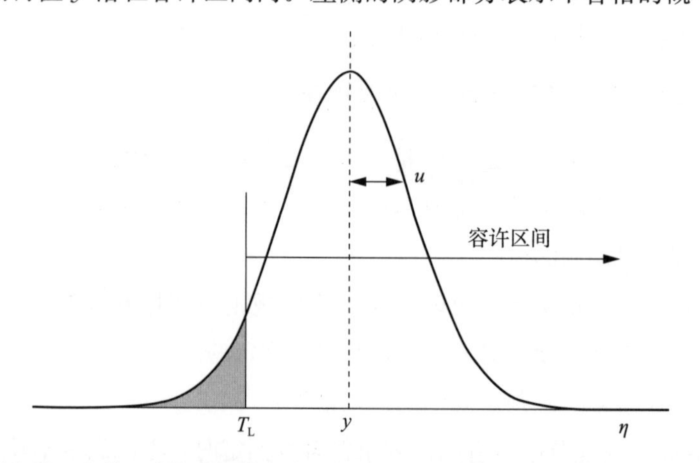

图3-22 含单一容许下限的容许区间（Y 的合格取值落在区间 $\eta \geqslant T_L$ 内）

单一容许下限 T_L 的单侧容许区间合格概率可通过公式（3-1）计算，其中 $\Phi(\infty)=1$（详见 CNAS-TRL-010：2019《测量不确定在符合性判定中的应用》）。

$$p_c=\Phi(\infty)-\Phi\left(\frac{T_L-y}{u}\right)=1-\Phi\left(\frac{T_L-y}{u}\right) \tag{3-1}$$

由于 $\Phi(t)+\Phi(-t)=1$，因此公式（3-1）也可表示为公式（3-2）：

$$p_c=\Phi\left(\frac{y-T_L}{u}\right) \tag{3-2}$$

2. 含单一容许上限的单侧容许区间

单一容许上限 T_U 的单侧容许区间正态概率密度函数如图 3-23 所示。被测量 Y 的合格取值落在 $\eta \leqslant T_U$ 的区间内。在这种情况下，T_U 右侧的阴影部分表示不合格的概率。

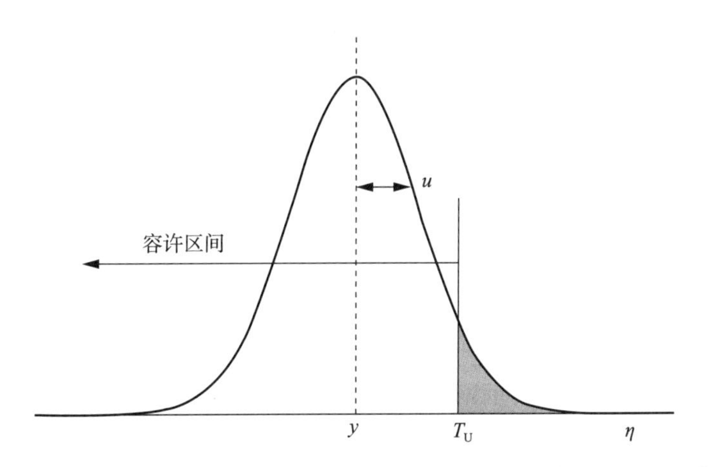

图 3-23　含单一容许上限的容许区间（Y 的合格取值落在区间 $\eta \leqslant T_U$ 内）

单一容许下限 T_L 的单侧容许区间合格概率可通过公式（3-3）进行计算，其中 $\Phi(-\infty)=0$（详见 CNAS-TRL-010：2019《测量不确定在符合性判定中的应用》）。

$$p_c=\Phi\left(\frac{T_U-y}{u}\right)-\Phi(-\infty)=\Phi\left(\frac{T_U-y}{u}\right) \tag{3-3}$$

3. 单侧容许区间的计算方法

公式（3-2）和公式（3-3）可以用相同的形式表示，即公式（3-4）。

$$p_c=\Phi(z) \tag{3-4}$$

其中，单下限情况 $z=\frac{y-T_L}{u}$，单上限情况 $z=\frac{T_U-y}{u}$。

两种情况中，p_c 在测得值 y 处于容许区间（$z \geqslant 0$）时大于或等于 1/2，反之则小于 1/2。表 3-4 是合格概率 p_c 的几种取值下 z 的值。

表 3-4 带有单侧容许区间的正态概率密度函数的合格概率 p_c 和不合格概率 $\overline{p_c}$

p_c	$\overline{p_c}$	Z
0.80	0.20	0.84
0.90	0.10	1.28
0.95	0.05	1.64
0.99	0.01	2.33
0.999	0.001	3.09
注：其他 p_c与 z 的对应关系可查询标准正态分布表（见附录 1）。		

（三）有保护带（Guard band）的判定规则

与简单接受（风险共担）判定规则的风险共担不同，有保护带的判定规则带有明显的风险偏好。有保护带的判定规则是根据出现误判后果的严重程度，在容许区间的基础上设置保护带来确定接受区间，减小其中一方的误判风险。需要注意的是，风险是不能消除的，当减少其中一方的误判风险时，会大大增加另一方的误判风险。

具体而言，有保护带的判定规则又分为有保护带的接受和有保护带的拒绝。

1. 有保护带的接受

通过在容许区间里设置接受限 A_U，可以降低无效合格的风险（即消费者风险）。如图 3-24 所示，由 T_U 和 A_U 确定的区间叫作保护带，A_U 确定的区间为接受区间（也称为合格区间），落在接受区间内的测得值均判为合格。有保护带的接受也叫可靠接受、严格接受或积极符合接受。

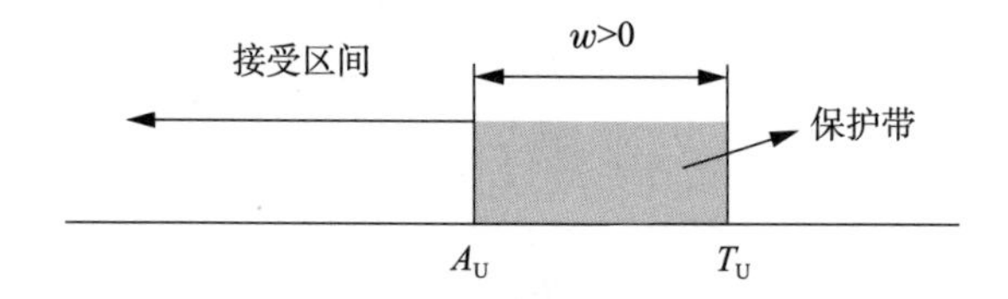

图 3-24 单侧容许区间有保护带接受的判定规则

接受上限 A_U 位于容许上限 T_U 之内，确定了接受区间，降低了无效合格的概率。保护带的长度参数 w 由容许限值和对应的接受限值之间的差值确定，即 $w=T_U-A_U>0$。

在实际应用中，长度参数 w 一般取扩展不确定度（包含因子 $k=2$，$U=2u$）的倍数，见公式（3-5）：

$$w=rU \tag{3-5}$$

通常情况下，$w=U$、$r=1$，此时有效合格概率至少为 95%，这种保护带也叫 U_{95} 保护带。

对于双侧容许区间，接受上限和下限是对应的容许限值分别偏移一个保护带（长度参数 $w=U$），如图 3-25 所示。A_L和 A_U确定的区间为接受区间。

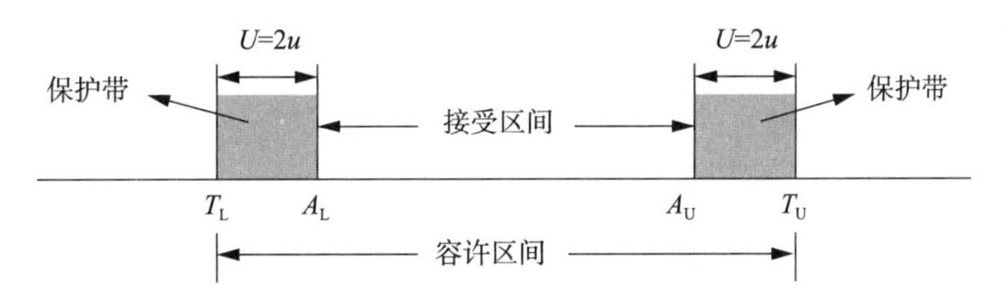

图 3-25 通过将容许区间的两侧各缩小一个扩展不确定度 U 的长度（保护带）确定的双侧接受区间

2. 有保护带的拒绝

通过在容许区间之外设置接受限 A_U，可以降低无效不合格的概率（即生产商风险），如图 3-26 所示。当需要获得超过限值的确凿证据时，一般使用这种有保护带拒绝的判定规则。有保护带的拒绝也叫可靠拒绝、严格拒绝、积极不符合拒绝。

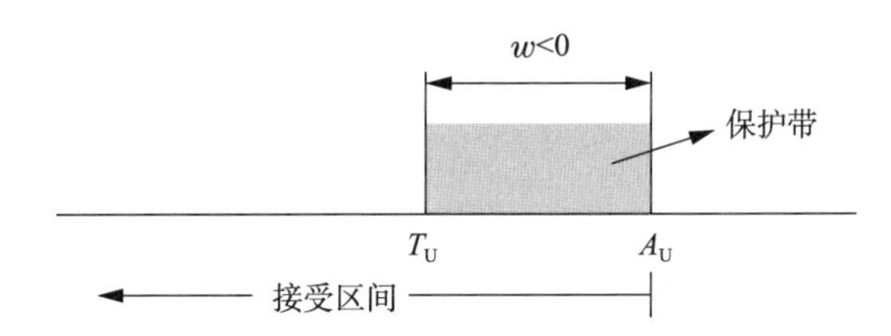

图 3-26 单侧容许区间有保护带拒绝的判定规则

在容许上限 T_U 之外的接受上限 A_U 确定了接受区间，该种判定规则降低了无效不合格的概率。长度参数 $w=T_U-A_U<0$。

双侧容许区间有保护带的拒绝情况与之类似，对于双侧容许区间，接受上限和下限是对应的容许限值分别偏移一个保护带（长度参数 $w=U$），如图 3-27 所示。A_L 和 A_U 确定的区间为接受区间。

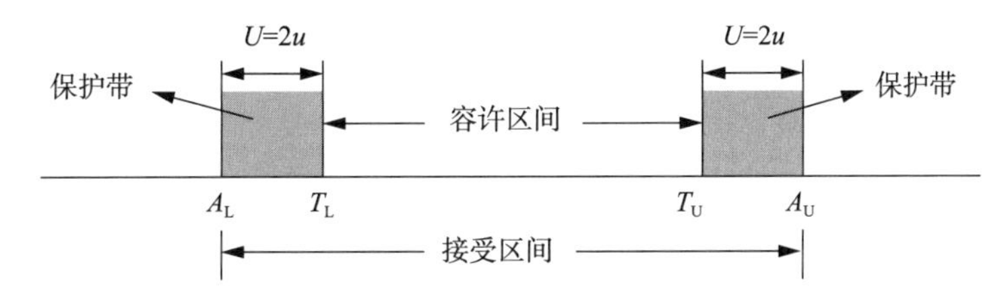

图 3-27 通过将容许区间的两侧各扩大一个扩展不确定度 U 的长度（保护带）确定的双侧接受区间

当长度参数 $w=U$ 时，有效不合格的概率至少为 95%。

事实上，采用 U_{95}保护带降低一方误判风险的同时，会显著增加另一方的误判风险，因此在实际应用中，可根据 CNAS-TRL-010：2019 计算合格概率，确定合理的保护带长度，也可根据历史测量数据、法律法规要求、双方协商结果等因素确定保护带长度。

七、报告编制与审核

（一）委托检验检测

依据标准对产品进行全项检测时，检测结论可描述为：

a）依据××标准检验，所检项目符合××标准要求，该样品合格；

b）依据××标准检验，××项目不符合××标准要求，该样品不合格。

只对产品的部分项目检验时，检测结论可描述为：

a）依据××标准检验，所检项目符合××标准要求；

b）依据××标准检验，该样品所检××项目不符合××标准要求。

（二）监督抽查检验检测

政府管理部门下达的监督抽查类检验检测结论，应按照其下发的监督抽查文件的有关规定对结果进行准确评价和描述。

第四章

不同产品监督检验在线质量控制评价技术指南及应用案例

食品安全监督抽检是市场监管部门按照法定程序和食品安全标准等规定，以排查风险为目的，对食品组织的抽样、检验、复检、处理等活动。本章重点列举了部分食品在食品监督检验过程中，针对“人、机、料、法、环”等关键环节，按照“抽样、储运、制备、检测到报告出具”检测全过程，在实验室监督检验在线质量控制模型中识别筛选出影响检测准确性和可追溯性的关键因素，形成食品安全实验室监督检验在线质量控制关键指标评价技术指南。

第一节　食用油、油脂及其制品监督检验在线质控评价技术指南及应用案例

食用植物油、油脂及其制品是人们日常饮食的重要组成部分，也是人体所需营养物质的重要来源之一。我国是食用植物油、油脂及其制品的消费大国，近年来频发的地沟油、掺杂掺假、黄曲霉毒素超标等事件引发人们广泛关注，食用植物油的安全性一直是消费者和政府非常关心的问题。为了保障老百姓“舌尖上的安全”，政府通过食品安全监督抽检，发现问题，防控风险，多措并举确保食品质量安全。但是，如何有效地进行食品安全监督抽检，确保程序规范、结果准确，成为日常检测过程中需要思考的问题。本节以食用植物油、油脂及其制品为例，系统阐述了抽检过程中的关键控制点，旨在规范抽检流程、实现全流程质量控制，对保障食用植物油、油脂及其制品的结果公正和质量安全具有重要意义。

一、食用油、油脂及其制品监督检验在线质控评价技术指南

（一）样品抽取

1. 人员要求

抽样工作是食品检验工作的第一环节。抽样人员应熟悉《中华人民共和国食品安全法》《食品抽样检验管理办法》等法律法规，熟练操作国家市场监督管理总局抽样录入系统，熟悉《国家食品安全监督抽检实施细则》。抽样人员需具备并掌握食用油、油脂及其制品的扦样操作，按照GB/T 5524—2008《动植物油脂　扦样》的要求，经培

训考核合格后上岗。

在抽样工作开展之前，应制定详细周密的抽样方案，明确抽样的类别、数量、检验项目、抽样方法等要求。抽样人员应准确、清晰填写抽样单，并且对抽样各个流程进行拍照，包括样品照片、抽样过程照片、封样照片、抽样地点等。照片应清晰，信息采集完整。对于食用油、油脂及其制品，抽样时如果需要从大包装样品中扦取样品，应记录完整的扦取过程，必要时可拍摄录像。抽样人员还应掌握《国家食品安全监督抽检实施细则》中对食用油、油脂及其制品的分类（食用植物油、食用动物油脂、食用油脂制品）。

2. 设备仪器要求

（1）技术参数及配置要求

a）抽样基本设备：电脑、打印机、国抽 UK 等。

b）扦取样品需要的设备（如需要时）：

简易配重扦样罐；盛放扦样瓶的配重笼；带底的扦样筒；底部扦样器；扦样管或扦样铲；辅助器：测水标尺、测液尺、贴标机、粘贴机、打机及密封仪、温度计、尺和测量器。

（2）设备状态及要求

a）定期查验设备状态，是否保持良好的工作状态。

b）扦样工具要求：

扦样装置、辅助器具和样品容器应选用对被扦油脂具有化学惰性的材料制作，而且它们应不催化油脂化学反应。扦样装置最合适的材料是不锈钢。当油脂的酸性很低时也可选用铝材，但不适用于储存样品。在常温下可以选用能够满足接触食品要求的聚乙烯对苯二甲酸酯（PET），不应采用铜和铜合金以及任何有毒材料。在任何情况下都不得在盛放油脂的罐内使用玻璃仪器。使用前扦样工具应预先清洗和干燥，避免样品污染。

c）取样容器要求：

样品容器应密闭性能良好，清洁无虫，不漏，不污染。常用的容器有样品筒、样品袋、样品瓶（磨口的广口瓶）等。

3. 设施环境要求

抽样后，应采取有效手段，将样品放在避光处，或者采用深色包装袋对食用油、油脂及其制品进行遮光处理，防止光照对油脂的氧化作用。抽样人员可对外包装进行拍照，或对储存位置进行拍照记录，并且对存放温度进行监控，保证在样品标识的温度范围内。

4. 过程要求

(1) 抽样量的要求

玉米油、花生油抽样时，小包装产品［净含量<25 L(kg)］，从同一批次样品堆的不同部位抽取适当数量的样品，抽样数量不少于 3 L(kg)，且不少于 6 个独立包装。大包装产品［净含量≥25 L(kg)］，从同一批次样品堆抽取 3 个完整包装样品混合均匀后，扦取不少于 3 L(kg) 样品，盛装于清洁干燥的样品容器内。其他食用植物油、油脂及其制品抽样时，小包装产品［净含量<25 L(kg)］，从同一批次样品堆的不同部位抽取适当数量的样品，抽样数量不少于 3 L(kg)，且不少于 2 个独立包装。大包装产品［净含量≥25 L(kg)］，从同一批次样品堆抽取 2 个完整包装样品后，扦取不少于 3 L(kg)样品，盛装于清洁干燥的样品容器内混合均匀。样品抽取后一半为检验样品，一半为复检备份样品。在日常抽检过程中，不合格样品存在检验样品量或备份样品量不满足要求的情况，直接导致食品生产经营者合法的复检要求得不到满足，易引起争议。这将对监管部门和抽样检验机构带来负面影响。

(2) 扦取样品的要求 (如需要时)

a) 扦样工具。抽样人员在抽取食用植物油时，根据样品的状态和包装规格，选用不同的扦样方法。如包装固体油脂、半液态油脂、液态油脂，均需采用不同的扦样工具，并在使用前预先清洗和干燥。

b) 扦样人员。扦样人员应洗净双手或戴手套来完成全部扦样工作。整个扦样过程要避免样品、被扦样油脂、扦样仪器和扦样容器受到外来雨水、灰尘等污染。扦样器排空前，应去除其外表面的所有杂物。当需要加热才能扦样时，要特别注意防止油脂过热。扦样后，应在容器上进行标识，并确保样品在传递过程中不会对测试结果造成影响、不会混淆和误用。

(3) 记录的要求

详细记录采样位置、采样点、采样方式、采样工具等，应包含足够的信息，保证正确填写，并按照相关规定进行保存。抽样人员需保留抽样时的照片或视频记录，对重点环节留有证据。

(二) 样品储运

样品运输过程中应采用防摔、减震的包装方式，保证样品不被污染、破坏。同时在运输过程中，要避免阳光直射，可采用深色包装袋对食用油、油脂及其制品进行遮光处理，防止光照对油脂的氧化作用。抽样人员可对外包装及储存位置进行拍照记录，并且对储运过程的温度进行监控，保证在样品标识的温度范围内。

（三）样品接收

1. 人员要求

样品接收人员应熟悉《食品抽样检验管理办法》、国抽细则以及 GB 2716—2018《食品安全国家标准　植物油》、GB 2760—2014《食品安全国家标准　食品添加剂使用标准》、GB 2761—2017《食品安全国家标准　食品中真菌毒素限量》、GB 2762—2022《食品安全国家标准　食品中污染物限量》、GB 10146—2015《食品安全国家标准　食用动物油脂》、GB 15196—2015《食品安全国家标准　食用油脂制品》等文件和标准要求，并经过考核授权上岗。

2. 设备仪器要求

a）应配备满足样品接收工作要求的仪器设备，如测温枪、温度计等，并应考虑设备用途、控温范围、控制精度和数量的要求。

b）测温设备需要经过计量，并保持良好的工作状态。

c）测温设备应定期进行检查和/或计量（加贴标识）、维护和保养，以确保工作性能和操作安全。

d）应配备带有 Office 或 WPS 办公软件的电脑，并安装证书和国抽系统账号及 UK。

e）应配备有样品编号打印机。

3. 设施环境要求

样品库应具备适当的通风和温度、湿度调节功能，可满足样品储存条件的要求。

4. 过程要求

a）样品接收人员在进行样品接收时，应核对食用植物油样品是否符合任务要求，检验项目是否在资质能力范围内。

b）样品接收人员与抽样人员进行交接时，应核对样品数量、样品状态，确定样品包装、封条是否完好等。

c）样品接收人员确认样品无误后，需进行样品交接记录登记，要求记录样品编号、抽样数量、样品检查状况（封条、包装、数量、状态）、抽样单、交接时间、抽样人员、接样人、收样日期等，并记录其他可能对检验结论产生影响的情况，核对抽样单信息，并双方签字确认。

d）样品交接后进行样品接收登记，将检验样品和复检备份样品分别加贴相应唯一性标识，按照样品储存要求入库存放，记录样品储存位置及流转时间和人员。

e）样品接收后，样品需与任务单一同流转至实验室，任务单需包含样品编号、样品名称、检验项目、发样时间、要求完成时间、发样人、样品接收人等内容。

f）任务单出具需根据各任务细则要求以及样品属性确定检测项目，样品需具有唯一性标识，需要发样人员确认无误后签字再流转至实验室。

g）与试验人员进行样品交接时，需双方确认样品编号、名称，以及数量是否准确，确认无误后双方签字。

h）样品管理员登记入库时，应详细记录样品的存放位置、存放条件等信息。对于食用油、油脂及其制品，应存放在阴凉、避光处，并对存放样品的库房每日监控温湿度并予以记录。

（四）样品制备

1. 人员要求

从事样品制备的人员应至少具有食品或相关专业专科以上学历，或者具有 1 年及以上样品制备相关工作经历，并经考核合格后上岗。样品制备人员应熟悉《食品抽样检验管理办法》、国抽细则以及 GB 2716—2018《食品安全国家标准　植物油》、GB 2760—2014《食品安全国家标准　食品添加剂使用标准》、GB 2761—2017《食品安全国家标准　食品中真菌毒素限量》、GB 2762—2022《食品安全国家标准　食品中污染物限量》、GB 10146—2015《食品安全国家标准　食用动物油脂》、GB 15196—2015《食品安全国家标准　食用油脂制品》等文件和标准中与样品制备相关的内容。采取技术考核的形式，对食用植物油中如何进行样品制备进行技术考核，尤其是毒素、重金属等有特殊要求的项目。样品制备人员通过考核后，对其进行授权，并定期监督。

2. 设备仪器要求

a）电动搅拌棒、玻璃棒：选取洁净、无污染的设备，能满足混匀要求即可，不同样品之间要避免交叉污染。

b）刀式研磨仪：工作舱容量分别选取液体样品与固体样品进行评定。

c）天平：精确到 0.1 g，称量下限不高于 10.0 g，称量上限不低于 2000 g。

d）量具：精确到 0.5 mL。

e）刀、铲、勺：针对不同样品、不同检测项目，选取不同材质。

f）容器：选取洁净、可密封的食品级玻璃或塑料容器保存制备后的样品。

g）样品柜：常温样品柜温度保持在 15 ℃～25 ℃范围内，相对湿度维持在 25%～60%，低温样品柜温度保持在 0 ℃～4 ℃范围内，并且采用棕色玻璃，便于避光储存。

3. 设施环境要求

a）室内配置空调调节温湿度，并配置温湿度计每日进行记录。

b）有窗和照明灯，保证通风效果良好和室内明亮。

c）配置水池和热水器及下水道。

d）配置垃圾桶及时处理制样过程中产生的垃圾，防止发生交叉污染。

e）配置配电系统对制备室用电进行控制，实现断电保护。

f）配置灭火器及火灾报警器。

g）配置指定区域。对有特殊要求的项目，在指定区域内进行样品制备。如黄曲霉B_1，整个样品制备过程应在指定区域内进行，该区域应避光（直射阳光）。

h）配置样品暂存间，要保证避光、阴凉的储存条件，并授权专人管理，必要时应设立门禁或报警系统。

4. 方法/方案要求

对于每个检验项目，应严格按照标准要求进行样品制备。

a）液体食用油脂。按标准的要求取样，一般情况下将液体样品在一个容器中混匀后，供分析检测。

b）固体食用油脂。按标准的要求取样，一般情况下先将其缓慢加热至刚好溶化，再进行充分混匀处理后，供分析检测。

c）对于特殊项目，如黄曲霉B_1，样品取样量大于1 L或1 kg，对于袋装、瓶装等包装样品需至少采集3个包装（同一批次或号）。混匀后，储存于样品瓶中，密封保存，供分析检测。

5. 过程要求

a）样品确认。样品制备人员需对样品信息与实物的一致性进行核实；对样品数量是否满足检验项目的要求进行核实；对样品状态是否满足试验要求进行核实。确认无误后，开始样品制备过程。

b）样品制备。样品制备人员根据不同检验标准中所要求的样品制备过程，分别进行制备。对于有特殊要求的样品，如毒素、重金属，需选取适当的设备、容器、环境进行操作。

c）样品分装。样品制备人员根据检测项目将样品分装成若干个样品单元，分发给相应的检测人员，并在样品登记表、样品流转记录单以及电子系统中做好样品或样品单元的交接记录。

d）样品流转。对制备好的样品进行发放，需要如实记录样品交接状态、数量、样品单元的标识、交接日期和时间、样品交接涉及的检测人员姓名。

e）记录控制。样品接收、制备、流转和暂存的全过程均应予以记录。

f）样品标识。查看经过制备的样品是否加贴唯一性标识，是否可在检测过程中持续保留。

g）样品处理。应该记录样品编号、样品量等无害化处理信息。

（五）样品检测

1. 人员要求

a）资格要求。具有食品、化学等相关专业专科及以上学历并具有1年及以上食品检测工作经历，或者具有5年及以上食品检测工作经历。关键检测人员是否掌握化学分析测量不确定度评定的方法，并能就所负责的检测项目进行测量不确定度评定。

b）技术能力评价。只有经过技术能力评价确认满足要求的人员才能授权其独立从事检测活动。实验室应定期评价被授权人员的持续能力。实验室可通过内部质量控制、能力验证或使用实验室间比对等方式评估检测人员的能力，确认其资格。新上岗人员以及间隔一定时间重新上岗的人员需要重新评估。当检测人员或授权签字人职责变更或离开岗位6个月以上再上岗时，应重新考核确认。

c）人员培训。检测人员应接受过包括检测方法、质量控制方法以及有关化学安全和防护、救护知识的培训并保留相关记录。操作复杂分析仪器（如色谱、光谱、质谱等仪器或相关设备）的人员应接受过涉及仪器原理、操作和维护等方面知识的专门培训，掌握相关的知识和专业技能。

2. 设备仪器要求

a）检测设备。实验室应配备满足检测工作要求的仪器设备，如色谱、光谱、常规理化设备等，并应考虑设备用途、控温范围、控制精度、检测精度和数量的要求。天平、色谱、光谱等仪器定期计量并对结果进行确认，以证实其能够满足实验室的规范要求和相应的标准规范。实验室应在内部质量控制文件中确定性能验证频率。

b）设备状态。检测设备应放置于适宜的环境下，便于维护、清洁、消毒与校准，并保持整洁与良好的工作状态。

c）设备记录。设备使用/维护记录应及时、真实、准确填写。定期监督试验人员设备使用/维护记录填写是否及时、真实、准确。

d）设备标识。检测设备应定期进行检查和/或检定（加贴标识）、维护和保养，以确保工作性能和操作安全。

e）试剂和标准物质的储存。试剂和标准物质在制备、储存和使用过程中，应特别关注储存要求，如黄曲霉B_1、苯并（a）芘的标准物质，需要单独存放，双人双锁，并进行出入库登记管理。

f）试剂、标准物质、纯水、耗材的验收。需要对试剂、标准物质、纯水、耗材进行符合性或技术性验收。如对于不同批次的免疫亲和柱、苯并（a）芘分子印迹柱等在使用前进行质量验收，并形成记录，验收合格后方可使用。

g）痕量分析专用器皿。从事痕量分析的实验室应配备一套专用的器皿，毒素项目需要避免可能的交叉污染，毒素试验所使用的耗材应该进行单独处理，使用次氯酸钠溶液处理后单独进行清洗。将用于痕量金属分析的器皿浸泡于酸液中，以去除痕量金属。对互不相容的检测，实验室应使用不同的器皿。

h）配备冰箱、冰柜。应每日监测在检样品、试剂、标准物质等存放处的温度。

3. 设施环境要求

a）实验室布局。理化检测实验室总体布局应减少或避免交叉污染，各区域具有明确标识。实验室内照明设备完好，保障室内宽敞明亮。

b）实验室安全。实验室应有与检测范围相适应并便于使用的安全防护装备及设施，如通风橱、个人防护装备、烟雾报警器、毒气报警器、洗眼及紧急喷淋装置、灭火器等，定期检查其功能的有效性。

c）指定区域。食用植物油中毒素、苯并（a）芘项目，整个分析操作过程应在指定区域内进行。该区域应避光（直射阳光），具备相对独立的操作台和废弃物存放装置。在整个试验过程中，操作者应按照接触剧毒物的要求采取相应的保护措施。如苯并（a）芘项目，测定时应特别注意安全防护，应在通风柜中进行并戴手套，尽量减少暴露。操作者应按照接触剧毒物的要求采取相应的保护措施。

d）区域标识与控制。实验室各区域应有适当的标识，如负责人的姓名、联系人的姓名和电话等。必要时，应清晰标记危险标识（如剧毒库等），相应的区域设置不同人员准入。对于互相影响的区域，应有效隔离，防止交叉污染。

e）环境条件。实验室环境温度应相对恒定（20 ℃±5 ℃），相对湿度应保持在40％～60％，要求每日对实验室温湿度进行记录并评价是否满足要求。

f）废液处理。废液桶上需要标注成分，不同性质的废液需收集在不同的废液桶中。废液要及时收集，统一存放，有区域标识，由有处理资质的公司进行无害化处理。

4. 方法/方案要求

a）检测方法选择。严格按照国抽细则中食用油、油脂及其制品的指定方法开展检验工作。

b）方法使用的规范性。实验室应确保检测过程符合标准及相关法规的要求，检测过程中不应存在无故偏离标准方法的行为。任何对标准方法的修改，都必须进行确认，即使所采用的替代技术可能具有更好的分析性能。核查方法的适用范围是否适用于该样品基质。

c）方法验证。实验室在方法使用前，应进行方法验证并提供记录。通过试验方法的检出限、精密度、回收率、适用的浓度范围和样品基体等特性来对检测方法进行验证。

d）作业指导书。当标准中未详述的部分可能会影响检验结果时，需要指定作业指导书作为方法的补充。

e）方法查新。实验室应及时进行方法查新，确保使用最新有效版本的方法。

5. 过程要求

a）检测时限。由于食用植物油样品容易氧化，开封后需在规定时间内检测。

b）样品均匀性。依据标准要求对食用植物油进行前处理，取样前需将样品充分混匀。

c）特殊检验项目。对毒素、苯并（a）芘分子项目检测时，一定要操作规范，注意防护。

d）质量控制。可以采用空白、质控样品、加标回收、重复检测、留样再测、人员比对、设备比对、能力验证、盲样考核、实验室间比对等方式。每批次样品或20个样品做空白试验/质控样品。通过参加内部质量控制、能力验证、盲样考核、实验室间比对来对方法的整体实施效果进行评价。

e）技术记录。实验室应确保每一项实验室活动的技术记录包含结果、报告和足够的信息，保证正确填写，并按照相关规定进行保存。定期针对电子记录进行备份和杀毒处理，应有专人负责电子记录的保存、使用、传输、审核以及维护等。

（六）样品留存

1. 人员要求

掌握不同食用植物油的储存要求，熟悉电脑操作。样品库管理人员需要经过授权，样品库要严格限制人员出入，只有经过授权的人员才能进入。

2. 设备仪器要求

a）设备。冷藏设备、温湿度计。

b）样品包装。如需要，可选择深色遮光包装。

3. 设施环境要求

a）样品库配备空调，可控制温湿度。

b）样品库设有避光区域。

4. 过程要求

a）样品库每天监控温湿度，并记录。

b）对于未检出问题的样品，应当自检验结论作出之日起3个月内妥善保存复检备份样品；复检备份样品剩余保质期不足3个月的，应当保存至保质期结束。

对于检出问题的样品，应当自检验结论作出之日起6个月内妥善保存复检备份样品；复检备份样品剩余保质期不足6个月的，应当保存至保质期结束。对超过保存期的复检备份样品，应进行无害化处理。

c）样品处置。按照要求进行无害化处理，记录应包含样品名称、样品编号、样品量、处置方式、处置时间等信息。

（七）数据处理

1. 人员要求

从事数据处理的人员应接受过检测方法、质量控制方法以及数据处理的培训并保留相关记录。使用复杂分析仪器或相关设备的人员应接受过相关数据处理知识的专门培训，掌握相关的知识和专业技能。相关人员能够对仪器中的数据进行处理，并且能够按照标准方法的要求或GB/T 8170《数值修约规则与极限数值的表示和判定》的要求进行修约。

2. 设备仪器要求

a）仪器数据处理系统。

b）计算机能够满足配置要求。

3. 设施环境要求

设施和环境条件应适合实验室活动，不应对结果有效性产生不利影响，因素可能包括但不限于微生物污染、灰尘、电磁干扰、辐射、湿度、温度、供电、声音和振动。

4. 方法/方案要求

a）仪器设备应具备根据标准曲线，自动处理数据的功能。

b）检测人员能够根据结果，按照公式进行数据处理，并掌握测量不确定度的评定以及使用统计技术进行数据分析。

c）修约能够按照标准或GB/T 8170《数值修约规则与极限数值的表示和判定》要求进行。

d）临界数值需考虑不确定度的影响。

e）可疑数据应考虑重复试验或其他方面的情况。

f）原始记录信息准确完整，包括样品编号、称样量、稀释体积、检测步骤、计算公式、原始谱图等。

5. 过程要求

a）数据准确性。通过日常监督、原始记录审核，评价试验人员检测数据处理的准确性，如平行试验数据计算、数字修约、转移数据的准确性等。

b）数据保护。实验室应建立并实施数据保护的程序，对数据输入或采集、数据存储、数据转移和数据处理的方法、备份方式、数量和时间、杀毒方式进行规定，并定期核查数据的真实性、完整性、保密性和安全性。

c）不确定度。当标准有要求、客户有要求以及检测值在限量附近时，要提供测量不确定度的计算结果。

d）电子数据。若通过电子系统进行数据上传和处理，需要 2 人核实校对转移的数据是否正确。

e）数据有效性。试验中所有对照试验结果均应符合相关标准要求，以证明试验数据有效。检测记录中应按照标准要求给出空白、质控样等检测结果。

（八）结果判定

1. 人员要求

a）结果判定人员必须熟悉《食品抽样检验管理办法》、国抽细则以及 GB 2716—2018《食品安全国家标准　植物油》、GB 2760—2014《食品安全国家标准　食品添加剂使用标准》、GB 2761—2017《食品安全国家标准　食品中真菌毒素限量》、GB 2762—2022《食品安全国家标准　食品中污染物限量》、GB 10146—2015《食品安全国家标准　食用动物油脂》、GB 15196—2015《食品安全国家标准　食用油脂制品》等相关文件中针对不同检验项目的判定依据和结果判定限量值。

b）结果判定人员需要熟悉产品标签，以便使用相应的标准对检验结果进行判定，避免因日期、等级等具体细节造成判定不准确。

c）结果判定人员应及时查新判定标准，注意新标准实施日期和旧标准废止日期，准确使用标准对结果进行判定。

d）结果判定人员应掌握特殊要求的判定原则。

e）结果判定人员需经培训考核合格后，授予结果判定人员资格，记录在上岗证中。记录内容应包括授权领域、授权日期、授权人等。同时，对结果判定人员定期进行考核，确保其持续能力。

2. 设备仪器要求

a）配备带有 Office 或 WPS 办公软件的电脑，满足产品标准检索要求。

b）国抽等任务需申请 UK 及系统账号，且登记在册。

c）从官方正规渠道采购并受控的标准文本。

3. 设施环境要求

a）纸质文件。档案室内纸质标准文件的存放应满足查阅的方便性，利于快速查找目标文件，建议按类别陈列在档案架上。

b）电子文件。电子文件需存放在服务器中，便于查阅，并及时备份、更替，保证安全性和可靠性。

4. 方法/方案要求

根据样品的具体种类，使用相应的食用植物油标准对部分检验项目的实测数据进行结果判定。

a）对食用植物油样品，应按照以下标准进行判定：

——污染物。铅、苯并（a）芘根据 GB 2762—2022《食品安全国家标准　食品中污染物限量》进行判定。

——添加剂。特丁基对苯二酚、乙基麦芽酚根据 GB 2760—2014《食品安全国家标准　食品添加剂使用标准》进行判定。

——毒素。黄曲霉毒素 B_1 根据 GB 2761—2017《食品安全国家标准　食品中真菌毒素限量》进行判定。

——质量指标。酸价、过氧化值、溶剂残留量根据 GB 2716—2018《食品安全国家标准　植物油》或产品明示质量要求进行判定。

b）对食用植物油（煎炸过程用油）检验项目样品，应按照以下标准进行判定：

质量指标。酸价、极性组分根据 GB 2716—2018《食品安全国家标准　植物油》进行判定。

c）对于食用动物油脂检验项目，应按照以下标准进行判定：

——质量指标。酸价、过氧化值根据 GB 10146—2015《食品安全国家标准　食用动物油脂》或产品明示质量要求进行判定。

——污染物。苯并（a）芘根据 GB 2762—2022《食品安全国家标准　食品中污染物限量》进行判定。

d）食用油脂制品检验项目，应按照以下标准进行判定：

——质量指标。酸价、过氧化值根据 GB 15196—2015《食品安全国家标准　食用油脂制品》或产品明示质量要求进行判定。

——微生物指标。大肠菌群、霉菌根据 GB 15196—2015《食品安全国家标准　食用油脂制品》或产品明示质量要求进行判定。

5. 过程要求

a）判定结果的一致性。判定标准、判定值（限量值）、判定结果（合格/不合格）应与检验项目一一对应，体现在检验报告中。

b）方法使用的正确性。结合食品类别和检验项目，使用相应的判定标准对实测数据进行结果判定。若被检产品明示标准和质量要求高于该要求时，应按被检产品明示标准和质量要求判定。

c）临界值。需要考虑不确定度再进行判定。

（九）报告出具

1. 人员要求

a）报告出具人员应当正确解读相关任务要求，明确报告的格式、报送方式、报送时限等要求，从而在规定时限内出具相应的报告并以规定方式上报纸质版和电子版。

b）报告出具人员应掌握不同种类报告的出具方法和流程，包括系统填报、人工出具（熟练操作办公软件及常用功能，如 Word、Excel 等）。

2. 设备仪器要求

a）办公设备。电脑、打印机、扫描仪。

——电脑需设置密码。

——安装 Office 或 WPS 等办公软件、Lims 系统。

——通过国抽系统报送报告，需申请相应的 UK、账号。

——配备电子存贮设备。

b）设备状态。保持整洁与良好的工作状态。

c）设备标识。涉密电脑严禁连接网络。

3. 设施环境要求

a）办公室。配备办公桌等，用于办公，出具报告。

b）档案室。空间足够存放至少 6 年报告及原始记录，配备档案架，报告存放整齐有序，容易查阅，纸质报告易燃易潮，温湿度满足存放要求。

4. 方法/方案要求

（1）报送方法

a）通过国家抽检系统报送：核对样品关键信息→查询方法、限值，调整模板→填报试验结果→系统自动生成电子报告→检查报告是否有误→逐级审核并上报。

b）通过线下方式报送：根据委托方要求出具电子报告或纸质报告→通过邮寄或自取等方式将结果报送给委托方。

（2）报送内容

a）标题统一为“检验检测报告”。

b）实验室的名称、地址、邮编、电话和传真。

c）检验报告的唯一性编号，每页标明页码和总页数，结尾处有结束标识。

d）委托方名称、被抽样单位名称、标称生产企业名称。

e）检验类别。

f）样品抽样日期、样品生产/加工/购进日期、报告签发日期。

g）样品名称和必要的样品描述（如规格、商标、质量等级的描述）。

h）样品抽样数量、抽样地点、抽样单编号。

i） 抽样人员和检查封样人员。

j） 检测项目、检验结论、判定依据、标准指标、实测值、单项判定、检验依据。

k）主检人、审核人、批准人签字（签章），并加盖本实验室印章。

l） 类似“报告无‘检验报告专用章’或检验单位公章无效”的声明。

m）类似“报告无主检、审核、批准人签字无效”的声明。

n）类似“报告涂改无效”的声明。

o）类似“对检验结果若有异议，请于收到之日起七个工作日内以书面形式提出，逾期不予受理”的声明。

（3）报送时限

a）学习每个任务的要求文件，清楚任务的报送时限。

b）关注样品的抽样、到样、发样情况，合理安排时间。

c）提前做好查询限值、制作/调整模板等准备工作。

d）督促实验室按时完成试验并提交试验数据。

e）在规定时限内出具报告并上报。

5. 过程要求

a）保密任务。完成需保密的任务时，做到客户的保密要求，遵守保密制度。

b）限时报送。报送人员应当清楚限时报送的项目及报送流程，遇到需限时报送的样品时，立即引起重视，及时、准确地出具报告并报送给相应部门。

c）不确定度。当标准有要求、客户有要求或者检测值在限量值附近时，需要报告不确定度。

d）报告说明。依据认可要求，遵照不同领域的认可说明，出具必要的报告备注和说明。

二、食用植物油中黄曲霉毒素 B_1 检验在线质控应用案例

黄曲霉毒素（Aflatoxins）是由黄曲霉和寄生曲霉代谢产生的一组化学结构类似、致毒基团相同的化合物，目前已分离鉴定出 18 种，主要是黄曲霉毒素 B_1、B_2、G_1、G_2 以及由 B_1 和 B_2 在体内经过羟化而衍生成的代谢产物 M_1、M_2 等。1993 年，黄曲霉

毒素被世界卫生组织癌症研究机构列为一类天然存在的致癌物，其中黄曲霉毒素 B_1 为毒性及致癌性最强的物质。黄曲霉毒素 B_1 引起人的中毒主要是损害肝脏，发生肝炎、肝硬化、肝坏死等。临床表现有胃部不适、食欲减退、恶心、呕吐、腹胀及肝区触痛等，严重者出现水肿、昏迷，以致抽搐而死。

黄曲霉毒素最容易污染粮油食品。一方面，由于种植和贮藏方式的影响，粮油食品原料中可能存在黄曲霉毒素的污染，花生和玉米为黄曲霉毒素污染最为严重的农产品。另一方面，原料中含有的黄曲霉毒素会在生产过程中侵入到植物油中，从而导致植物油中黄曲霉毒素超标。由于黄曲霉毒素污染越来越普遍，极易引发食品安全事故，迫使各国或组织制定严格的限量。为进一步保障公众健康，政府监管部门一直将该指标作为重点监管对象，不断加强食品抽检力度，保障人民群众的食品安全。鉴于此，本节基于食用植物油，对黄曲霉毒素 B_1 抽检过程中的关键控制点进行系统性分析，并提出了质量控制措施，以期为食品监管工作顺利开展提供有力的质量保证，确保食用植物油的抽检流程规范、检测结果准确可靠。

（一）样品抽取

1. 人员要求

抽样人员应熟悉《国家食品安全监督抽检实施细则》中规定的抽样要求，细则中规定黄曲霉毒素 B_1 项目限花生油、玉米油检测。在抽样工作开展之前，应制定详细周密的抽样方案，包括抽样地区、抽样地点、样品品种、抽样环节、抽样类型等。

2. 设备仪器要求

样品容器应密闭性能良好，清洁无虫、不漏、不污染。常用的容器有样品筒、样品袋、样品瓶（磨口的广口瓶）等。

3. 设施环境要求

抽样后，应采取有效手段，将样品放在避光处，或者采用深色包装袋对食用植物油进行遮光处理，防止光照对油脂的氧化作用。抽样人员可对外包装进行拍照，或对储存位置进行拍照记录，食用植物油的保存条件一般为阴凉干燥处，密闭保存。

4. 过程要求

食用植物油中重要的安全指标黄曲霉毒素属于真菌毒素，其最容易污染粮油食品。花生和玉米为黄曲霉毒素污染最为严重的农产品。原料中含有的黄曲霉毒素会在生产过程中污染植物油，从而导致植物油中黄曲霉毒素超标。由于黄曲霉毒素的污染存在不均一性，使得样品之间存在差异，因此对于黄曲霉毒素的检测样品量有特殊要求，要求采集同一个批次的样品 1 L 或 1 kg 以上，对于袋装、瓶装等包装样品还需要至少

3 个包装。在抽样时，小包装产品［净含量<25 L(kg)］，从同一批次样品堆的不同部位抽取适当数量的样品，抽样数量不少于 3 L(kg)，且不少于 6 个独立包装。大包装产品［净含量≥25 L(kg)］，从同一批次样品堆抽取 3 个完整包装样品混合均匀后，扦取不少于 3 L(kg) 样品盛装于清洁干燥的样品容器内。

（二）样品储运

样品运输过程中应采用防摔、减震的包装方式，保证样品不被污染、破坏。在运输过程中，要避免阳光直射，可采用深色包装袋对食用植物油进行遮光处理。

（三）样品接收

样品接收人员需要了解样品接收流程，并且核对检验和复检备份样品的样品量是否与国抽细则规定的样品量一致。对于做黄曲霉毒素 B_1 的项目，首先需要核对食用植物油的检验和复检备份样品的样品量是否满足 GB 5009.22—2016《食品安全国家标准 食品中黄曲霉毒素 B 族和 G 族的测定》中的检验要求。在日常抽检过程中，不合格样品存在复检备份样品量不满足要求的情况，直接导致食品生产经营者合法的复检要求不能得到满足，导致争议事件的发生，所以需要确认样品量是否满足要求、封条是否有破损、封条是否签字盖章、样品是否完好无损。样品接收后，应将食用植物油存放在阴凉、干燥、避光处，存放处的温度不宜超过 20 ℃。

（四）样品制备

1. 人员要求

从事样品制备的人员应熟悉 GB 5009.22—2016《食品安全国家标准　食品中黄曲霉毒素 B 族和 G 族的测定》中关于样品制备的内容，并经过培训考核后，授权上岗。样品制备人员在分装制备样品过程中，要严格按照标准规定进行操作，防止在操作过程中因设备及容器等原因对样品造成污染。

2. 设备仪器要求

a）电动搅拌棒、玻璃棒。

b）匀浆机。

c）天平。精确到 0.01 g。

d）容器。选取洁净、可密封的食品级玻璃或塑料容器保存制备后的样品。

e）样品柜。样品柜温度保持在 20 ℃以下，相对湿度维持在 25%～60%，并且采用棕色玻璃，以便避光储存。

3. 设施环境要求

整个分析操作过程应在指定区域内进行。该区域应避光（直射阳光）、具备相对独立的操作台和废弃物存放装置。

4. 方法/方案要求

食用植物油样品量需大于1 L或1 kg，对于袋装、瓶装等包装样品需至少采集3个包装（同一批次货号），满足上述条件后再开始样品制备。

a）液体食用油脂。按标准的要求取样，一般情况下将液体样品在一个容器中用匀浆机混匀后，取其中任意的100 g(mL) 供分析检测。

b）固体食用油脂。按标准的要求取样，一般情况下先将其缓慢加热至刚好溶化，再进行充分混匀处理后，取其中任意的100 g(mL) 供分析检测。

c）制备好的样品必须马上独立包装，避免相互污染，并加贴唯一性标识。

5. 过程要求

a）样品制备规范性。按照GB 5009.22—2016《食品安全国家标准　食品中黄曲霉毒素B族和G族的测定》要求进行样品制备，检查样品制备记录，查看样品量、样品制备过程是否符合要求。

b）样品标识。样品制备后，应加贴样品的唯一性标识，并在检验检测期间保留该标识。

c）样品制备记录。样品接收、制备、流转的全过程应予以记录，并且记录样品暂存间的环境条件。由于黄曲霉毒素B_1对采样量有严格要求，记录中需要记录样品数量及包装数量。

d）样品确认。样品制备人员能够按照要求对样品进行确认。

e）样品暂存。样品制备实验室应设置样品暂存间，有适宜的设施保存样品，注意温度、湿度、阳光、尘埃等影响因素，应有消防安全措施，并授权专人管理，必要时应设立门禁或报警系统。

f）样品处理。应该记录样品编号、样品量等无害化处理信息，尤其是阳性样品，必须经过无害化处理。

（五）样品检测

1. 人员要求

具有食品、化学等相关专业专科及以上学历并具有1年及以上食品检测工作经历，或者具有5年及以上食品检测工作经历。实验室至少拥有2名或以上具备从事该项目检测能力的技术人员，应熟悉并掌握GB 5009.22—2016《食品安全国家标准　食品中黄曲霉毒素B族和G族的测定》的操作方法，并且能够掌握试验原理和样品提取、净化等步骤，熟练操作方法中涉及的液相色谱、液质联用仪，并具备日常维护知识。每个试验人员均应经过考核，授权从事黄曲霉毒素 B_1 的检测，以及授权使用液相色谱、液质联用仪等设备。以下案例采用 GB 5009.22—2016 中的第一法和第三法，这两个方法是检测机构比较常用的方法。

2. 仪器设备要求

a）超声波/涡旋振荡器或摇床。

b）天平。分别精确到 0.01 g 和 0.00001 g。

c）涡旋混合器。

d）高速均质器。转速 6500 r/min～24000 r/min。

e）离心机。转速≥6000 r/min。

f）玻璃纤维滤纸。快速、高载量、液体中颗粒保留 1.6 μm。

g）固相萃取装置（带真空泵）。

h）氮吹仪。

i）免疫亲和柱。

j）液相色谱串联质谱仪。

k）液相色谱仪。配荧光检测器（带一般体积流通池或大体积流通池）、光化学柱后衍生器（适用于光化学柱后衍生法）。

l）pH 计。

m）微孔滤头（带 0.22 μm 微孔滤膜）。

n）筛网。1 mm～2 mm 试验筛孔径。

3. 工器具、标准物质、关键耗材等要求

a）工器具。实验室应配备一套专用的器皿，每处理完一个样品后，都要对制样器具进行清洁，避免交叉污染。黄曲霉毒素 B_1 试验所使用的耗材应该进行单独处理。

b）标准溶液配制。按照 GB 5009.22—2016《食品安全国家标准 食品中黄曲霉毒素 B 族和 G 族的测定》的规定，黄曲霉毒素 B_1 标准储备溶液（10 μg/mL）在－20 ℃下避光保存，备用。临用前需用分光光度计进行浓度校准。标准工作液（100 ng/mL）密封后避光－20 ℃下保存，3 个月内有效。标准系列工作溶液现用现配。标准溶液应严格按照保存条件和保存时限进行保存。过期标准溶液不可使用，需要重新配制。

c）关键耗材验收。实验室应对试剂耗材进行技术验收，如对于不同批次的免疫亲和柱等在使用前需进行质量验收，并形成记录，验收合格后方可使用。验证方法是从同批采购的免疫亲和柱中随机抽取 3 根，按照 GB 5009.2—2016《食品安全国家标准 食品相对密度的测定》附录 B 的要求，经上样、淋洗、洗脱、收集洗脱液，用氮气吹干至 1 mL，初始流动相定容，仪器检测黄曲霉毒素 B_1、G_2 含量。结果显示，黄曲霉

毒素 B_1≥160 ng，柱回收率≥80%，黄曲霉毒素 G_2≥80 ng（适用于黄曲霉毒素 B_1、B_2、G_1、G_2 同时检测），则该免疫亲和柱可用于实验室检测。

d）剧毒标准物质管理。核查剧毒标准物质的采购流程，是否符合要求。核查剧毒标准物质管理，是否单独存放，并采用双人双锁管理模式，严格出入库制度。

4. 设施环境要求

（1）天平室

天平室应清洁无尘，防止阳光直射；室温以 18 ℃～26 ℃为宜，湿度应≤70%。

（2）样品处理室

a）整个分析操作过程应在指定区域进行。该区域应避光（直射阳光）、具备相对独立的操作台和废弃物存放装置。在整个试验过程中，检测人员应按照接触剧毒物的要求采取相应的保护措施。

b）检测人员在测定时应特别注意安全防护，应在通风柜中进行并戴手套，尽量减少暴露。检测人员应按照接触剧毒物的要求采取相应的保护措施。

（3）大型仪器室

大型仪器室应根据液相色谱仪、液质联用仪使用说明书要求进行温湿度的监控。一般情况下，需配备空调、除湿器或加湿器。

（4）其他配置要求

a）实验室应有安全防护装备及设施，如个人防护装备、烟雾报警器、洗眼及紧急喷淋装置、灭火器、废弃物收集、废液收集等设施。

b）样品一定要存放于避光阴凉干燥处，对于已经开封的食用植物油，使用完毕后应将瓶盖盖紧或用封口膜封住，远离化学试剂，避免化学污染。

c）实验室各区域应有适当的标识，如负责人的姓名、联系人的姓名和电话等。必要时，应清晰标记危险标识（如剧毒库等），相应的区域设置不同人员准入。

5. 方法/方案要求

（1）检测方法选择

根据样品基质选用 GB 5009.22—2016《食品安全国家标准　食品中黄曲霉毒素 B 族和 G 族的测定》中的不同方法进行检测。第一法为同位素稀释液相色谱-串联质谱法，适用于谷物及其制品、豆类及其制品、坚果及籽类、油脂及其制品、调味品、婴幼儿配方食品和婴幼儿辅助食品中黄曲霉毒素 B_1、黄曲霉毒素 B_2、黄曲霉毒素 G_1 和黄曲霉毒素 G_2 的测定。第二法为高效液相色谱-柱前衍生法，适用于谷物及其制品、豆类及其制品、坚果及籽类、油脂及其制品、调味品、婴幼儿配方食品和婴幼儿辅助食品中黄曲霉毒素 B_1、黄曲霉毒素 B_2、黄曲霉毒素 G_1 和黄曲霉毒素 G_2 的测定。第三法为高效液相色谱-柱后衍生法，适用于谷物及其制品、豆类及其制品、坚果及籽类、油脂及其制品、调味品、婴幼儿配方食品和婴幼儿辅助食品中黄曲霉毒素 B_1、黄曲霉毒素 B_2、黄曲霉毒素 G_1 和黄曲霉毒素 G_2 的测定。第四法为酶联免疫吸附筛查法，适用于谷物及其制品、豆类及其制品、坚果及籽类、油脂及其制品、调味品、婴幼儿配方食品和婴幼儿辅助食品中黄曲霉毒素 B_1 的测定。第五法为薄层色谱法，适用于谷物及其制品、豆类及其制品、坚果及籽类、油脂及其制品、调味品中黄曲霉毒素 B_1 的测定。本案例选取第一法和第三法。

（2）样品前处理

a）同位素稀释液相色谱-串联质谱法。

称取 5 g 试样（精确至 0.01 g）于 50 mL 离心管中，加入 100 μL 同位素内标工作液，振荡混合后静置 30 min。加入 20 mL 乙腈水溶液（84＋16）或甲醇-水溶液（70＋30），涡旋混匀，置于超声波/涡旋振荡器或摇床中振荡 20 min（或用均质器均质 3 min），在 6000 r/min 下离心 10 min，取上清液备用。

b）高效液相色谱-光化学柱后衍生法。

称取 5 g 试样（精确至 0.01 g）于 50 mL 离心管中，加入 20 mL 乙腈水溶液（84＋16）或甲醇-水溶液（70＋30），涡旋混匀，置于超声波/涡旋振荡器或摇床中振荡 20 min（或用均质器均质 3 min），在 6000 r/min 下离心 10 min，取上清液备用。

（3）提取过程

准确移取 4 mL 上清液，加入 46 mL 1% Trition x-100（或吐温-20）的 PBS（使用甲醇-水溶液提取时可减半加入），混匀。

（4）净化过程

a）免疫亲和柱的准备。将低温下保存的免疫亲和柱恢复至室温。

b）试样的净化。待免疫亲和柱内原有液体流尽后将上述样液移至 50 mL 注射器筒中，调节下滴速度，控制样液以 1 mL/min～3 mL/min 的速度稳定下滴。待样液滴完后，往注射器筒内加入 2×10 mL 水，以稳定流速淋洗免疫亲和柱。待水滴完后，用真空泵抽干亲和柱。脱离真空系统，在亲和柱下部放置 10 mL 刻度试管，取下 50 mL 的注射器筒，加入 2×1 mL 甲醇洗脱亲和柱，控制 1 mL/min～3 mL/min 的速度下滴，再用真空泵抽干亲和柱，收集全部洗脱液至试管中。在 50 ℃下用氮气缓缓地将洗脱液吹至近干，加入 1.0 mL 初始流动相，涡旋 30 s 溶解残留物，0.22 μm 滤膜过滤，收集滤液于进样瓶中以备进样。

（5）测定过程

a）同位素稀释液相色谱-串联质谱法。

采用 C_8 色谱柱（柱长 100 mm，柱内径 2.1 mm，填料粒径 1.7 μm）或相当者，通过液质联用仪，采用电喷雾离子源（ESI）正离子模式，对黄曲霉毒素 B_1 进行检测（见表 4-1）。采用内标法进行定量。

表 4-1 黄曲霉毒素 B_1 的离子选择参数表

化合物名称	母离子（m/z）	定量离子（m/z）	定性离子（m/z）
黄曲霉毒素 B_1	313	285	241
$^{13}C_{17}$-黄曲霉毒素 B_1	330	255	301

b）高效液相色谱-光化学柱后衍生法。

通过高效液相色谱-光化学柱后衍生器-荧光检测器进行测定，采用 C_{18} 色谱柱（柱长 150 mm 或 250 mm，柱内径 4.6 mm，填料粒径 5 μm）或相当者。激发波长：360 nm，发射波长：440 nm。采用外标法进行定量。

（6）记录过程

原始记录应能够复现试验的全过程，可溯源。应详细记录样品编号、检验项目、检验日期、环境条件、称样量、样品制备过程、前处理过程、净化过程、所用的仪器设备、关键设备参数、测定结果、计算公式、检出限或定量限等。

6. 过程要求

（1）试验时限

由于食用植物油样品容易氧化，开封后需尽快完成检测。

（2）样品均匀性

依据标准要求对食用植物油进行前处理，取样前需将样品充分混匀。

（3）样品处理注意事项

样品加入提取液后需充分混匀；免疫亲和柱使用前需恢复至室温；样品净化时，一定要严格控制样液以 1 mL/min～3 mL/min 的速度稳定下滴；氮吹仪的水浴温度设定在 50 ℃左右，控制好氮气流速，以免有机相溅落容器内部或溅出，导致待测组分损失，影响测定结果。

（4）质量控制

质量控制方法可选择空白、质控样品、加标回收、重复检测、留样再测、人员比对、设备比对、能力验证、盲样考核、实验室间比对等。对于日常检测可采用如下方式。

a）空白试验。

黄曲霉毒素 B_1 检测为痕量检测，检出限为 0.03 μg/kg，定量限为 0.1 μg/kg。一旦操作不严谨或检出高浓度阳性样品时，可能会出现交叉污染，导致假阳性样品的出现。为了避免此现象，多采用空白试验方式，每批次或每 20 个样品做一次空白试验，从而确认检测过程是否被污染。如果空白试验检出目标物，则该批样品作废，并进行全流程溯源，找出可能存在污染的环节，消除不良影响后，重新进行检测，直至空白试验结果为未检出。

b）准确性试验。

每批次或每 20 个样品做随批质控，质控样品的基质应根据检测样品的种类进行选择。如果没有合适的质控样品，可选择阴性样品进行加标试验，加标的浓度范围应在检出限或定量限附近，且回收率范围至少应符合 GB/T 27404—2008《实验室质量控制规范　食品理化检测》要求的 60%～120%，实验室有更高要求的，可制定更严格的要求。

c）稳定性试验。

——为验证整体试验的持续稳定性，在重复性条件下获得的两次独立测定结果的绝对差值不得超过算数平均值的 20%。

——为验证仪器、标准物质的持续稳定性，可采取在不同时间内测定同一浓度标准溶液的方式。建议采取每批次或每 20 个样品加测 1 个低浓度水平标准溶液的方式。如果出现异常结果，则分别排查标准物质、仪器设备，找出出现问题的原因，并排查有多少样品可能受到影响，并进行重新检测。

（5）其他内部质量控制方式

实验室应根据既定的计划与时间安排定期开展内部质量控制。示例如表 4-2 所示。

表 4-2　内部质量控制计划表

序号	编号	项目名称	质控方式	标准方法	判定方法	参加人员	完成时间
1	001	黄曲霉毒素 B_1	留样再测	GB 5009.22—2016 第一法	相对偏差不超过 10%	A	××年××月
2	002	黄曲霉毒素 B_1	人员比对	GB 5009.22—2016 第一法	相对偏差不超过 10%	A、B	××年××月
3	003	黄曲霉毒素 B_1	仪器比对	GB 5009.22—2016 第三法或光化学衍生法	相对偏差不超过 10%	C	××年××月
4	004	黄曲霉毒素 B_1	加标回收	GB 5009.22—2016 第三法或光化学衍生法	加标回收率 60%～120%	A	××年××月
5	005	黄曲霉毒素 B_1	质控样品	GB 5009.22—2016 第三法或光化学衍生法	按照证书提供的结果判定	B	××年××月

（6）外部质量控制

对于黄曲霉毒素 B_1 等毒素类项目，应定期参加能力验证、测量审核、实验室间比对等。根据 CNAS-RL02：2018《能力验证规则》附录 B 中要求，食品中毒素指标最低参加能力验证频次为1次/2年。实验室可根据实际情况，适当增加频次。通过以上外部质量控制手段，可有效监控实验室技术能力，规避系统性风险，不断提升实验室检测水平。

（六）样品留存

1. 样品储存

按照食用植物油的储存要求，留样间应配备空调可控制温湿度，温度应不超过20 ℃，每日监控温湿度并予以记录。食用植物油留样时，应避光保存或采用深色遮光包装。

2. 样品库出入限制

样品库要严格限制人员出入，只有经过授权的人员才能进入。

3. 样品留存

对于未检出问题的样品，应当自检验结论作出之日起3个月内妥善保存复检备份样品；复检备份样品剩余保质期不足3个月的，应当保存至保质期结束。对于检出问题的样品，应当自检验结论作出之日起6个月内妥善保存复检备份样品；复检备份样品剩余保质期不足6个月的，应当保存至保质期结束。

4. 问题样品

对于检出问题的样品，必须单独存放，并加贴标识。除了授权人员，其他人无权接触该样品。

5. 样品处置

样品处置需要将样品交由有关部门进行无害化处理，需要签订无害化处理合同，并有处置记录。处置记录包含样品名称、样品编号、样品量、如何处置、处置时间等信息。

（七）数据处理

1. 人员要求

从事数据处理的人员应熟悉GB 5009.22—2016《食品安全国家标准　食品中黄曲霉毒素B族和G族的测定》中关于计算结果的要求。

2. 结果计算

按照GB 5009.22—2016《食品安全国家标准　食品中黄曲霉毒素B族和G族的测定》给定的计算公式进行计算，结果以μg/kg报出，计算结果保留三位有效数字。试样中黄曲霉毒素B_1含量按下列公式进行计算：

$$X=\frac{\rho\times V_1\times V_3\times 1000}{V_2\times m\times 1000}$$

式中：

X——试样中黄曲霉毒素 B_1 含量，单位为微克每千克（μg/kg）；

ρ——进样溶液中黄曲霉毒素 B_1 在标准曲线中对应的浓度，单位为纳克每毫升（ng/mL）；

V_1——试样提取体积，单位为毫升（mL）；

V_3——样品经净化洗脱后的最终定容体积，单位为毫升（mL）；

V_2——用于净化分取的样品体积，单位为毫升（mL）；

m——试样称样量，单位为克（g）；

1000——换算系数。

3. 临界或可疑数值

临界数值需考虑不确定度的影响；可疑数据应考虑重复试验或其他方面的情况。

4. 不确定度

试验人员应掌握测量不确定度的评定以及使用统计技术进行数据分析的能力。

（八）结果判定

1. 人员要求

a）结果判定人员熟悉 GB 2761 的判定原则及分类。

b）结果判定人员对检验结果进行判定，需要熟悉产品标签，以便使用相应的标准对检验结果进行判定，避免因日期、等级等具体细节造成判定不准确。

c）结果判定人员应及时查新判定标准，注意新标准实施日期和旧标准废止日期，准确使用对应标准对结果进行判定。

d）结果判定人员应掌握特殊要求的判定原则。

2. 方法/方案要求

（1）检出限及定量限

第一法和第三法检出限为 0.03 μg/kg，定量限为 0.1 μg/kg。

（2）结果判定

黄曲霉毒素 B_1 根据 GB 2761—2017《食品安全国家标准　食品中真菌毒素限量》进行判定。植物油脂（花生油、玉米油除外）限量为 10 μg/kg，花生油、玉米油限量为 20 μg/kg。若被检产品明示标准和质量要求高于该要求时，应按被检产品明示标准和质量要求判定。

(3) 结果报出

a) 当测定结果小于方法检出限时，应报告为未检出，同时写明小于方法检出限。

b) 当测定结果大于方法检出限且小于方法定量限时，报告为定性检出，同时写明大于方法检出限和小于定量限。

c) 当测量不确定度与检测结果的有效性相关时，或客户有要求时，或影响到与规范限量的符合性时，需要在结果报出时，报出测量不确定度。

第二节　肉制品监督检验在线质控评价技术指南及应用案例

肉制品产业链长、风险因素多、安全隐患多，是食品安全监管的重点。有效地进行食品安全监督抽检，确保程序规范、结果准确，对肉制品监督检验尤为重要。规范抽检流程、实现全流程质量控制，对保障肉制品的结果公正和质量安全具有重要意义。

一、肉制品监督检验在线质控评价技术指南

(一) 样品抽取

1. 人员要求

熟悉《中华人民共和国食品安全法》《食品安全抽样检验管理办法》等法律法规；熟练操作国家市场监督管理总局抽样录入系统，正确使用抽样录入系统，抽样单填写准确、信息采集完整；掌握不同标准对肉制品的分类；熟悉食品添加剂使用标准、食品污染物限量标准等基础标准、《食品安全国家监督抽检实施细则》、GB/T 26604—2011《肉制品分类》、GB/T 19480—2009《肉与肉制品术语》、《肉制品生产许可审查细则》等与肉制品相关的分类标准，现场能够准确分类。熟悉每一个任务的抽样方案，抽样前对抽样方案进行培训，掌握抽样时间、抽样环节、样品类别。

2. 设备仪器要求

a) 保温设备：保温箱、车载冰箱、干冰。

b) 测量仪器：温度计，温度计测定范围为－20 ℃～30 ℃。

c) 抽样设备：电脑、打印机、国抽 UK、网卡。

d) 拍摄设备：手机、照相机。

3. 过程要求

a）制定抽样方案。针对每一项任务制定一个方案，内容包括任务性质、报送分类要求、抽样任务开始及结束时间、抽样领域、抽样要求、食品类别、抽样数量、抽样人员。

b）程序要求。出示告知书、委托书、工作证，抽取样品，支付样品费，检验和备份样品封存，被抽样单位在抽样单上签字，现场拍照。

c）填写抽样单。抽样单信息包括任务来源、任务性质、抽样时间、被抽样单位信息、生产单位信息、委托关系信息、样品信息、抽样领域、抽样类别、抽样量、抽样人员等。信息填写要准确，与所抽样品的包装以及现场被抽样单位提供的信息一致。更正信息时要经过被抽样单位签字确认。

d）抽样过程温度记录。记录样品进入保温设备前后的时间和温度及到达实验室的温度，温度需在样品标识范围内。

e）证据要求。抽样过程关键照片包括被抽样单位大门口、营业执照、经营许可证、成品库抽样、样品信息、支付凭证、封样、现场签字。

f）不同环节要求。在生产企业抽样需从成品库抽取检验合格的样品；流通环节从经营食品的货架、摊位处抽取。

g）网络抽样。应当记录买样人员以及付款账户、注册账号、收货地址、联系方式等信息。买样人员应当通过截图、拍照或者录像等方式记录被抽样网络食品生产经营者信息、样品网页展示信息，以及订单信息、支付记录等。填写告知书，检验和备份样品封存，不需要被抽样单位在抽样单和封条上签字。

（二）样品储运

1. 样品运输

需要冷藏放在保温箱中，保证温度不高于规定温度。冷冻的样品应放在车载冰箱或者放有干冰的保温箱中，温度应为产品标签明示的运输温度。当无运输温度时，原则上不应高于−12 ℃，且应区分样品储藏条件。餐饮环节散装肉制品检测微生物采样结束后，4 h 内送回实验室。对有冷藏和冷冻温度要求的产品，应记录运输过程温度。

2. 样品贮存

a）由专门的样品管理人员负责，应熟悉样品贮存制度和流程，能够准确区分样品储藏条件，将样品放入对应的储藏箱号，储藏箱贮存在指定区域。

b）有样品入库记录，应包括贮存区域的温度、样品编号、样品储藏箱号、储藏时间、储藏人、储藏库名称。

c）温度要求：常温 5 ℃～30 ℃，冷藏 0 ℃～4 ℃，冷冻−18 ℃或者按照产品明示要求。

（三）样品接收

1. 人员要求

a）样品接收人员应熟悉国抽细则、市抽细则、肉制品相关产品标准等相关文件。

b）掌握肉制品检测方法、产品标准的变更动态，避免样品归类、检验项目出现错误。

c）样品接收人员需要了解不同任务的样品接收流程，熟练掌握执行标准，准确辨别样品类别。

2. 设施环境要求

根据样品的不同储存要求，一般配有如下3种库房：

a）冷冻库，要求温度在－18 ℃以下。

b）常温库，要求避光、阴凉，温度在25 ℃以下。

c）冷藏库，要求温度维持在0 ℃～4 ℃。

3. 过程要求

a）样品接收人员在进行样品接收时，应核对样品是否符合任务要求，检验项目是否在资质能力范围内。

b）与抽样人员进行交接时，应核对样品数量、样品状态，确定样品包装、封条是否完好。

c）样品确认无误后，需进行样品交接记录登记，记录交接时间，并记录其他可能对检验结论产生影响的情况，核对抽样单信息，且双方签字确认。

d）样品交接后进行样品接收登记，将检验样品和复检备份样品分别加贴相应唯一性标识。按照样品储存要求入库存放，记录样品储存地点及流转时间和人员。

e）根据样品的执行标准及SC号等进行样品细类划分。如执行标准为GB 2726的熟肉制品，需根据SC号、制作工艺等信息，或联系生产企业对样品进一步划分细类。

f）确定样品细类后，根据不同任务的细则要求、样品属性、样品配料、包装规格确定理化及微生物检验项目。

g）出具任务单，任务单需包含样品编号、样品名称、检验项目、发样时间、要求完成时间等内容，发样人员确认无误后签字。

h）样品需与任务单一同流转至实验室。与试验人员进行样品交接时，需双方确认样品唯一性标识与名称对应，以及样品数量是否准确，且双方签字。

i）特殊要求：

——不符合要求的样品，应立即汇报负责人，必要时可拒收，并做详细记录；

——对于特殊样品，需对其标签进行拍照记录；

——样品相关项目检验方法出现变更时，需及时与实验室人员进行沟通；

——不同保存条件的肉制品，应分开保存；

——需冷藏或冷冻的样品应尽快完成交接和登记，流转至实验室；

——需做微生物检验的样品应尽快完成交接和登记，流转至实验室。不能当天发放的样品，临时保存需按要求暂存好。

4. 记录要求

a）样品交接记录。记录样品编号、抽样数量、样品检查（封条、包装、数量、状态）、抽样单检查（数量、信息）、交接时间、抽样人员、接样人、发样日期、发样人、特殊情况备注。

b）样品接收记录。记录接收人员、来样日期、抽样日期、储存条件、样品状态、抽样单编号、样品编号、样品名称、样品数量。

c）样品发放记录。记录检验单位、检验实验室、样品编号、样品名称、样品数量、检验项目、执行标准、发样时间、要求完成时间、制样时间、实际完成时间、发样人、样品接收人、制样人、检测室负责人。

（四）理化检测样品制备

1. 人员要求

样品制备员应具备相应的实际操作技能，熟悉检测安全操作知识。样品制备工作应由经过充分培训的操作人员完成。正式上岗前，应满足考核评价效果评价指标及方法要求，熟悉不同判定标准、检测方法标准对样品制备的要求。

2. 设备仪器要求

a）刀式研磨仪。工作舱容量不低于 300 mL。

b）天平。精确到 0.1 g，称量下限不高于 10.0 g，称量上限不低于 2000.0 g。

c）不锈钢刀具。选取抗腐蚀、不易氧化、易清洗的不锈钢刀具，如剔骨用尖刀。

d）砧板。选取抗菌、防霉且无涂层、不易划伤掉落碎屑的砧板进行样品分割，不得使用竹木砧板。

e）铲、勺。塑料铲塑料勺，不得使用木铲木勺。

f）样品柜。常温样品柜温度保持在 18 ℃～28 ℃，相对湿度维持在 25%～60%；低温样品柜温度保持在 0 ℃～6 ℃；冷冻样品柜温度保持在低于－18 ℃。

3. 方法要求

a）只取可食部分，酱猪蹄、卤鸡翅之类有骨头的肉制品应先剔掉骨头，切成小块，用斩拌机或绞肉机将样品绞碎，混匀后供分析用。客户有其他取样要求时，根据合同约定取样。

b）肉灌制品的肠衣，无论可食不可食，都需要去除，并保留肠衣。

c）腌腊肉制品测定过氧化值时，单独切小块制样。

4. 记录要求

样品制备过程应予以控制、记录，应记录制备方法、制备后样品质量、制备后样品保存方式和保存位置。测定色素时，应记录样品总质量及去掉肠衣后的样品质量。

5. 过程要求

a）样品制备员应根据任务单中样品信息核对样品。核对样品编号、样品名称等信息与任务单的一致性。

b）检查是否存在差异，如包装产品的密封情况、标识、性状等。

c）样品数量能否满足申请检验项目的用量需要。

d）样品制备员在分装制备样品过程中，要严格按照文件规定的操作要求进行，防止在操作过程中因设备及容器等原因对样品造成污染。

（五）微生物检测样品制备

1. 人员要求

能够熟练掌握无菌操作，取样全过程防止食品中固有微生物的数量和生长能力发生变化。能够正确使用样品制备相关仪器设备，防止不当操作导致实验室事故。

2. 设备仪器要求

a）待检样品存放设备。实验室应配置满足待检样品存放/化冻条件要求的设备，如冰箱、冰柜、阴凉柜等，数量应满足试验需求。

b）天平。使用经检定合格的天平进行称量。天平称量准确，数量应满足试验需求。

c）高速冷冻离心机。进行核酸提取时，使用的高速台式冷冻离心机转速上限应符合提取试剂盒方法说明的要求。

d）核酸分析仪。对提取的核酸进行纯度和浓度测定，以验证是否达到检测标准的要求。

e）工器具。配制数量充足的工器具，如剪刀、镊子、开罐器、酒精灯等，用于开启样品容器、移取样品。

3. 设施环境要求

a）无菌室。无菌室的设计指标、布局应能满足检测工作需要，且具有明确标识。

b）超净工作台。需要在100级洁净环境中进行过滤操作（如矿泉水中铜绿假单胞菌、产气荚膜梭菌、粪链球菌检测）。进行商业无菌样品开启等工作时，应在超净工作台内完成。

c）核酸提取区。基因扩增检测实验室原则上应设分隔开的工作区域，包括但不限于试剂配制与贮存区、核酸提取区、核酸扩增区和扩增产物分析区，各区域具有明确标识。各区内的试剂和耗材不能再进入任何“上游”区域。核酸提取区也称样本制备区，本区域的功能为待检样品的保存、核酸提取、贮存等。进行RNA检测的实验室，在此区域内应辟出专门的RNA操作区，或安装一台Ⅱ级生物安全柜或外排风式的排风橱来替代。

d）质量控制指标。

——“沉降菌试验”结果（内部质控）。每两周对无菌室/超净工作台环境进行一次“沉降菌试验”，监测环境洁净度，保证微生物试验结果的准确可靠。

——无菌室性能验证（外部检测）。实验室应根据实际情况，规定无菌室性能验证要求及频率。应聘请具有专业资质的第三方检测机构进行性能验证。

——区域标识。微生物无菌室、基因扩增检测实验室核酸提取区应有适当的标识，如区域名称、进入须知等。

4. 方法要求

a）样品状态。检测室接到样品后，应第一时间检查样品状态，如外包装是否破损、内容物是否溢出、冷冻样品是否化冻，以及其他明显异常现象。

b）样品任务单。检测室应核对任务单信息是否符合方法标准及任务细则的要求，如样品编号、样品名称、检验项目、发样时间、要求完成时间等内容。

c）签字确认。与发样人员进行样品交接时，需双方确认样品编号、样品名称以及样品数量等，确认无误后双方在任务单上签字。

d）特殊要求。

——检测室接到样品后应及时按照样品保存条件进行存放。

——实验室应按要求尽快检验。若不能及时检验，应采取必要的措施，防止样品中原有微生物因客观条件的干扰而发生变化。

——检验冷冻样品前先使其融化。在0 ℃～4 ℃冰箱中融化时，时间不宜超过18 h；在低于45 ℃的环境中融化时，时间不宜超过15 min。

（六）样品检测

1. 人员要求

检测人员行为公正，按照实验室管理体系工作，了解肉制品的分类，掌握肉制品的检测依据、检测标准和检测要求。按照方法要求，正确使用相关的前处理设备、分析仪器。从事微生物检测的人员还需要掌握生物检测安全操作知识和消毒灭菌知识，有颜色视觉障碍的人员不能从事涉及辨色的试验。检测人员需持证上岗，在样品检测过程中应严格按照检测标准的操作要求进行，防止在操作过程中因人为因素导致检测结果的偏离。

2. 设备仪器要求

a）前处理设备包括振荡器、超声萃取仪、高速离心机、固相萃取装置。

b）分析仪器包括分析天平、分光光度仪、液相色谱仪、液相色谱质谱联用仪、气相色谱仪、气相色谱质谱联用仪、ICP-MS、自动蛋白仪、培养箱、pH 计、酶标仪、荧光定量 PCR 仪等。设备需经过校准。

c）试剂和标准物质包括苯甲酸、山梨酸等添加剂标品，氯霉素、克伦特罗等兽药标准、标准菌株，甲醇、乙醚、硝酸等试剂。根据不同使用目的，配备相应的纯度。

d）试剂和标准物质的储备场所。制备、储存和使用过程中，应特别关注特定要求，包括其毒性、对热、空气和光的稳定性、与其他化学试剂的反应、储存环境等。

e）对于标准菌株，种类应满足检测、验证以及各种质量控制需要，并注意生物安全防护。

3. 环境要求

a）温湿度。精密分析仪器的环境温度和湿度分别在 25 ℃、85％以下；环境温度波动在 5 ℃以下。

b）电源。配有稳压电源，以及 UPS 等。

c）微生物的核心工作区（操作病原微生物及样本的试验区）。涉及病原微生物的鉴定与计数工作，应在核心工作区内的生物安全柜中进行。

d）源性成分的扩增产物分析区。基因扩增检测实验室原则上应设分隔开的工作区域，包括但不限于试剂配制与贮存区、核酸提取区、核酸扩增区和扩增产物分析区，各区域具有明确标识。各区域内的试剂和耗材不能再进入任何“上游”区域。其中，扩增产物分析区用于扩增片段的测定（如电泳凝胶结果分析），当使用荧光定量 PCR 技术进行试验时，该区域可与核酸扩增区合并。

4. 方法要求

（1）技术要求

实验室应建立和保持检验检测方法控制程序。检验检测方法包括标准方法和非标准方法（含自制方法）。应优先使用标准方法，并确保使用现行有效的标准。在使用标准方法前，应进行验证。在使用非标准方法（含自制方法）前，应进行确认。应跟踪方法的变化，并重新进行验证或确认。必要时应制定作业指导书。如确需方法偏离，应有文件规定，经技术判断和批准，并征得客户同意。当客户建议的方法不适合或已过期时，应通知客户。承担食品安全国家监督抽检任务时，应严格按照国抽细则以及任务书给定的方法开展。

（2）检测依据

a）预制肉制品。

GB 2730《食品安全国家标准　腌腊肉制品》

GB 2760《食品安全国家标准　食品添加剂使用标准》

GB 2762《食品安全国家标准　食品中污染物限量》

GB 5009.11《食品安全国家标准　食品中总砷及无机砷的测定》

GB 5009.12《食品安全国家标准　食品中铅的测定》

GB 5009.28《食品安全国家标准　食品中苯甲酸、山梨酸和糖精钠的测定》

GB 5009.33《食品安全国家标准　食品中亚硝酸盐与硝酸盐的测定》

GB 5009.227《食品安全国家标准　食品中过氧化值的测定》

GB/T 9695.6《肉制品　胭脂红着色剂测定》

GB/T 22338《动物源性食品中氯霉素类药物残留量测定》

b）熟肉制品。

GB 2726《食品安全国家标准　熟肉制品》

GB 2760《食品安全国家标准　食品添加剂使用标准》

GB 2762《食品安全国家标准　食品中污染物限量》

GB 4789.2《食品安全国家标准　食品微生物学检验　菌落总数测定》

GB 4789.3《食品安全国家标准　食品微生物学检验　大肠菌群计数》

GB 4789.4《食品安全国家标准　食品微生物学检验　沙门氏菌检验》

GB 4789.10《食品安全国家标准　食品微生物学检验　金黄色葡萄球菌检验》

GB 4789.26《食品安全国家标准　食品微生物学检验　商业无菌检验》

GB 4789.30《食品安全国家标准　食品微生物学检验　单核细胞增生李斯特氏菌检验》

GB 4789.36《食品安全国家标准　食品微生物学检验　大肠埃希氏菌 O157：H7/NM 检验》

GB 5009.11《食品安全国家标准　食品中总砷及无机砷的测定》

GB 5009.12《食品安全国家标准　食品中铅的测定》

GB 5009.15《食品安全国家标准　食品中镉的测定》

GB 5009.27《食品安全国家标准　食品中苯并（a）芘的测定》

GB 5009.28《食品安全国家标准　食品中苯甲酸、山梨酸和糖精钠的测定》

GB 5009.33《食品安全国家标准　食品中亚硝酸盐与硝酸盐的测定》

GB 5009.121《食品安全国家标准　食品中脱氢乙酸的测定》

GB 5009.123《食品安全国家标准　食品中铬的测定》

GB/T 9695.6《肉制品　胭脂红着色剂测定》

GB/T 22338《动物源性食品中氯霉素类药物残留量测定》

GB/T 23586《酱卤肉制品》

GB 29921《食品安全国家标准　预包装食品中致病菌限量》

SB/T 10381《真空软包装卤肉制品》

（3）检测项目

a）预制肉制品检测项目见表 4-3 和表 4-4。

表 4-3　调理肉制品（非速冻）检验项目

序号	检验项目	法律法规或标准依据	检测方法
1	铅（以 Pb 计）	GB 2762	GB 5009.12
2	氯霉素	整顿办函〔2011〕1 号	GB/T 22338

表 4-4　腌腊肉制品检验项目

序号	检验项目	法律法规或标准依据	检测方法
1	过氧化值（以脂肪计）	GB 2730	GB 5009.227
2	铅（以 Pb 计）	GB 2762	GB 5009.12
3	总砷（以 As 计）	GB 2762	GB 5009.11
4	氯霉素	整顿办函〔2011〕1 号	GB/T 22338
5	亚硝酸盐（以亚硝酸钠计）	GB 2760	GB 5009.33
6	苯甲酸及其钠盐（以苯甲酸计）	GB 2760	GB 5009.28
7	山梨酸及其钾盐（以山梨酸计）	GB 2760	GB 5009.28
8	胭脂红	GB 2760	GB/T 9695.6

b）熟肉制品检测项目见表 4-5、表 4-6、表 4-7、表 4-8 和表 4-9。

表 4-5　发酵肉制品检验项目

序号	检验项目	法律法规或标准依据	检测方法
1	氯霉素	整顿办函〔2011〕1 号	GB/T 22338
2	亚硝酸盐（以亚硝酸钠计）	GB 2760	GB 5009.33
3	苯甲酸及其钠盐（以苯甲酸计）	GB 2760	GB 5009.28

表 4-5（续）

序号	检验项目	法律法规或标准依据	检测方法
4	山梨酸及其钾盐（以山梨酸计）	GB 2760	GB 5009.28
5	大肠菌群[a]	GB 2726	GB 4789.3
6	单核细胞增生李斯特氏菌[b]	GB 29921	GB 4789.30

[a] 限熟制预包装食品检测。
[b] 限预包装食品检测。

表 4-6　酱卤肉制品检验项目

序号	检验项目	法律法规或标准依据	检测方法
1	铅（以 Pb 计）	GB 2762	GB 5009.12
2	镉（以 Cd 计）	GB 2762	GB 5009.15
3	铬（以 Cr 计）	GB 2762	GB 5009.123
4	总砷（以 As 计）	GB 2762	GB 5009.11
5	氯霉素	整顿办函〔2011〕1 号	GB/T 22338
6	亚硝酸盐（以亚硝酸钠计）	GB 2760	GB 5009.33
7	苯甲酸及其钠盐（以苯甲酸计）	GB 2760	GB 5009.28
8	山梨酸及其钾盐（以山梨酸计）	GB 2760	GB 5009.28
9	脱氢乙酸及其钠盐（以脱氢乙酸计）	GB 2760	GB 5009.121
10	防腐剂混合使用时各自用量占其最大使用量的比例之和	GB 2760	—
11	胭脂红	GB 2760	GB/T 9695.6
12	糖精钠（以糖精计）	GB 2760	GB 5009.28
13	菌落总数[a]	GB 2726	GB 4789.2
14	大肠菌群[a]	GB 2726	GB 4789.3
15	沙门氏菌[a]	GB 29921	GB 4789.4
16	金黄色葡萄球菌[a]	GB 29921	GB 4789.10 第二法
17	单核细胞增生李斯特氏菌[a]	GB 29921	GB 4789.30
18	大肠埃希氏菌 O157：H7[b]	GB 29921	GB 4789.36
19	商业无菌[c]	GB/T 23586、SB/T 10381、产品明示标准和质量要求	GB 4789.26

[a] 限预包装食品检测。
[b] 限牛肉预包装食品检测。
[c] 限罐头工艺食品检测。

表 4-7 熟肉干制品检验项目

序号	检验项目	法律法规或标准依据	检测方法
1	氯霉素	整顿办函〔2011〕1号	GB/T 22338
2	苯甲酸及其钠盐（以苯甲酸计）	GB 2760	GB 5009.28
3	山梨酸及其钾盐（以山梨酸计）	GB 2760	GB 5009.28
4	菌落总数[a]	GB 2726	GB 4789.2
5	大肠菌群[a]	GB 2726	GB 4789.3
6	沙门氏菌[a]	GB 29921	GB 4789.4
7	金黄色葡萄球菌[a]	GB 29921	GB 4789.10 第二法
8	单核细胞增生李斯特氏菌[a]	GB 29921	GB 4789.30
9	大肠埃希氏菌 O157：H7[b]	GB 29921	GB 4789.36

[a] 限预包装食品检测。
[b] 限牛肉预包装食品检测。

表 4-8 熏烧烤肉制品检验项目

序号	检验项目	法律法规或标准依据	检测方法
1	苯并（a）芘	GB 2762	GB 5009.27
2	氯霉素	整顿办函〔2011〕1号	GB/T 22338
3	菌落总数[a]	GB 2726	GB 4789.2
4	大肠菌群[a]	GB 2726	GB 4789.3
5	单核细胞增生李斯特氏菌[a]	GB 29921	GB 4789.30

[a] 限预包装食品检测。

表 4-9 熏煮香肠火腿制品检验项目

序号	检验项目	法律法规或标准依据	检测方法
1	氯霉素	整顿办函〔2011〕1号	GB/T 22338
2	亚硝酸盐（以亚硝酸钠计）	GB 2760	GB 5009.33
3	苯甲酸及其钠盐（以苯甲酸计）	GB 2760	GB 5009.28
4	山梨酸及其钾盐（以山梨酸计）	GB 2760	GB 5009.28
5	脱氢乙酸及其钠盐（以脱氢乙酸计）	GB 2760	GB 5009.121
6	防腐剂混合使用时各自用量占其最大使用量的比例之和	GB 2760	—

表 4-9（续）

序号	检验项目	法律法规或标准依据	检测方法
7	菌落总数[a]	GB 2726	GB 4789.2
8	大肠菌群[a]	GB 2726	GB 4789.3
9	单核细胞增生李斯特氏菌[a]	GB 29921	GB 4789.30
10	大肠埃希氏菌 O157：H7[b]	GB 29921	GB 4789.36

[a] 限预包装食品检测。
[b] 限牛肉预包装食品检测。

（4）效果评价指标及方法要求

实验室应关注检测方法中的限制说明、浓度范围和样品基体，选择的检测方法应确保在限量点附近给出可靠的结果。

实验室应对首次采用的检测方法进行技术能力验证，如检出限、回收率、正确度和精密度等。微生物方法验证可采用自然污染的样品、添加标准菌株的样品等。如果在验证过程中发现标准方法中未能详述影响检测结果的环节，应将详细操作步骤编制成作业指导书，作为标准方法的补充。当检测标准变更涉及检测方法原理、仪器设施、操作方法时，需要通过技术验证重新证明正确运用新标准的能力。

（5）记录数据、信息指标及要求

任何对标准方法的修改，都必须进行确认，即使所采用的替代技术可能具有更好的分析性能。

（6）质量控制指标及方法要求

确认方法的性能特性时，实验室应：

a）通过试验方法的检出限、精密度、回收率、适用的浓度范围和样品基体等特性来对检测方法进行确认。实验室应能解释和说明检出限和报告限的获得。报告限应设定一定置信度下可获得定量结果的水平。

b）如可行，使用有证标准物质评估方法偏差。使用的有证标准物质应尽可能与样品基体一致。分析物的水平也应在方法的适用范围内。应关注客户需求的浓度水平及规定的限量附近的检测性能特性。如无合适基体的有证标准物质，应进行回收率研究或与标准参考方法进行比对。

c）当设备、环境变化可能影响检测结果或不满足制造商的要求时，应对检测方法特性重新进行确认。

d）微生物检测过程中应按照方法要求设置空白对照、阴性对照和阳性对照。

5. 过程要求

（1）方法要求

实验室应关注检测方法中的限制说明、浓度范围和样品基体，选择的检测方法应确保在限量点附近给出可靠的结果。

实验室应对首次采用的检测方法进行技术能力验证。如果在验证过程中发现标准方法中未能详述影响检测结果的环节，应将详细操作步骤编制成作业指导书，作为标准方法的补充。当检测标准变更涉及检测方法原理、仪器设施、操作方法时，需要通过技术验证重新证明正确运用新标准的能力。

检测样品应按可行方式妥善储存。实验室应规定不同类型样品，特别是易变质、易燃易爆样品的储存条件。如果样品储存的环境条件很关键，应予以监控和记录，以证实满足需要。

（2）质量控制指标及方法要求

实验室应对检测结果有效性进行监控。

监控应覆盖申请认可或已获认可的所有检测技术和方法，以确保并证明检测过程受控以及检测结果的准确性和可靠性。内部质量控制方法应包括但不限于空白分析、重复检测、比对、加标和控制样品的分析。内部质控实施时还应考虑内部质量控制频率、规定限值和超出规定限值时采取的措施。

如果检测方法规定了内部质量控制计划和程序（包括规定限值），实验室应严格执行。如果检测方法中无此类计划，实验室应采取以下方法：

a）空白。

试剂空白一般每制备批样品或每 20 个样品做一次，样品的检测结果应消除空白造成的影响。高于接受限的试剂空白表示与空白同时分析的这批样品可能受到污染，检测结果不能被接受。当经过实验证明试剂空白处于稳定水平时，可适当减少空白试验的频次。当检测方法对空白有具体规定时，应满足方法要求。

b）实验室控制样品（LCS）。

实验室控制样品可每制备批样品或每 20 个样品做一次。LCS 应按通常遇到的基体和含量水平准备，其测定结果可建立质量控制图进行分析评价。当经过 LCS 测试实验证明检测水平处于稳定和可控制状态下，可适当减少 LCS 的测试频率。

c）加标。

应在分析样品前加标，基体加标应至少每制备批样品或每个基体类型或每 20 个样品做一次，且添加物浓度水平应接近分析物浓度或在校准曲线中间范围浓度内，加入的添加物总量不应显著改变样品基体。

d）重复检测。

重复样品一般至少每制备批样品或每个基体类型或每 20 个样品做一次。经过试验表明检测水平处于稳定和可控制状态下，可适当地减少重复检测频率。

适用时，实验室应使用控制图监控实验室能力。质量控制图和警戒限应基于统计原理。实验室也应观察和分析控制图显示的异常趋势，必要时采取处理措施。

适用时，实验室可参考 ISO 5725《测试方法与结果的准确度（正确度与精密度）》中给出的指南。

对于非常规检测项目，应加强内部质量控制措施，必要时进行全面的分析系统验证，包括使用标准物质或已知被分析物浓度的控制样品，然后进行样品或加标样品重复分析，确保检测结果的可靠性和准确性。

实验室应尽可能参加能力验证或实验室间比对以验证其能力，其频次应与所承担的工作量相匹配。CNAS-RL02《能力验证规则》中规定的实验室参加能力验证活动的频次是实验室获得或维持认可的最低要求。实验室应根据检测工作量、检测方法的稳定性、内部质量控制情况、人员、设施、设备等变化情况确定参加能力验证和实验室间比对的频率。

（七）结果判定

1. 人员要求

a）结果判定人员对检验结果进行判定，必须熟悉并掌握国抽细则、市抽细则、食品执行标准等相关文件中针对不同检验项目的判定依据和结果判定限量值。

b）结果判定人员对检验结果进行判定，需要熟悉产品标签的识读，以便使用相应的标准对检验结果进行判定，避免因日期、等级等具体细节造成判定不准确。

c）结果判定人员应及时查新判定标准，注意新标准实施日期和旧标准废止日期，准确使用对应标准对结果进行判定。

d）结果判定人员应掌握特殊的判定原则，能够考虑肉制品食品中带入和本底值的情况。

2. 设备仪器要求

a）配备带有 Office 或 WPS 办公软件的电脑，满足产品标准检索要求；应及时更新相关软件，且正版软件需处于受控状态。

b）市抽、国抽等任务需申请密钥及系统账号，且登记在册；按时缴纳费用，保证设备处于有效使用状态。

c）现行有效标准文件应处于受控状态；需要购买的标准文件，应从官方正规渠道采购。

d）涉及保密性质任务信息的电脑不可连接网络。

e）判定结果需整理留存电子版，按时进行数据备份工作（如刻盘）。

3. 方法要求

a）根据样品具体的种类，使用相应的肉制品法律法规或标准对部分检验项目的实测数据进行结果判定。

b）发酵肉制品包括发酵香肠（如萨拉米香肠）、发酵火腿（如帕尔玛火腿）等。检验项目的判定标准：亚硝酸盐（以亚硝酸钠计）、苯甲酸及其钠盐（以苯甲酸计）、山梨酸及其钾盐（以山梨酸计）依据 GB 2760；大肠菌群依据 GB 2726；单核细胞增生李斯特氏菌依据 GB 29921；氯霉素依据文号为整顿办函〔2011〕1 号的文件。

c）酱卤肉制品包括白煮羊头、盐水鸭、烧鸡、酱牛肉、酱鸭、酱肘子等，以及糟肉、糟鸡、糟鹅等糟肉类。检验项目的判定标准：铅（以 Pb 计）、镉（以 Cd 计）、铬（以 Cr 计）、总砷（以 As 计）依据 GB 2762；亚硝酸盐（以亚硝酸钠计）、苯甲酸及其钠盐（以苯甲酸计）、山梨酸及其钾盐（以山梨酸计）、脱氢乙酸及其钠盐（以脱氢乙酸计）、胭脂红、糖精钠（以糖精计）依据 GB 2760；菌落总数、大肠菌群依据 GB 2726；沙门氏菌、金黄色葡萄球菌、单核细胞增生李斯特氏菌、大肠埃希氏菌 O157：H7 依据 GB 29921；商业无菌依据 GB/T 23586、SB/T 10381 以及产品明示标准和质量要求；氯霉素依据文号为整顿办函〔2011〕1 号的文件。

d）熟肉干制品包括肉干、肉松、肉脯等。检验项目的判定标准：苯甲酸及其钠盐（以苯甲酸计）、山梨酸及其钾盐（以山梨酸计）依据 GB 2760；菌落总数、大肠菌群依据 GB 2726；沙门氏菌、金黄色葡萄球菌、单核细胞增生李斯特氏菌、大肠埃希氏菌 O157：H7 依据 GB 29921；氯霉素依据文号为整顿办函〔2011〕1 号的文件。

e）熏烧烤肉制品包括烤鸭、烤鹅、烤乳猪、烤鸽子、叫花鸡、烤羊肉串、五花培根、通脊培根等。检验项目的判定标准：苯并（a）芘依据 GB 2762；菌落总数、大肠菌群依据 GB 2726；单核细胞增生李斯特氏菌依据 GB 29921；氯霉素依据文号为整顿办函〔2011〕1 号的文件。

f）熏煮香肠火腿制品包括圣诞火腿、方火腿、圆火腿、里脊火腿、火腿肠、烤肠、红肠、茶肠、泥肠等。检验项目的判定标准：亚硝酸盐（以亚硝酸钠计）、苯甲酸及其钠盐（以苯甲酸计）、山梨酸及其钾盐（以山梨酸计）、脱氢乙酸及其钠盐（以脱氢乙酸计）依据 GB 2760；菌落总数、大肠菌群依据 GB 2726；单核细胞增生李斯特氏菌、大肠埃希氏菌 O157：H7 依据 GB 29921；氯霉素依据文号为整顿办函〔2011〕1 号的文件。

g）调理肉制品（非速冻）是以畜禽肉为主要原料，绞制或切制后添加调味料、蔬菜等辅料，经滚揉、搅拌、调味或预加热等工艺加工而成，食用前需经二次加工的非即食类肉制品，如超市腌制的牛排，预制的鱼香肉丝、宫保鸡丁等。检验项目的判定标准：铅（以 Pb 计）依据 GB 2762；氯霉素依据文号为整顿办函〔2011〕1 号的文件。

h）腌腊肉制品包括传统火腿、腊肉、咸肉、香（腊）肠、腌腊禽制品等。检验项目的判定标准：铅（以 Pb 计）、总砷（以 As 计）依据 GB 2762；亚硝酸盐（以亚硝酸钠计）、苯甲酸及其钠盐（以苯甲酸计）、山梨酸及其钾盐（以山梨酸计）、胭脂红依据 GB 2760；氯霉素依据文号为整顿办函〔2011〕1 号的文件；过氧化值（以脂肪计）依据 GB 2730。

结合食品类别和检验项目，使用相应的判定标准对实测数据进行结果判定。

——发酵肉制品检验项目的限量值：亚硝酸盐（以亚硝酸钠计）≤30 mg/kg、苯甲酸及其钠盐（以苯甲酸计）“不得使用”、山梨酸及其钾盐（以山梨酸计）≤0.075 g/kg、大肠菌群［n=5；c=2；m=10；M=102（CFU/g）］、单核细胞增生李斯特氏菌［n=5；c=0；m=0］、氯霉素不得检出。

——酱卤肉制品检验项目的限量值：铅（以 Pb 计）≤0.5 mg/kg、镉（以 Cd 计）［肉制品（肝脏制品、肾脏制品除外）］≤0.1 mg/kg；镉（以 Cd 计）（肝脏制品）≤0.5 mg/kg；镉（以 Cd 计）（肾脏制品）≤1.0 mg/kg、铬（以 Cr 计）≤1.0 mg/kg、总砷（以 As 计）≤0.5 mg/kg、亚硝酸盐（以亚硝酸钠计）≤30 mg/kg、苯甲酸及其钠盐（以苯甲酸计）“不得使用”、山梨酸及其钾盐（以山梨酸计）≤0.075 g/kg、脱氢乙酸及其钠盐（以脱氢乙酸计）≤0.5 g/kg、胭脂红“不得使用”、糖精钠（以糖精计）“不得使用”、菌落总数［n=5；c=2；m=104；M=105（CFU/g）］、大肠菌群［n=5；c=2；m=10；M=102（CFU/g）］、沙门氏菌（n=5；c=0；m=0）、金黄色葡萄球菌［n=5；c=1；m=100；M=1000（CFU/g）］、单核细胞增生李斯特氏菌（n=5；c=0；m=0）、大肠埃希氏菌 O157：H7（n=5；c=0；m=0）、罐头工艺食品应满足商业无菌要求、氯霉素不得检出。

——熟肉干制品检验项目的限量值：苯甲酸及其钠盐（以苯甲酸计）“不得使用”、山梨酸及其钾盐（以山梨酸计）≤0.075 g/kg、菌落总数［n=5；c=2；m=104；M=105（CFU/g）］、大肠菌群［n=5；c=2；m=10；M=102（CFU/g）］、沙门氏菌（n=5；c=0；m=0）、金黄色葡萄球菌［n=5；c=1；m=100；M=1000（CFU/g）］、单核细胞增生李斯特氏菌（n=5；c=0；m=0）、大肠埃希氏菌 O157：H7（n=5；c=0；m=0）、氯霉素不得检出。

——熏烧烤肉制品检验项目的限量值：苯并（a）芘≤5.0 μg/kg、菌落总数［n=

5；c=2；m=104；M=105（CFU/g）］、大肠菌群［n=5；c=2；m=10；M=102（CFU/g）］、单核细胞增生李斯特氏菌（n=5；c=0；m=0）、氯霉素不得检出。

——熏煮香肠火腿制品检验项目的限量值：亚硝酸盐（以亚硝酸钠计）［西式火腿（熏烤、烟熏、蒸煮火腿）类除外］≤30 mg/kg；亚硝酸盐（以亚硝酸钠计）［西式火腿（熏烤、烟熏、蒸煮火腿）类］≤70 mg/kg、苯甲酸及其钠盐（以苯甲酸计）“不得使用”、山梨酸及其钾盐（以山梨酸计）（肉灌肠类除外）≤0.075 g/kg、山梨酸及其钾盐（以山梨酸计）（肉灌肠类）≤1.5 g/kg、脱氢乙酸及其钠盐（以脱氢乙酸计）≤0.5 g/kg、菌落总数［n=5；c=2；m=104；M=105（CFU/g）］、大肠菌群［n=5；c=2；m=10；M=102（CFU/g）］、单核细胞增生李斯特氏菌（n=5；c=0；m=0）、大肠埃希氏菌O157：H7（n=5；c=0；m=0）、氯霉素不得检出。

——调理肉制品（非速冻）检验项目的限量值：铅（以Pb计）≤0.5 mg/kg、氯霉素不得检出。

——腌腊肉制品检验项目的限量值：铅（以Pb计）≤0.5 mg/kg、总砷（以As计）≤0.5 mg/kg、亚硝酸盐（以亚硝酸钠计）≤30 mg/kg、苯甲酸及其钠盐（以苯甲酸计）“不得使用”、山梨酸及其钾盐（以山梨酸计）“不得使用”、胭脂红“不得使用”、氯霉素“不得检出”、过氧化值（以脂肪计）［火腿、腊肉、咸肉、香（腊）肠］≤0.5 g/100g；过氧化值（以脂肪计）（腌腊禽制品）≤1.5 g/100g。

4. 过程要求

a）首先应判断是否属于带入原则或本底值含量等特殊要求。对于一些具有本底值的特殊样品，在结果判定时还需要考虑其本底值的含量。

b）对于有带入的特殊样品，在结果判定时还需要考虑带入原则。

——带入问题以满足GB 2760—2014《食品安全国家标准　食品添加剂使用标准》为准，如熟肉制品中因调味品等配料的添加会带入苯甲酸及其钠盐（以苯甲酸计）。

——本底值含量以不超过本底参考值为准，如熟肉制品中磷酸盐的本底值。

（八）报告出具

1. 人员要求

a）报告出具人员应当有意识并正确解读相关任务要求，明确报告的格式、报送方式、报送时限等要求，在规定时限内出具相应的报告并以规定方式上报：纸质版、电子版。

b）报告出具人员应掌握不同种类报告的出具方法和流程：系统填报；人工出具（熟练操作办公软件及常用功能，如Word、Excel函数等）。

2. 方法要求

(1) 报送方法

a) 通过国家抽检系统报送：核对样品关键信息→查询方法、限值，调整模板→填报试验结果→系统自动生成电子报告→检查报告是否有误→逐级审核并上报。

b) 通过抽检系统报送：从系统下载样品信息，核对关键信息及逻辑性错误→制作食品检验结果录入表→将试验结果录入食品检验结果录入表→利用 Word、Excel 等办公软件出具检验报告→将检验报告发送给检验、审核、批准人逐级审核、签字，最后返还至报告出具人员签章→生成 PDF 版检验报告→将食品检验结果录入表和 PDF 版报告上传至市抽系统，完成报送→上传完毕检查是否有漏传、传错情况的发生，并及时更正，核对完毕方可分发报告→如遇无法上传情况，应按系统提示检查是否书写有误，如因系统任务中未下达相应食品类别检测项目导致无法上传，应及时联系市场监管部门相关负责人，按要求填写添加项目表，及时关注系统任务添加情况。

c) 通过线下方式报送：根据委托方要求出具电子报告或纸质报告→通过邮寄或自取等方式将结果报送给委托方。

(2) 检验报告

出具的检验报告应至少包括以下内容：

a) 标题统一为“检验（测）报告”。

b) 实验室的名称、地址、邮编、电话和传真。

c) 检验报告的唯一性编号，每页标明页码和总页数，结尾处有结束标识。

d) 委托方名称、被抽样单位名称、标称生产企业名称。

e) 检验类别。

f) 样品抽样日期、样品生产/加工/购进日期、报告签发日期。

g) 样品名称和必要的样品描述（如规格、商标、质量等级的描述）。

h) 样品抽样数量、抽样地点、抽样单编号。

i) 抽样人员和检查封样人员。

j) 检测项目、检验结论、判定依据、标准指标、实测值、单项判定、检验依据。

k) 主检人、审核人、批准人签字（签章），并加盖本实验室印章。

l) 类似“报告无‘检验报告专用章’或检验单位公章无效”的声明。

m) 类似“报告无主检、审核、批准人签字无效”的声明。

n) 类似“报告涂改无效”的声明。

o) 类似“对检验结果若有异议，请于收到之日起七个工作日内以书面形式提出，逾期不予受理”的声明。

（3）报送时限

a）关注样品的抽样、到样、发样情况，合理安排时间。

b）提前做好查询限值、制作/调整模板等准备工作。

c）督促实验室按时完成试验并提交试验数据。

d）在规定时限内出具报告并上报，与肉制品相关的限时报送指标通常为致病菌超标。

（九）报告出具

1. 人员要求

a）掌握不同肉制品的储存要求。

b）熟悉电脑操作。

2. 仪器设备要求

a）登记，放入冷藏、冷冻、常温库相应储藏设备。

b）记录数据和信息指标及要求。

c）登记人、登记日期、样品所在箱号、所在样品库。

3. 方法要求

a）样品接收后，按照储存要求进行分类登记、放入相应储藏设备。

b）登记人、登记日期、样品所在箱号、所在样品库。

二、肉制品中镉含量监督检验在线质控应用案例

镉是一种毒性很强的重金属，也是肉及肉制品中超标风险较高的项目。主要原因是原料肉及辅料中重金属的富集和生产加工过程的污染。近年食品监督抽检结果显示肉及肉制品中重金属镉超标严重，如动物肝脏、驴肉等。食品监督抽检是我国食品安全监管发现问题的重要手段。近年随着我国食品安全监管力度不断加大，食品安全检测政策和技术也在不断革新，食品检验检测流程逐渐规范化。食品安全检测的合规性、真实性、准确性至关重要。肉及肉制品中镉依据 GB 5009.15—2014《食品安全国家标准　食品中镉的测定》进行检测，依据 GB 2762—2022《食品安全国家标准　食品中污染物限量》对产品进行判定。在检验检测过程中影响结果的因素很多，因此应识别检测过程中影响结果质量的环节，并采取控制措施防止偏离的发生，从而提高检测质量。本节针对肉及肉制品中镉在抽检过程中的质量控制点进行系统分析，并提出了质量控制措施，确保肉及肉制品中镉检测的抽检流程规范、检测结果准确可靠。

（一）样品抽取

1. 人员要求

抽样人员应熟悉《国家食品安全监督抽检实施细则》中的抽样要求。细则规定，镉检测的产品种类有预制肉制品的腌腊肉制品、熟肉制品中的酱卤肉制品和熟肉干制品。在抽样工作开展之前，应制定详细周密的抽样方案，根据任务书确定抽样日期、地点、抽样人员、样品种类、样品基数、抽样数量、抽样方式、样品封装、样品运送方式、抽样过程监控方式等，确定检验项目、检验依据和判定原则、检验人员等，确定工作日程表。

2. 设备仪器要求

抽样人员应准备好各类采样工具：冷藏箱、冰袋（或干冰）、遮光布、签字笔、透明胶带、密封袋、照相机、移动终端、打印机、墨盒、笔记本电脑等，检查并清洁抽样箱等设备，保证设备能够正常使用。放置抽样的容器应密闭性能良好，清洁无虫，不漏，不污染。

3. 设施环境要求

对于需要冷藏或冷冻储存的肉制品，应当采取适当措施，如泡沫箱、冷藏箱、冷冻车等贮存运输工具，用于存放样品的冷藏箱应存放在干净、无毒、无害、无异味、无污染的场所，冷藏箱内保持清洁。用于存放制冷剂的制冷设备应保持在－18℃以下，保持制冷剂的制冷效果。对于带电池的照相机、移动终端、打印机和笔记本夏天阳光直射时，温度不宜超过 50℃。

4. 过程要求

为保证抽样过程客观、公正，抽样人员可通过拍照或录像等方式对被抽样品状态、食品基数，以及其他可能影响抽检监测结果的因素进行现场信息采集。现场采集的信息可包括：

a）被抽样单位外观照片，若被抽样单位悬挂铭牌，应包含在照片内。

b）被抽样单位社会信用、营业执照、经营许可证等法定资质证书复印件或照片。

c）抽样人员从样品堆中取样照片，应包含抽样人员和样品堆信息。

d）从不同部位抽取的含有外包装的样品照片。

e）封样完毕后，所封样品码放整齐后的外观照片和封条近照，有特殊贮运要求的样品应当同时包含样品采取防护措施的照片。

f）同时包含所封样品、抽样人员和被抽样单位人员的照片，被抽样单位经手人在抽样单签字的正面照。

g）填写完毕的抽样单、进货凭证（检疫票等）、食用农产品产地合格证、销售单、购物票据等在一起的照片。

h）其他需要采集的信息。

抽样时，应考虑肉制品的特殊性。同一批次肉制品是采用相同生产工艺生产出来的，具有相同的风味。从客观上看，同一批次产品由若干个独立个体组成。由于原料肉存在差异，成品中每个独立个体的内在质量不可能完全相同，且可能存在极个别差异较大的现象。采用随机方法抽取代表性样品，分样（分成 2 份，1 份为检验样品、1 份为复检备份样品）后分别封样。分样方法要科学，避免出现检、备样明显差异，造成初检结论与复检结论不一致的风险。

（二）样品储运

对于需要冷藏或冷冻储存的肉制品，应当采取适当措施，如泡沫箱、冷藏箱、冷冻车等贮存运输工具，保证样品运输过程符合标准或样品标识要求的运输条件。异地抽检时，对不好保存的样品以及保存条件需要冷藏或者冷冻的肉制品，如果运输时间相对较长，抽样人员可适当采取相应措施，如求助相关监管部门对抽样产品进行冷冻，然后封存好，选择最快的航空运输。为保证抽样过程中证据链完整，在邮寄包装过程中进行拍照或录像。本地抽取的样品当天需要返回到实验室，进行样品移交。异地抽取的样品原则上 5 个工作日内返回到承检单位，对保质期短的食品应及时移交。

（三）样品接收

样品接收人员需了解样品接收流程，对样品进行密封性检查、符合性检查、接收和登记，做好照片的分类存档。对于检测肉制品中镉的项目，需要核对肉制品的检验和备样数量是否满足 GB 5009.15—2014《食品安全国家标准　食品中镉的测定》中的检验要求。及时填写抽检样品接收和登记记录。样品接收后，应将肉制品按要求存放。样品保管人员不得少于 2 人，严禁随意调换、拆封样品。

（四）样品制备

1. 人员要求

样品制备人员需经过培训考核，授权上岗。样品制备人员应熟悉 GB 5009.15—2014《食品安全国家标准　食品中镉的测定》中关于样品制备的内容。肉类样品制备是用食品加工机打成匀浆或碾磨成匀浆，储于洁净的塑料瓶中，并标明标记，于－18 ℃～－16 ℃的冰箱中保存备用。

2. 设备仪器要求

样品制备前应将处理样品的刀、砧板、绞肉机等工具清洗干净，并用制备样品专用擦拭巾把工具内部和表面残留的水分擦干。

3. 设施环境要求

整个样品制备过程应在指定区域内进行，每天擦拭样品制备区域台面和制样设备，清洁地面，保持制备区域干净、整洁，避免灰尘等污染样品。

4. 方法/方案要求

按照GB 5009.15—2014《食品安全国家标准　食品中镉的测定》的要求进行样品制备，查看样品状态和样品数量，检查样品制备过程是否符合要求，检查样品制备记录的完整性。

5. 过程要求

由于肉及肉制品存在样品不均匀的特点，且镉是一种非常容易污染的元素，因此在样品制备时应保证样品均匀性，避免制样过程中造成待测样品污染。样品制备时常采用四分法取样，样品处理前应清洗与样品接触的砧板、刀具、斩拌器、盛器等器具，并用专用的干净抹布擦干水分。

样品制备后，制样人员需填写制样记录单，制样人要对样品编号、样品名称、下发样品数量进行确认，要对样品状态进行检查，并及时记录相关信息。样品制备后以质量表示，单位精确到克（g），有效位数保留到整数。同时，应有专人每天记录样品制备间的环境条件，如温度和湿度等，注意温度、湿度、阳光、尘埃等影响因素，应有消防安全措施。

（五）样品检测

1. 人员要求

实验室拥有2名或以上具备从事镉含量检测能力的检测人员。检测人员需要具备镉含量检测相关理论知识和实践经验，熟悉镉含量检测流程，掌握镉检测试验原理，熟练操作试样消解等步骤，熟练掌握石墨炉原子吸收光谱的操作及日常维护，并能准确控制试验过程中的关键点，具有对结果进行正确判断的能力和经验。

2. 设备要求

根据标准方法，实验室应配备符合要求的石墨炉原子吸收分光光度计、压力罐消解、微波消解、湿法消解、干法消解等设备设施。检测仪器的计量溯源是保证结果准确性的关键控制点。实验室应将对试验结果产生影响的关键仪器，纳入设备的校准/检定计划。在国家承认的计量认证单位校准/检定后，经检测人员对证书进行确认，证实能够满足试验要求后方可用于检测工作。经过检定/校准的仪器还需要定期进行期间核查和日常维护。无需校准/检定的辅助设备应进行日常管理，保持设备良好的状态，确保仪器设施的可靠度和准确度。

GB 5009.15—2014《食品安全国家标准　食品中镉的测定》涉及的仪器设备主要有以下8种：a）原子吸收分光光度计，附石墨炉；b）镉空心阴极灯；c）电子天平：感量为0.1 mg和1 mg；d）可调温式电热板、可调温式电炉；e）马弗炉；f）恒温干燥箱；g）压力消解器、压力消解罐；h）微波消解系统：配聚四氟乙烯或其他合适的压力罐。

3. 设施环境要求

肉及肉制品中镉的检测属于痕量分析，实验室应特别关注并确认检测设施和环境不对检测结果的有效性产生不良的影响。每天擦拭实验室台面和仪器设备，清洁地面，确保室内干净、整洁，尽可能避免灰尘污染试验过程。设施应尽量选择防酸材质，实验室应排风良好，防止酸气腐蚀设施污染试验过程。环境温湿度保持在标准要求范围内，并且符合仪器的使用要求。及时、科学、规范地收集仪器排出的废液，统一回收，确保不会对人员和环境造成危害，不会对待测样品造成污染。

4. 方法/方案要求

（1）选用国家标准

肉及肉制品中镉含量检测依据GB 5009.15—2014《食品安全国家标准　食品中镉的测定》。

（2）样品前处理

根据实验室条件选用以下任何一种方法消解，称量时应保证样品的均匀性。

a）压力消解罐消解法。称取干试样0.3 g～0.5 g（精确至0.0001 g）、鲜（湿）试样1 g～2 g（精确到0.001 g）于聚四氟乙烯内罐，加硝酸5 mL浸泡过夜。再加过氧化氢溶液（30%）2 mL～3 mL（总量不能超过罐容积的1/3）。盖好内盖，旋紧不锈钢外套，放入恒温干燥箱，120 ℃～160 ℃保持4 h～6 h，在箱内自然冷却至室温，打开后加热赶酸至近干，将消化液吸入10 mL或25 mL容量瓶中，用少量硝酸溶液（1%）洗涤内罐和内盖3次，洗液合并于容量瓶中并用硝酸溶液（1%）定容至刻度，混匀备用；同时做试剂空白试验。

b）微波消解。称取干试样0.3 g～0.5 g（精确至0.0001 g）、鲜（湿）试样1 g～2 g（精确到0.001 g）于微波消解罐中，加5 mL硝酸和2 mL过氧化氢。微波消化程序可以根据仪器型号调至最佳条件。消解完毕，待消解罐冷却后打开，消化液呈无色或淡黄色，加热赶酸至近干，用少量硝酸溶液（1%）冲洗消解罐3次，将溶液转移至10 mL或25 mL容量瓶中，并用硝酸溶液（1%）定容至刻度，混匀备用；同时做试剂空白试验。

c）湿式消解法。称取干试样 0.3 g～0.5 g（精确至 0.0001 g）、鲜（湿）试样 1 g～2 g（精确到 0.001 g）于锥形瓶中，放数粒玻璃珠，加 10 mL 硝酸-高氯酸混合溶液（9+1），加盖浸泡过夜，加一小漏斗在电热板上消化，若变棕黑色，再加硝酸，直至冒白烟，消化液呈无色透明或略带微黄色，放冷后将消化液吸入 10 mL 或 25 mL 容量瓶中，用少量硝酸溶液（1%）洗涤锥形瓶 3 次，洗液合并于容量瓶中并用硝酸溶液（1%）定容至刻度，混匀备用；同时做试剂空白试验。

d）干法灰化。称取干试样 0.3 g～0.5 g（精确至 0.0001 g）、鲜（湿）试样 1 g～2 g（精确到 0.001 g）、液态试样 1 g～2 g（精确到 0.001 g）于瓷坩埚中，先小火在可调式电炉上炭化至无烟，移入马弗炉 500 ℃灰化 6 h～8 h，冷却。若个别试样灰化不彻底，加 1 mL 混合酸在可调式电炉上小火加热，将混合酸蒸干后，再转入马弗炉中 500 ℃继续灰化 1 h～2 h，直至试样消化完全，呈灰白色或浅灰色。放冷，用硝酸溶液（1%）将灰分溶解，将试样消化液吸入 10 mL 或 25 mL 容量瓶中，用少量硝酸溶液（1%）洗涤瓷坩埚 3 次，洗液合并于容量瓶中并用硝酸溶液（1%）定容至刻度，混匀备用；同时做试剂空白试验。

样品消解过程应注意避免因人为因素造成的样液污染，应保证消解完全，保证得到澄清样液。赶酸步骤应控制尽量降低样液酸度，否则会造成背景升高，缩短石墨管使用寿命。消解时防止烧干引起待测组分镉损失。

当检测试剂空白出现异常高时，应对硝酸中镉元素含量进行测定，避免因硝酸中镉含量过高，造成检测结果不准确。试验过程中所用器皿均需硝酸溶液浸泡 24 h 以上，用水反复冲洗，最后用去离子水冲洗干净后使用。

（3）测定过程

a）仪器根据各自的性能调至最佳状态。参考条件为波长 228.8 nm，狭缝 0.5 nm，灯电流 4.0 mA，干燥温度（85 ℃、5 s，95 ℃、20 s，110 ℃、5 s），灰化温度250 ℃、3 s，原子化温度 1800 ℃、3 s，清扫温度 1900 ℃、2 s。

b）标准曲线绘制。参考曲线浓度范围是 0.5 ng/mL、1.0 ng/mL、2.0 ng/mL、3.0 ng/mL、4.0 ng/mL，各吸取 10 μL 注入石墨炉，测得其吸光值并求得吸光值与浓度关系的一元线性回归方程。原子吸收测定镉时，线性范围较窄，因此要关注标准曲线回归系数，保证不小于 0.995。

c）试样测定。分别吸取样液和试剂空白液各 10 μL 注入石墨炉，测得其吸光值，代入标准系列使用液的一元线性回归方程中求得样液中镉的含量。

d）肉制品含有大量盐类，且基质复杂，如果用石墨炉法直接测定镉，则背景吸收严重，因此常用磷酸二氢铵作为基体改进剂，克服镉测定过程中的干扰。

e）测定过程中应实时检查仪器运行状态，如光路是否通畅、灯的能量是否处于正常范围、自动进样器进样顺畅、定期更换石墨管、气路水路是否正常等，保证仪器测试状态正常。

（4）计算

试样中镉含量按下列公式进行计算：

$$X=\frac{(C_1-C_0)\times V}{m\times 1000}$$

式中：

X——试样中镉含量，单位为毫克每千克或毫克每升（mg/kg 或 mg/L）；

C_1——试样消化液中镉含量，单位为纳克每毫升（ng/mL）；

C_0——空白液中镉含量，单位为纳克每毫升（ng/mL）；

V——试样消化液定容总体积，单位为毫升（mL）；

m——试样质量或体积，单位为克或毫升（g 或 mL）；

1000——换算系数。

X 以重复性条件下获得的两次独立测定结果的算术平均值表示，结果保留两位有效数字。

（5）质量控制

每批次试验均带空白试验和加标回收试验。如果批次量样品个数少，可 20 个样品做一次加标回收质量控制。为保证试验人员检测能力持续稳定，超过十天以上未做该项目后，再次试验时必须随批次带质控样品。其他质量控制方法还包括人员比对、定值质控样品、设备比对、能力验证、盲样考核、实验室间比对等。

（六）样品留存

按照肉及肉制品样品的储存要求，样品储存于符合温度条件的留样间。根据样品保管制度，样品保管人员不得少于 2 人，严禁随意调换、拆封样品。复检备份样品的调取需接到复检申请书，经专人签字同意，由相关的各方共同在场时方可打开确认。

（七）数据处理

1. 检验原始记录

原始记录应体现原始性、信息完整性、可溯源性、严密性和保密性。检测记录需边试验边记录，不可漏记、事后补记或转抄。每项检测记录应包含充分的信息，以便在需要时可识别不确定度的影响因素，并确保该检测在尽可能接近原条件的情况下能够重复。标准溶液、仪器、试剂、谱图等均可溯源。采取三级审核制度。所有记录需安全保护和保密。

2. 检验结果

从事数据处理的人员应熟记 GB 5009.15—2014《食品安全国家标准　食品中镉的测定》对计算结果的要求，数值修约按照标准要求，镉含量计算结果保留两位有效数字。根据实验室《数据控制程序》对检验结果进行审核，由各检验室将检验原始记录报送结果判定人员。在审核过程中出现可疑数据、不合格判定时，及时安排实验室内部复验。对经实验室复验后确认为不合格的样品，抽检监测质量室负责人组织再次审核，确有必要时组织技术负责人和相关人员进行研究讨论。

（八）结果判定

1. 人员要求

结果判定人员应熟悉 GB 2761 的判定原则及分类。对检验结果进行判定，需要熟悉产品标签的识读，以便使用相应的标准对检验结果进行判定，避免因日期、等级等具体细节造成判定不准确。同时，结果判定人员应及时查新判定标准，注意新标准实施日期和旧标准废止日期，准确使用对应标准对结果进行判定。掌握特殊要求的判定原则。

2. 方法/方案要求

（1）检出限及定量限

GB 5009.15—2014《食品安全国家标准　食品中镉的测定》方法检出限为 0.001 mg/kg，定量限为 0.003 mg/kg。

（2）结果判定

镉测定结果根据 GB 2762—2022《食品安全国家标准　食品中污染物限量》进行判定。肉类（畜禽内脏除外）限量（以 Cd 计）为 0.1 mg/kg，畜禽肝脏限量（以 Cd 计）为 0.5 mg/kg，畜禽肾脏限量（以 Cd 计）为 1.0 mg/kg，肉制品（肝脏制品、肾脏制品除外）限量（以 Cd 计）为 0.1 mg/kg，肝脏制品限量（以 Cd 计）为 0.5 mg/kg，肾脏制品限量（以 Cd 计）为 1.0 mg/kg。若被检产品明示标准和质量要求高于该要求时，应按被检产品明示标准和质量要求判定。

（3）结果报出

当测定结果小于方法检出限时应报告为未检出，同时写明小于方法检出限。当测定结果大于方法检出限且小于方法定量限时，报告为定性检出，同时写明大于方法检出限和小于定量限。结果报出人员收集齐全所有原始资料，包括原始记录、检测方法标准、产品标准、基础标准等，依据判定标准对样品作出符合性判定，确认无误后，编制检验报告并签字，送审核人进行审核；审核人审核签字后，送授权签字人批准；授权签字人批准签字后，加盖印章，并按照任务下达部门的规定，将检验报告发送到指定的相关部门。及时出具检验报告，要求从收到样品之日起20个工作日内出具检验报告。

网上的数据信息填报由指定的检验结果填报员填写相关信息，包括试验结果、单位、依据标准、判定值、判定结果、方法检出限等。信息录入前对检测结果信息填报员进行管理系统报送培训，并按照相关的填报要求及时间节点进行系统填报。填写完毕后由指定审核人员对照检验报告对信息录入的准确性、结果判定的准确性进行审核，确认各个信息录入无误后提交下一个环节。

三、肉制品中胭脂红监督检验在线质控应用案例

胭脂红，又称丽春红4R，是食品工业中常用的一种合成着色剂，因其色泽鲜艳、对光稳定性优良、着色能力强，而被广泛应用于糖果、调制乳、水果罐头、冷冻饮品、饮料、配制酒等食品。胭脂红属于人工合成单偶氮着色剂，依照联合国粮农组织和世界卫生组织食品添加剂联合专家委员会相关规定，胭脂红主要是通过重氮化1-萘胺-4-磺酸偶联2-萘酚-6,8-二磺酸所得，并转化为钠盐，可在水溶性条件下将其转化为铝色淀。胭脂红在合成过程中可能引入苯酚、苯胺等有毒物质，且胭脂红在人体代谢过程中能产生强致癌物，攻击遗传物质造成的氧化损伤具有遗传性，因此，我国对胭脂红的使用范围和使用限量进行了严格规定。GB 2760—2014《食品安全国家标准　食品添加剂使用标准》规定，肉及肉制品分类中仅肉制品的可食用动物肠衣允许添加胭脂红，其限量值为0.025 g/kg。

近年来，人工合成色素在食品工业中的应用受到广泛关注，检测方法也在不断更新和完善，我国现行有效的肉制品中胭脂红检测方法为GB 9695.6—2008《肉制品　胭脂红着色剂测定》。该标准包含高效液相色谱法和比色法。其中，高效液相色谱法具有灵敏度高、准确性强、重复性高、试验操作简单等优点。本节在参考国内外常用食品中着色剂检测方法的基础上，主要对高效液相色谱法检测肉制品中胭脂红含量过程中的质量控制关键点和注意事项进行分析，以确保检验结果的可靠性和准确性。

（一）样品抽取

1. 人员要求

抽样人员应熟悉《国家食品安全监督抽检实施细则》中的抽样要求。细则规定，肉制品中胭脂红检测的产品种类有预制肉制品中的腌腊肉制品、熟肉制品中的酱卤肉

制品、熟肉干制品和熏煮香肠火腿制品。生产环节抽样时，在企业的成品库房，从同一批次样品堆的不同部位抽取相应数量的样品。酱卤肉制品和熟肉干制品抽样量不少于2.5 kg，熏煮香肠火腿制品抽样量不少于1 kg，且预包装产品不少于8个独立包装。在抽样工作开展前，应制定详细周密的抽样方案，根据任务书确定抽样日期、地点、抽样人员、样品种类、样品基数、抽样数量、抽样方式、样品封装、样品运送方式、抽样过程监控方式等，确定检验项目、检验依据和判定原则、检验人员等，确定工作日程表。

2. 设备仪器要求

抽样人员应准备好各类采样工具：冷藏箱、冰袋（或干冰）、遮光布、签字笔、透明胶带、密封袋、照相机、移动终端、打印机、墨盒、笔记本电脑等。检查和清洁抽样箱等设备，保证设备能够正常使用。放置抽样的容器应密闭性能良好，清洁无虫，不漏，不污染。

3. 设施环境要求

对于需要冷藏或冷冻储存的肉制品，应当采取适当措施，如泡沫箱、冷藏箱、冷冻车等贮存运输工具，用于存放样品的冷藏箱应存在干净、无毒、无害、无异味、无污染的场所，冷藏箱内容保持清洁。

用于存放制冷剂的制冷设备应保持在－18 ℃以下，保持制冷剂的制冷效果。对于带电池的照相机、移动终端、打印机和笔记本夏天阳光直射时，温度不宜超过50 ℃。

4. 过程要求

保证抽样过程客观、公正，抽样人员可通过拍照或录像等方式对被抽样品状态、食品基数，以及其他可能影响抽检监测结果的因素进行现场信息采集。现场采集的信息可包括：

a）被抽样单位外观照片，若被抽样单位悬挂铭牌，应包含在照片内。

b）被抽样单位社会信用、营业执照、经营许可证等法定资质证书复印件或照片。

c）抽样人员从样品堆中取样照片，应包含有抽样人员和样品堆信息。

d）从不同部位抽取的含有外包装的样品照片。

e）封样完毕后，所封样品码放整齐后的外观照片和封条近照，有特殊贮运要求的样品应当同时包含样品采取防护措施的照片。

f）同时包含所封样品、抽样人员和被抽样单位人员的照片；被抽样单位经手人在抽样单签字的正面照。

g）填写完毕的抽样单、进货凭证（检疫票等）、食用农产品产地合格证、销售单、购物票据等在一起的照片。

h）其他需要采集的信息。

抽样时，应考虑肉制品的特殊性。同一批次肉制品，是采用相同生产工艺生产出来的，具有相同的风味。从客观上看，同一批次产品是由若干个独立个体组成，可以是盒、袋、块、个与只等形式。由于原料肉存在差异，成品中每个独立个体的内在质量不可能完全相同，且可能存在极个别差异较大的现象。采用随机方法抽取代表性样品，分样（分成2份，1份为检验样品，1份为复检备份样品）后分别封样，分样方法要科学，避免出现检样、备样明显差异，造成初检结论与复检结论不一致的风险。

（二）样品储运

对于需要冷藏或冷冻储存的肉制品，应当采取适当措施，如泡沫箱、冷藏箱、冷冻车等贮存运输工具，保证样品运输过程符合标准或样品标识要求的运输条件。异地抽检时，对不好保存的样品以及保存条件需要冷藏或者冷冻的肉制品，如果运输时间相对较长，抽样人员可以适当采取相应措施，如求助相关监管部门对抽样产品进行冷冻，然后封存好，选择最快的航空运输。为保证抽样过程中证据链完整，在邮寄包装过程中进行拍照或录像。本地抽取的样品当天需要返回实验室，进行样品移交。异地抽取的样品原则上5个工作日内返回承检单位，对保质期短的食品应及时移交。

（三）样品接收

样品接收人员需要了解样品接收流程，对样品进行密封性检查、符合性检查、接收和登记，做好照片的分类存档。对于检测肉制品中胭脂红的项目，需要核对肉制品的检验和备样数量是否满足GB 9695.6—2008《肉制品　胭脂红着色剂测定》的检验要求。及时填写抽检样品接收和登记记录。样品接收后，应将肉制品按要求存放。样品保管人员不得少于2人，严禁随意调换、拆封样品。

（四）样品制备

1. 人员要求

样品制备人员需经过培训考核，授权上岗。样品制备人员应熟悉GB 9695.6—2008《肉制品　胭脂红着色剂测定》中关于样品制备的内容。

2. 设备仪器要求

制样设备指用于试样均质化的设备，如高速旋转的切割机、绞肉机等。其中，切割机转速应达到10000 r/min，绞肉机多孔板的孔径不超过4 mm，以确保制备的样品符合检测要求。样品制备前应将处理样品用的刀、菜板、绞肉机等工具清洗干净，并用制备样品专用擦拭巾把工具内部和表面残留的水分擦干。

3. 设施环境要求

整个样品制备过程应在指定区域内进行，每天擦拭样品制备区域台面和制样设备，清洁地面，保持制备区域干净、整洁，避免灰尘等污染样品。

4. 方法/方案要求

按照GB 9695.6—2008《肉制品　胭脂红着色剂测定》中的要求进行样品制备，查看样品状态和样品数量，检查样品制备过程是否符合要求，检查样品制备记录完整性。

5. 过程要求

使用高速旋转的切割机，或多孔板的孔径不超过4 mm的绞肉机将试样均质，注意避免试样的温度超过25 ℃。若使用绞肉机，试样至少通过该仪器两次。制备好的试样装入密封的容器里，防止变质和成分变化，试样应尽快进行分析。

样品制备后，制样人员需填写制样记录单，制样人要对样品编号、样品名称、下发样品数量进行确认，要对样品状态进行检查，并及时记录相关信息。样品以质量表示，单位精确到克（g），有效位数保留到整数。同时，应有专人每天记录样品制备间的环境条件，如温度和湿度等，注意温度、湿度、阳光、尘埃等影响因素，应有消防安全措施。

（五）样品检测

1. 人员要求

试验人员需要具备相关理论知识和实践经验，熟悉食品检测流程，通过培训、考核后上岗。试验人员应熟练掌握检测方法、液相色谱仪的操作及日常维护，并能准确控制试验过程中的关键点，具有对结果进行正确判断的能力和经验。检测过程严格按照检测标准方法和实验室检测作业指导书的操作要求进行，防止在操作过程中因人为因素造成检测结果的偏离。

同时，保证试验人员的检验能力是控制检验结果准确性的重要因素。实验室应从人员资质、人员培训、人员监督和人员能力维持等方面对试验人员进行监控。一般通过日常监督、重点关注、盲样考核、添加回收、人员比对、实验室间比对等多种形式对人员能力水平进行监控。

2. 设备要求

液相色谱仪应配备二元或四元梯度泵，流量范围为0～10.0 mL/min，梯度范围为0～100 %，梯度混合精密度小于0.2%；进样体积为0.1 μL～50 μL；可控温型柱温箱温度稳定性在±0.1 ℃范围内；配备紫外检测器或二极管阵列检测器，波长范围为190 nm～700 nm，重复性符合平行进样6次峰保留时间RSD≤2%、峰面积≤5%。液相色谱仪放置的位置应远离瞬时供电的大功率电气设备，如电梯、空调等大型电动设备。为保证输液泵的精度，必须为仪器提供稳定的输入电压，建议液相色谱仪配备和仪器负荷相当的稳压电源和不间断电源。液相色谱仪器应按需定期进行维护，并按规定周期进行检定与期间核查。

3. 设施环境要求

实验室内通风、照明设备完好，保证室内宽敞明亮；每日对实验室进行清洁，确保室内干净、整洁。试验过程涉及定容等操作，检测环境温度过高或过低会对定容体积有影响，导致检测结果偏离，因此，实验室环境温度应维持在 20 ℃±5 ℃范围内，相对湿度应保持在 20%～65%，要求每日对实验室温湿度进行记录并判定是否符合指标要求。若符合，则可开展试验；若不符合，需通过调节空调等方法使环境条件符合相关要求后方可开展试验活动。

肉制品中胭脂红的测定检测过程涉及石油醚、无水乙醇等易燃有机试剂的使用，且使用量较大。同时，试验过程中还需使用浓硫酸，操作不当易引起意外事故，故应保证试验过程中易燃试剂远离热源，定期检查确认实验室通风设备运转良好、安全防护设备（护目镜、洗眼器、喷淋装置等）可以正常使用，定期开展安全防护装备和消防设施的使用技能培训。

检测过程产生的废液中石油醚是易燃的有机试剂，甲酸甲醇混合溶液为易挥发有机试剂，需分别集中收集并在废液桶上标明废液种类，以便后期对废液进行正确处理。

4. 方法/方案要求

（1）选用国家标准

肉制品中胭脂红的测定严格按照 GB 9695.6—2008《肉制品　胭脂红着色剂测定》中高效液相色谱法规定进行操作。

（2）样品前处理

称取 m（g）样品，加海砂研磨混匀，吹冷风干燥试样，加石油醚 50 mL 搅拌除脂、弃去石油醚，重复 3 次，吹干。加入乙醇氨提取多次至提取液无色，收集提取液于 250 mL 容量瓶，浓缩至 10 mL，依次加入硫酸溶液和钨酸钠溶液沉淀蛋白。锥形瓶冷却至室温，用滤纸过滤收集滤液于 100 mL 容量瓶。加热，加入 1 g～2 g 聚酰胺粉吸附，电炉加热至微沸，漏斗抽滤，分别用柠檬酸洗 3 次～5 次，甲醇-甲酸（6：4）洗 3 次～5 次，pH=7 的水洗 3 次～5 次，乙醇氨洗脱 3 次～5 次并收集，加热近干，用水溶解并定容至 10 mL，过膜进样。

样品前处理过程注意事项：

a）肉制品中含有脂肪，脂肪的存在可能会影响试验结果，所以首先要对样品进行除脂。为了完全去除样品中的脂肪，要在样品中加入海砂进行碾磨，确保样品的均匀。再加入石油醚，充分搅拌，静置一段时间后弃去石油醚；重复处理3次后吹干样品。

b）为保证样品中的胭脂红被充分提取，需多次使用乙醇氨水混合水溶液进行提取，直至提取液无色。试验过程中应选择滤孔孔径15 μm～40 μm的G3砂芯漏斗进行抽滤操作。重复使用的试验器具应保证清洗干净。对有交叉污染风险的通用器具，尽可能做到分类清洗，使用前应再次检查确认器具是否洁净。进行定容操作时应选用检定合格的量器。

c）纯化过程主要注意以下三点：一是要确保滤液中的胭脂红完全被聚酰胺粉吸附；二是在使用乙醇氨水溶液解吸附的过程中要格外小心，采取重复解吸的方式保证解吸完全，转移中也要谨慎操作、避免损失；三是蒸发解吸液时，蒸发至近干即可，不可完全蒸干。

（3）测定过程

仪器根据各自的性能调至最佳状态。参考条件：色谱柱为C_{18}；流速0.8 mL/min；检测器根据实际情况选择紫外或二极管阵列；流动相：甲醇+0.02 mol/L乙酸铵；波长508 nm；柱温30℃；进样体积10 μL。

胭脂红的标准品纯度不低于95%。配制胭脂红标准储备液时，应按其纯度折算为纯品进行称取，用经柠檬酸溶液调节pH=5的水进行配制。也可以直接使用有证书标准溶液用水稀释而成。

液相色谱流动相必须为色谱纯试剂，使用前应用0.45 μm或粒径更小的滤膜过滤除去其中的颗粒性杂质和其他物质。流动相过滤后需要进行超声脱气，脱气完成待恢复到室温后使用。

（六）样品留存

按照肉及肉制品样品的储存要求，储存于符合温度条件的留样间。根据样品保管制度，样品保管人员不得少于2人，严禁随意调换、拆封样品。复检备份样品的调取需接到复检申请书，经专人签字同意，由相关的各方共同在场时方可打开确认。

（七）数据处理

1. 检验原始记录

原始记录应体现原始性、信息完整性、可溯源性、严密性和保密性。检测记录需边试验边记录，不可漏记、事后补记或转抄。每项检测记录应包含充分的信息，以便在需要时可识别不确定度的影响因素，并确保该检测或校准在尽可能接近原条件的情况下能够重复。标准溶液、仪器、试剂、谱图等均可溯源。采取三级审核制度。所有记录需安全保护和保密。

2. 检验结果

从事数据处理的人员应熟记 GB 9695.6—2008《肉制品　胭脂红着色剂测定》对计算结果的要求，数值修约按照标准要求，胭脂红含量计算结果保留两位有效数字。根据实验室《数据控制程序》对检验结果审核，由各检验室将检验原始记录报送结果判定人员。在审核过程中出现可疑数据、不合格判定时，及时安排实验室内部复验。对经实验室复验后确认为不合格的样品，抽检监测质量室负责人组织再次审核，确有必要时组织技术负责人和相关人员进行研究讨论。

（八）结果判定

1. 人员要求

结果判定人员应熟悉 GB 2761 的判定原则及分类。对检验结果进行判定，需要熟悉产品标签的识读，以便使用相应的标准对检验结果进行判定，避免因日期、等级等具体细节造成判定不准确。同时，结果判定人员应及时查新判定标准，注意新标准实施日期和旧标准废止日期，准确使用对应标准对结果进行判定。掌握特殊要求的判定原则。

2. 方法/方案要求

（1）检出限

GB 9695.6—2008《肉制品　胭脂红着色剂测定》方法检出限为 0.05 mg/kg。

（2）结果判定

胭脂红测定结果根据 GB 2760—2014《食品安全国家标准　食品添加剂使用标准》进行判定。肉制品的可食用动物肠衣类限量（以胭脂红计）为 0.025 g/kg。若被检产品明示标准和质量要求高于该要求时，应按被检产品明示标准和质量要求判定。

（3）结果报出

当测定结果小于方法检出限时应报告为未检出，同时写明小于方法检出限。结果报出人员收集齐全所有原始资料，包括原始记录、检测方法标准、产品标准、基础标准等，依据判定标准对样品作出符合性判定，确认无误后，编制检验报告并签字。送审核人进行审核；审核人审核签字后，送授权签字人批准；授权签字人批准签字后，加盖印章，并按照任务下达部门的规定，将检验报告发送到指定的相关部门。及时出具检验报告，要求从收到样品之日起 20 个工作日内出具检验报告。

网上的数据信息填报由指定的检验结果填报员根据检验报告填写检验结果信息，包括试验结果、单位、依据标准、判定值、判定结果、方法检出限等。信息录入前对检测结果信息填报员进行管理系统报送培训，并按照相关的填报要求及时间节点进行系统填报。填写完毕后由指定审核人员对照检验报告对信息录入的准确性、结果判定的准确性进行审核，确认各个信息录入无误后提交到下一个环节。

第三节 乳制品监督检验在线质控评价技术指南及应用案例

乳制品是《国家食品安全监督抽检实施细则（2020 年版）》33 个食品大类之一。本节以乳制品为例，对各个环节以及关键质控指标进行简述，以期对规范乳制品的监督抽检有所帮助。

一、乳制品监督检验在线质控评价技术指南

（一）样品抽取环节

确定采样目的和任务，制定抽样计划（抽样时间、抽样领域、抽样要求、抽样类别、抽样量、抽样人员以及车辆和路线等安排）并依据抽检规范、国抽细则中乳制品的抽样方法和抽样数量进行抽样。

1. 人员要求

熟悉《中华人民共和国食品安全法》，了解并掌握《食品安全抽样检验管理办法》等。

掌握《国家食品安全监督抽检实施细则》中对乳制品的分类［液体乳、乳粉、乳清粉及乳清蛋白粉、其他乳制品（炼乳、奶油、干酪、固态成型产品）］，掌握每种样品保存条件，掌握样品抽取数量和独立包装数量。

2. 设施环境要求

抽样环境应符合产品明示要求或产品实际需要的条件要求。

3. 过程要求

（1）抽样量的要求

a）液体乳。

生产环节抽样时，在企业的成品库房，从同一批次样品堆的不同部位抽取相应数量的样品。其中，灭菌乳不少于 6 个包装；巴氏杀菌乳、调制乳、发酵乳不少于 7 个包装，总量不少于 1 kg（L）。

流通环节抽样时，在货架、柜台、库房或网络食品经营平台抽取同一批次待销产品，抽取样品量原则上同生产环节。

餐饮环节抽样时，抽取同一批次待销或使用的产品，应抽取完整包装产品，抽取样品量原则上同生产环节。

所抽取样品分成两份。其中，灭菌乳一份 5 个包装为检验样品，一份 1 个包装为复检备份样品；巴氏杀菌乳、调制乳、发酵乳一份 6 个包装为检验样品，一份 1 个包装为复检备份样品（备份样品封存在承检机构）。

b）乳粉。

生产环节抽样时，在企业的成品库房，从同一批次样品堆的不同部位抽取相应数量的样品。抽取样品量为 6 个独立包装，总量不少于 2 kg。大包装食品（≥5 kg）可进行分装取样，分装时应采取措施防止微生物污染，分装的样品盛装于被抽样单位用于销售的包装或清洁卫生的容器中，样品数量不少于 6 个包装，且每个包装不少于 200 g。

流通环节抽样时，在货架、柜台、库房或网络食品经营平台抽取同一批次待销产品，抽取样品量原则上同生产环节。

餐饮环节抽样时，抽取同一批次使用的产品，应抽取完整包装产品，抽取样品量原则上同生产环节。

流通环节和餐饮环节如需从大包装中抽取样品，可从 1 个完整大包装中进行分装取样，抽取样品分为 3 个包装，且每个包装不少于 200 g。

所抽取样品分成两份。其中，抽取样品量为 6 个包装的，一份 5 个包装为检验样品，一份 1 个包装为复检备份样品；抽取样品量为 3 个包装的，2/3 为检验样品，1/3 为复检备份样品（备份样品封存在承检机构）。

c）乳清粉和乳清蛋白粉。

生产环节抽样时，在企业的成品库房或原料库房，从同一批次样品堆的不同部位抽取相应数量的样品。抽取样品量为 3 个独立包装，总量不少于 300 g。大包装食品（≥5 kg）可进行分装取样，分装时应采取相应的防护措施，防止污染。盛装于被抽样单位用于销售的包装或清洁卫生的容器中并密封。每一个小包装数量不少于 100 g，不少于 3 个包装。

流通环节抽样时，在货架、柜台、库房或网络食品经营平台抽取同一批次待销产品，抽取样品量原则上同生产环节。

所抽取样品分成两份。其中，2/3 为检验样品，1/3 为复检备份样品（备份样品封存在承检机构）。

d）其他乳制品（炼乳、奶油、干酪、固态成型产品）。

生产环节抽样时，在企业的成品库房，从同一批次样品堆的不同部位抽取相应数量的样品。抽取样品量为7个独立包装，总量不少于1.5 kg。大包装食品（≥5 kg）可进行分装取样，分装时应采取相应的防护措施，防止微生物污染。盛装于被抽样单位用于销售的包装或清洁卫生的容器中并密封。每一个小包装数量不少于200 g，不少于7个包装。

流通环节抽样时，在货架、柜台、库房或网络食品经营平台抽取同一批次待销产品，抽取样品量原则上同生产环节。

餐饮环节抽样时，抽取同一批次待销或使用的产品，应抽取完整包装产品，抽取样品量原则上同生产环节。

流通环节和餐饮环节如需从大包装中抽取样品，可从1个完整大包装中进行分装取样，抽取样品分为5个包装，且每个包装不少于200 g。

所抽取样品分成两份。其中，抽取样品量为7个包装的，一份6个包装为检验样品，一份1个包装为复检备份样品；抽取样品量为5个包装的，一份3个包装为检验样品，一份2个包装为复检备份样品（备份样品封存在承检机构）。

e）预包装食品。

生产环节抽样时，在企业的成品库房，从同一批次样品堆的不同部位抽取相应数量的样品。抽取样品量为7个独立包装，总量不少于500 g。大包装食品（≥5 kg）可进行分装取样，分装时应采取相应的防护措施，防止微生物污染。盛装于被抽样单位用于销售的包装或清洁卫生的容器中并密封。每一个小包装数量不少于100 g，不少于7个包装。

流通环节抽样时，在货架、柜台、库房或网络食品经营平台抽取同一批次待销产品，抽取样品量原则上同生产环节。

餐饮环节抽样时，抽取同一批次待销或使用的产品，应抽取完整包装产品，抽取样品量原则上同生产环节。

流通环节和餐饮环节如需从大包装中抽取样品，可从1个完整大包装中进行分装取样，抽取样品分为7个包装，且每个包装不少于100 g。

所抽取样品分成两份。其中，一份6个包装为检验样品，一份1个包装为复检备份样品（备份样品封存在承检机构）。

f）预先包装需计量称重的散装即食产品。

抽样要求参照预包装食品，样品总量不少于500 g。所抽取样品分为两份，五分之四为检样，五分之一为备样。

（2）记录的要求

详细记录采样位置、采样点、采样方式、采样工具等，应包含足够的信息，保证正确填写，并按照相关规定进行保存。抽样人员需保留抽样时的照片或视频记录，对重点环节留有证据。

（二）样品储运

运输保藏温度在样品标识范围内。一般冷藏为 2 ℃～10 ℃；冷冻为－18 ℃；常温为 25 ℃以下。温度计测定范围为－20 ℃～30 ℃。

抽样后，抽样人员可对外包装进行拍照，样品运输过程应采用防摔、减震的包装方式，确保样品不被污染，不发生腐败变质，不影响后续检验。

（三）样品接收

1. 人员要求

样品接收人员应具备核对乳制品样品是否符合任务要求的能力。应掌握《食品安全监督抽检和风险监测工作规范》（食药监办食监三〔2015〕35 号），并按照该文件进行交接。掌握《国家食品安全监督抽检实施细则》中对乳制品的分类。掌握每种样品保存条件。掌握GB 25190、GB 19645、GB 25191、GB 19302、GB 19644、GB 13102、GB 19646、GB 5420、GB 25192 等乳制品各类产品执行标准。

2. 设备要求

具备冷藏和冷冻冰箱。

设备运转正常，有温度监控记录。测温设备需经过计量，并保持良好的工作状态。测温设备应定期进行检查和/或计量（加贴标识）、维护和保养，以确保工作性能和操作安全。

3. 设施环境要求

库房应具备适当的通风和温度、湿度调节功能，可满足样品储存条件的要求。

4. 过程要求

a）样品接收人员在进行样品接收时，应核对样品是否符合任务要求，检验项目是否在资质能力范围内。

b）与抽样人员进行交接时，应核对样品数量、样品状态，确定样品包装、封条是否完好等。

c）样品确认无误后，需进行样品交接记录登记，要求记录样品编号、抽样数量、样品检查（封条、包装、数量、状态）、抽样单、交接时间、抽样人员、接样人、收样日期等，并记录其他可能对检验结论产生影响的情况，核对抽样单信息，并双方签字确认。

d）样品交接后进行样品接收登记，将检验样品和复检备份样品分别加贴相应唯一性标识，按照样品储存要求入库存放，记录样品储存位置及流转时间和人员。

e）样品接收后，样品需与任务单一同流转至实验室，任务单需包含样品编号、样品名称、检验项目、发样时间、要求完成时间、发样人、样品接收人等内容。

f）任务单出具需根据各任务细则要求以及样品属性确定检测项目，样品需具有唯一性标识，需要发样人员确认无误后签字再流转至实验室。

g）与试验人员进行样品交接时，需双方确认样品编号与名称对应以及样品数量准确，且需双方签字。

h）样品管理员等登记入库的样品时，应详细记录样品的存放位置、存放条件等信息。

（四）样品制备

1. 人员要求

从事样品制备的人员应至少具有食品或相关专业专科以上学历，或者具有1年及以上样品制备相关工作经历，并经考核合格后上岗。样品制备人员应熟悉“食药监办食监三〔2015〕35号”、国抽细则以及GB 25190、GB 19645、GB 25191、GB 19302、GB 19644、GB 13102、GB 19646、GB 5420、GB 25192等乳制品各类产品执行标准。样品制备人员通过考核后，对人员进行授权，并定期监督。

2. 设备要求

乳制品样品在进行分装时，需要注意分装容器的清洁度并保持分装容器的干燥。

（五）样品检测

1. 人员要求

a）基本要求。具有食品、生物等相关专业专科及以上学历并具有1年及以上食品检测工作经历，或者具有5年及以上食品检测工作经历。掌握相关的知识和专业技能。有颜色视觉障碍的人员不能从事涉及辨色的试验。掌握GB 5009.5、GB 5009.6、GB 4789.2、GB 4789.3、GB 4789.4、GB 4789.10以及GB 19644、GB 19302、GB 19645等标准。经过培训考核，合格后授权上岗。

b）技术能力评价。只有经过技术能力评价确认且满足要求的人员才能授权其独立从事检测活动。实验室应定期评价被授权人员的持续能力。实验室可通过内部质量控制、能力验证或使用实验室间比对等方式评估检测人员的能力和确认其资格。新上岗人员以及间隔一定时间重新上岗的人员需要重新评估。当检测人员或授权签字人职责变更或离开岗位6个月以上再上岗时，应重新考核确认。

2. 设备要求

a）检测设备。实验室应配备满足检测工作要求的仪器设备，并应考虑设备用途、控温范围、控制精度、检测精度和数量要求。天平、色谱、培养箱等需定期计量并对结果进行确认，以证实其能够满足实验室的规范要求和相应的标准规范。实验室应在内部质量控制文件中确定性能验证频率。

b）设备状态。检测设备应放置于适宜的环境条件下，便于维护、清洁、消毒与校准，并保持整洁与良好的工作状态。

c）设备使用/维护记录填写的及时性、真实性、准确性。定期监督试验人员对设备使用/维护记录填写是否及时、真实、准确。

d）设备标识。检测设备应定期进行检查和/或检定（加贴标识）、维护和保养，以确保工作性能和操作安全。

e）试剂和标准物质/标准菌株的储存。试剂和标准物质在制备、储存和使用过程中，应特别关注储存要求。微生物涉及致病菌的标准菌株，要注意专人负责和管理。标准物质/菌株需进行出入库登记管理。

f）试剂、耗材的验收。需要对标准物质、纯水以及关键试剂耗材进行符合性或技术性验收。如对不同批次的免疫亲和柱、培养基等使用前验收，并形成记录，验收合格后方可使用。

g）配备冰箱、冰柜。应每日监测在检样品、试剂、标物等存放处的温度。

3. 环境要求

a）实验室布局。实验室总体布局应减少和避免交叉污染，各区域具有明确标识。微生物实验室布局设计宜遵循“单方向工作流程”原则。

b）实验室安全。实验室应有与检测范围相适应并便于使用安全防护装备及设施，如通风橱、个人防护装备、烟雾报警器、毒气报警器、洗眼及紧急喷淋装置、灭火器等，定期检查其功能的有效性。

c）区域标识与控制。实验室各区域应有适当的标识，如负责人的姓名、联系人的姓名和电话等。必要时，应清晰标记危险标识（如剧毒库等），相应的区域设置不同人员准入。对于互相影响的区域，应有效隔离，防止交叉污染。

d）环境条件。实验室环境温度应相对恒定（20 ℃±5 ℃），相对湿度应保持在40％～65％，要求每日对实验室温湿度进行记录并评价是否满足要求。

e）废液处理。废液桶需要标注成分，不同性质的废液需收集在不同的废液桶中。

废液要及时收集，统一存放，有区域标识，由有处理资质的公司进行无害化处理。

f）对于微生物培养物，进行无害化后方能处理。

4. 方法要求

a）检测方法选择。严格按照国抽细则中乳制品指定方法开展检验工作。

b）方法验证。在方法使用前，实验室应进行方法验证并提供记录。通过试验方法的检出限、精密度、回收率、适用的浓度范围和样品基体等特性对检测方法进行验证。微生物方法可通过添加阳性标准菌株或者自然污染的样品等方式来进行方法验证。

c）方法使用的规范性。实验室应确保检测过程符合标准及相关法规。检测过程不应存在无故偏离标准方法的行为。在使用方法前，需要核查方法的适用范围是否适用于该样品基质。

d）当标准中未详述的部分可能会影响检验结果时，需要指定作业指导书作为方法的补充。

e）方法查新。实验室应及时进行方法查新，确保使用最新有效版本的方法。

5. 检测过程

a）样品的处理。试验前需要确认主要样品状态是否满足试验要求。如液态奶开封后保存时间有限；干酪在处理前需要适宜的温度进行保存。同时，在使用液体样品前需要进行充分混匀。

b）检验过程。应严格按照国抽细则规定的检测方法进行检测。按照标准要求进行过程中的质量控制，如加标试验、设置重复样、空白试验以及使用质控样品等，并利用质控图等手段进行分析。同时，实验室应尽可能参加能力验证或实验室间比对，以验证其能力，其频次应与所承担的工作量相匹配。

c）标识完整性。实验室应建立样品标识系统，确保样品在传递过程中不会对测试结果造成影响、不会混淆和误用，保护样品的完整性及实验室与客户的利益。样品标识系统应包括样品检测过程中涉及的增菌液和培养皿等的标识规定，确保标记安全可见并可追溯。

d）技术记录完整性、正确性、安全性。实验室应确保每一项实验室活动的技术记录包含结果、报告和足够的信息，保证正确填写，并按照相关规定进行保存。定期针对电子记录进行备份和杀毒处理，应有专人负责电子记录的保存、使用、传输、审核以及维护等。

6. 微生物检验的特别要求

微生物检验的原始记录需包含以下信息：

a）样品编号；

b）以“年、月、日”格式记录的检测起始日期；

c）检测地点；

d）检测项目、检测依据；

e）培养箱、天平、均质器（适用时）、细菌生化鉴定系统（适用时）、pH计（适用时）等关键检测设备的名称和编号；

f）检测关键培养基名称，并可追溯至培养基具体品牌、批号及配制记录；

g）生化鉴定试剂、诊断血清等关键试剂的名称、品牌和批号；

h）检测过程中所使用标准菌株的菌种名称、编号，且来源可追溯；

i）检测样品具体取样量及所使用稀释液名称；

j）按检测项目相应方法标准要求提供培养温度、培养时间；

k）按检测标准方法规定进行详细结果记录，如使用公式计算，需提供具体计算公式；

l）按检测标准方法规定，提供空白、阴性和阳性对照结果记录；

m）对致病菌检出阳性结果附典型培养结果及生化反应结果图片，按标准采用自动生化反应的除外。

（六）样品留存

1. 人员要求

掌握乳制品的储存要求，熟悉电脑操作。样品管理人员需要经过授权，样品间要严格限制人员出入，只有经过授权的人员才能进入样品间。

2. 设备仪器要求

a）冷藏、冷冻设备及温湿度计，需要进行计量。

b）如需要，可选择深色遮光包装。

3. 设施环境要求

a）样品间应配备空调，可控制温湿度。

b）样品间应设有避光区域。

4. 过程要求

a）每天监控温湿度，并记录。

b）对于未检出问题的样品，应当自检验结论作出之日起3个月内妥善保存复检备份样品；复检备份样品剩余保质期不足3个月的，应当保存至保质期结束。检出问题的样品，应当自检验结论作出之日起6个月内妥善保存复检备份样品；复检备份样品剩余保质期不足6个月的，应当保存至保质期结束。

c）对超过保存期的复检备份样品，应进行无害化处理。

d）样品处置记录包含样品名称、样品编号、样品量、如何处置、处置时间等信息。

e）对于微生物样品，检验结果报告后，被检样品方能处理。检出致病菌的样品要经过无害化处理。

（七）数据处理

1. 人员要求

数据处理人员应经过相关检测标准、产品执行标准以及数据分析标准的培训，如GB/T 8170《数值修约规则与极限数值的表示和判定》，并经考核合格后方能上岗。对于新进人员以及需要处理大型设备数据的在岗人员，可通过日常监督、抽查审核原始记录、查看数据处理方式等评价试验人员检测数据处理的正确性。

2. 设备仪器要求

a）仪器数据处理系统。

b）计算机能够满足配置要求。

c）对于使用在线实时上传数据的信息化系统，应确保数据不失真。

3. 设施环境要求

数据处理区域应防止有害微生物的交叉污染。

4. 方法要求

a）试验人员能够根据结果，按照公式进行数据处理及数据分析。

b）可疑数据应考虑重复试验或其他方面的情况。

c）原始记录信息准确完整，包括样品编号、称样量、稀释体积、检测步骤、计算公式、原始谱图等。

5. 过程要求

a）数据准确性。通过日常监督、原始记录审核，评价试验人员检测数据处理的准确性，如平行试验数据计算、数字修约、转移数据的准确性等。

b）数据保护。实验室应建立并实施数据保护的程序，对数据输入或采集、数据存储、数据转移和数据处理的方法、备份方式、数量和时间、杀毒方式进行规定。同时，定期核查数据的真实性、完整性、保密性和安全性。

c）当标准有要求、客户有要求以及检测值在限量附近时，要提供测量不确定度的计算结果。

d）若通过电子系统进行数据上传和处理，需要2人核实校对转移的数据是否正确。

e）数据有效性。试验中所有对照试验结果均应符合相关标准要求，以证明试验数据有效。检测记录中应按照标准要求给出空白、质控样等检测结果。

（八）结果判定

1. 人员要求

a）结果判定人员对检验结果进行判定，需要掌握国抽细则以及乳制品系列产品执行标准，如 GB 19644、GB 19302、GB 19645、GB 5420、GB 13102、GB 19646、GB 25192，微生物需要掌握 GB 4789.1 中二级采样方案和三级采样方案各符号代表的意义。

b）定期抽查结果判定人员是否严格按照相关法律法规或标准对检验项目的实测值进行判定，判定结果是否准确。

c）结果判定人员对检验结果进行判定，需要熟悉产品标签的识读，以便使用相应的标准对检验结果进行判定，避免因日期、等级等具体细节造成判定不准确。

d）结果判定人员应及时查新，注意新标准实施日期和旧标准废止日期，准确使用对应标准对结果进行判定。

e）结果判定人员应掌握特殊要求的判定原则。

f）结果判定人员需经培训考核合格后，授予结果判定人员能力资格，记录在上岗证中。记录内容应包括授权领域、授权日期、授权人等。同时，对结果判定人员定期进行考核，并确保其持续能力。

2. 设备仪器要求

a）配备带有 Office 或 WPS 办公软件的电脑，满足产品标准检索要求。

b）国抽等任务需申请 UK 及系统账号，且登记在册。

c）从官方正规渠道采购并受控的标准文本。

d）电子文本需存放在服务器中，便于查阅，并及时备份、更替，保证安全性和可靠性。

3. 方法要求

a）对液体乳样品，应按照以下标准进行判定：GB 19302、GB 19645、GB 25190、GB 25191 以及《卫生部、工业和信息化部、农业部、工商总局、质检总局公告 2011 年第 10 号关于三聚氰胺在食品中的限量值的公告》。

b）对乳粉样品，应按照以下标准进行判定：GB 19644 以及《卫生部、工业和信息化部、农业部、工商总局、质检总局公告 2011 年第 10 号关于三聚氰胺在食品中的限量值的公告》。

c）对乳清粉以及乳清蛋白粉，应按照以下标准进行判定：GB 11674 以及《卫生部、工业和信息化部、农业部、工商总局、质检总局公告 2011 年第 10 号关于三聚氰胺在食品中的限量值的公告》。

d）其他乳制品（炼乳、奶油、干酪、固态成型产品），应按照以下标准进行判定：GB 5420、GB 13102、GB 19646、GB 25192 以及《卫生部、工业和信息化部、农业部、工商总局、质检总局公告 2011 年第 10 号关于三聚氰胺在食品中的限量值的公告》。

4. 过程要求

a）判定标准、判定值（限量值）、判定结果（合格/不合格）应与检验项目一一对应，并体现在检验报告中。

b）结合食品类别和检验项目，使用相应的判定标准对实测数据进行结果判定。

c）若被检产品明示标准和质量要求高于该要求时，应按被检产品明示标准和质量要求判定。

d）临界值需要考虑不确定度再进行判定。

（九）报告出具

1. 人员要求

a）报告出具人员应当有意识并正确解读相关任务要求，明确报告的格式、报送方式、报送时限等要求，在规定时限内出具相应的报告并按规定方式上报（纸质版、电子版）。

b）报告出具人员应掌握不同种类报告的出具方法和流程：系统填报、人工出具（熟练操作办公软件及常用功能，如 Word、Excel 等）。

2. 设备仪器要求

a）办公设备。电脑、打印机、扫描仪。电脑需设置密码；安装 Office 或 WPS 等办公软件、Lims 系统；通过国抽系统报送报告，需申请相应的 UK、账号；配备电子存贮设备。

b）设备状态。保持整洁与良好的工作状态。

c）设备标识。涉密电脑严禁连接网络。

3. 设施环境要求

a）办公室。配备办公桌等，用于办公，出具报告。

b）档案室。空间足够存放至少 6 年的报告，配备档案架，报告存放整齐有序，容易查阅。纸质报告易燃易潮，温湿度需满足存放要求。

4. 方法/方案要求

(1) 报送方法

通过国抽系统报送：核对样品关键信息→查询方法、限值，调整模板→填报试验结果→系统自动生成电子报告→检查报告是否有误→逐级审核并上报。

通过线下方式报送：根据委托方要求出具电子报告或纸质报告→通过邮寄或自取等方式将结果报送给委托方。

(2) 报送内容

标题统一为“检验（测）报告”。

a) 实验室的名称、地址、邮编、电话和传真。

b) 检验报告的唯一性编号，每页标明页码和总页码，结尾处有结束标识。

c) 委托方名称、被抽样单位名称、标称生产企业名称。

d) 检验类别。

e) 样品抽样日期、样品生产/加工/购进日期、报告签发日期。

f) 样品名称和必要的样品描述（如规格、商标、质量等级的描述）。

g) 样品抽样数量、抽样地点、抽样单编号。

h) 抽样人员和检查封样人员。

i) 检测项目、检验结论、判定依据、标准指标、实测值、单项判定、检验依据。

g) 主检人、审核人、批准人签字（签章），并加盖本实验室印章。

k) 类似“报告无‘检验报告专用章’或检验单位公章无效”的声明。

l) 类似“报告无主检、审核、批准人签字无效”的声明。

m) 类似“报告涂改无效”的声明。

n) 类似“对检验结果若有异议，请于收到之日起七个工作日内以书面形式提出，逾期不予受理”的声明。

(3) 报送时限

学习每个任务的要求文件，清楚任务的报送时限；关注样品的抽样、到样、发样情况，合理安排时间；提前做好查询限值、制作/调整模板等准备工作；督促实验室按时完成试验并提交试验数据；在规定时限内出具报告并上报。

5. 过程要求

a) 保密任务。完成需保密的任务时，需做到客户的保密要求，遵守保密制度。

b) 限时报送。报送人员应当清楚限时报送的项目及报送流程，遇到需限时报送的样品时，立即引起重视，及时、准确地出具报告并报送相应部门。

c) 当标准有要求、客户有要求或者检测值在限量值附近时，需要报告不确定度。

d）依据认可要求，遵照不同领域的认可说明出具必要的报告备注和说明。

二、乳粉中菌落总数监督检验在线质控应用案例

菌落总数指食品检样经过处理（稀释、倾注平板等），在一定条件下（如培养基、培养温度和培养时间等）培养后，所得每 g（mL）检样中形成的微生物菌落总数。按照国家标准规定，即在需氧情况及 36 ℃±1 ℃条件下培养 48 h，能在 PCA 上生长的菌落总数，所以厌氧菌、微需氧菌、有特殊营养要求的以及非嗜中温的细菌均难以繁殖。

乳及乳制品因其营养丰富，极易被微生物污染，而乳粉作为生牛（羊）乳脱水保存的粉状产品，被广泛应用到食品各个行业中。GB 12693《食品安全国家标准　乳制品良好生产规范》对微生物的污染控制有详细的要求。在卫生学意义上，菌落总数是判定食品被细菌污染程度及卫生质量的重要指标，反映食品在生产、运输过程中是否符合卫生要求，并可依据菌落总数的多少对被检样品作出适当的卫生学评价。本节基于乳粉产品，对菌落总数抽检过程中的关键控制点进行系统性分析，并提出相应的质量控制措施，以期为食品安全监管工作顺利开展提供有力的质量保证，确保乳粉的抽检流程规范、检测结果准确可靠。

（一）样品抽取

1. 人员要求

抽样人员应掌握《食品安全抽样检验管理办法》、《食品检验工作规范》（食药监科〔2016〕170 号）、《食品安全监督抽检和风险监测工作规范》（食药监办食监三〔2015〕35 号）等法规规章。

应熟悉国抽细则中规定的抽样要求，确定采样目的和任务，制定周密的采样方案。依据国抽细则中乳粉的抽样方法和数量执行。

熟练操作国家市场监督管理总局抽样录入系统；掌握乳粉分类（四类：全脂乳粉、脱脂乳粉、部分脱脂乳粉和调制乳粉）及样品保存条件。

因乳粉产品一般为预包装食品，不涉及无菌采样，但在抽取乳粉样品时，菌落总数检测需要同一批次五个包装乳粉产品。

2. 设施环境要求

运输车辆需保持干燥和整洁。

3. 过程要求

生产环节抽样时，在企业的成品库房，从同一批次样品堆的不同部位抽取相应数

量的样品。抽取样品量为6个独立包装，总量不少于2 kg。大包装食品（≥5 kg）可进行分装取样，分装时应采取措施防止微生物污染，分装的样品盛装于被抽样单位用于销售的包装或清洁卫生的容器中，样品数量不少于6个包装，且每个包装不少于200 g。

流通环节抽样时，在货架、柜台、库房或网络食品经营平台抽取同一批次待销产品，抽取样品量原则上同生产环节。

（二）样品储运

运输过程中提供的温度环境需在样品保藏标识范围内。

（三）样品接收及制备

样品接收人员需了解样品接收流程，并且核对样品的检样量和备样量是否与国抽细则规定的样品量一致，掌握样品保存条件，并按照抽检要求进行记录。

在对样品进行唯一性标识时，菌落总数5点法样品应能区分。

微生物样品不得分装。

流通环节和餐饮环节从大包装中分装的样品不检测微生物。

（四）样品检测

1. 人员要求

具有食品、生物等相关专业专科及以上学历并具有1年及以上食品检测工作经历，或者具有5年及以上食品检测工作经历。掌握微生物检测的基础知识和专业技能，经过GB 4789.1、GB 4789.2、GB 4789.18、GB 4789.28的培训考核，合格后授权上岗。

2. 设备仪器要求

a）检测设备。天平：感量0.1 g、培养箱：36 ℃±1 ℃、水浴箱：46 ℃±1 ℃、冰箱（菌种、试剂保存）：2 ℃～8 ℃、均质器、pH计、超净工作台、高压灭菌锅、干热灭菌器、样品均质器。

b）工器具。无菌吸管、吸头、酒精灯，用于样品消毒、无菌开启样品容器、移取样品。

c）设备状态。检测设备应放置于适宜的环境条件下，便于维护、清洁、消毒与校准，并保持整洁与良好的工作状态。天平、培养箱需进行校准并针对校准结果进行使用确认。

d）设备标识。检测设备应定期进行检查和/或检定（加贴标识）、维护和保养，以确保工作性能和操作安全。

e）废弃物处理。实验室应配备高压灭菌锅以及超声波清洗机等，确保培养废弃物的无害化处理。

3. 设施环境要求

a）微生物检测实验室总体要求。微生物检测实验室总体布局应减少和避免潜在的污染和生物危害，即实验室布局设计宜遵循“单方向工作流程”原则，防止潜在交叉污染；各区域具有明确标识。

b）洁净室/超净工作台。洁净室的设计、布局应能满足检测工作需要，且具有明确标识。

c）污物灭菌区。实验室应有高压灭菌锅等，以便妥善处理废弃样品和废弃物（包括废弃培养物）。

4. 方法/方案要求

a）检测方法选择。乳粉的菌落总数检测应遵循 GB 4789.1 的总体要求，培养基验收可依据 GB 4789.28，前处理按照 GB 4789.18 进行，检测步骤按照 GB 4789.2 进行。

b）对照实验。检测过程中应设置空白对照、阴性对照和阳性对照。

5. 过程要求

（1）人员质量控制

a）无菌操作。样品空白、培养基空白、稀释液空白，应无菌生长。

b）熟练度。样品称量稀释完毕后，要及时（一般在 15 min 内）进行检测，防止时间过长影响试验结果。

c）准确性。可通过人员日常监控、内部质量控制、能力验证或实验室间比对等多种方式进行准确性判断。

（2）设备设施质量控制

a）设备检定校准结果满足检测标准要求，如培养箱计量温度应为 36 ℃，温度波动在±1 ℃，高压灭菌器温度应满足 121 ℃和 115 ℃的要求；天平检定结果应为合格。实验室可在内部质量控制文件中规定性能验证的频率。

b）超净工作台/洁净间。定期聘请有资质的第三方检测机构对超净工作台/洁净间进行性能验证。检测项目通常包括截面风速、洁净度、噪声、照度等。实验室可在内部质量控制文件中确定性能验证频率。

c）设备使用/维护记录。填写应及时、真实、准确。试验人员应填写仪器设备使用/维护记录，如天平、高压灭菌器、培养箱等如实记录时间、用途、设备状态等。实验室负责人定期检查仪器设备使用/维护记录是否及时、真实、准确填写。

d）灭菌效果。定期使用化学指示剂法（化学指示胶带）、生物学方法（生物指示剂），结合空白试验结果，对灭菌设备的灭菌效果进行评价。

(3) 环境质量控制

a) 超净工作台/洁净间。定期对此区域进行环境监控。可采取内部监控和外部检测相结合的方式，按照一定频次开展，如“沉降菌试验”。同时，可在检测过程中安排培养基、稀释液、空曝等多种对照。

b) 外部性能检测项目通常包括换气次数、静压差、洁净度、温度、相对湿度、噪声、照度等。

c) 生物安全。虽然菌落总数是非致病菌的检测，但是人员在计数和后期无害化处理中仍需要有生物安全意识。可通过定期培训、考核，以及日常监督评价试验人员是否具备生物安全意识和相关知识。

d) 环境清洁消毒。定期对微生物洁净室、培养间进行清洁和消毒，并形成记录。

e) 洁净室温湿度监测。洁净室应具备适当的通风和温度调节功能，洁净室的推荐温度为 20 ℃，相对湿度为 40％～60％。

(4) 方法应用质量控制

a) 技术验收。实验室应对培养基 PCA 以及磷酸缓冲液进行技术验收。

b) 无菌操作。依据 GB 4789.18 中乳粉相应内容对样品进行前处理，并防止人为对样品造成二次污染。取样前将样品充分混匀。罐装乳粉需清洁罐的表面，再用点燃的酒精棉球消毒罐口周围，然后用灭菌的开罐器打开罐。袋装奶粉应用 75％酒精的棉球涂擦消毒袋口，以无菌手续开封取样。称取检样 25 g，加入预热到 45 ℃盛有 225 mL 灭菌生理盐水等稀释液或增菌液的锥形瓶内（可使用玻璃珠助溶），振摇使充分溶解和混匀。

c) 稀释度。根据 GB 4789.2 以及 GB 19644—2010，选择检测过程中的样品数量以及稀释度。

d) 空白对照。按照标准分别吸取 1 mL 空白稀释液加入 2 个无菌平皿内做空白对照。同时，也可根据情况，同时进行培养基空白和环境空曝试验。

e) 结果计数。应在明亮背景下对平板进行计数。

f) 剩余检测样品处理。检验结果报告后，被检样品方能处理。检验结果报告后，剩余样品和同批产品不进行微生物项目的复检。

(五) 样品留存

检验结果报告后，剩余样品和同批产品不进行微生物项目的复检。乳粉一般需同时检测其他非微生物指标，按照《食品安全监督抽检和风险监测工作规范》的要求进行保存。

(六) 数据处理

应用 GB 4789.2 中“结果与报告”相应的公式进行计算和报告。需要注意以下几点：

a）单位。

菌落计数的单位为CFU/g（ml），其中CFU是Colony Forming Units的缩写。

b）计算。

当同一稀释度的两个平板仅有一个平板菌落数量在30 CFU～300 CFU时，就用这个平板上的菌落数量计算，而不是采用两个平板的平均数。

c）计数判断。

若所有稀释度的平板菌落数均不在30 CFU～300 CFU，需将两个最接近30 CFU和300 CFU的数与30和300做完绝对差值后乘以相应稀释倍数，换算到相同的稀释度进行比较，从而判断哪个稀释度的平均菌落数更接近30 CFU～300 CFU。例如，确定29和上一个稀释度的305哪个更接近，应将29和305分别与30和300做差值后，分别乘以相应的稀释倍数来比较。

（七）结果判定

1. 人员要求

a）结果判定人员对检验结果进行判定，掌握国抽细则的判定方法。

b）掌握GB 4789.1中三级采样方案各符号代表的含义。

c）掌握GB 19644中判定依据和结果判定限量值。

2. 方法要求

按照GB 19644的菌落总数五点法要求对结果进行判定。对于乳粉样品，规定的判定依据为$n=5$、$c=2$、$m=50000$、$M=200000$。

第四节　鲜蛋产品监督检验在线质控评价技术指南及应用案例

一、鲜蛋产品监督检验在线质控评价技术指南

（一）样品抽取

1. 人员要求

样品抽取是开展食品安全监督检验工作的基础，必须引起足够的重视。从事鲜蛋

产品抽样的工作人员，除需满足本书第二章第二节要求外，还应具备以下能力。

首先，抽样人员应明确抽样对象，熟悉国抽实施细则中鲜蛋产品的分类规则，鲜蛋包括鸡蛋和其他禽蛋，其他禽蛋包括鸭蛋、鹌鹑蛋、鸽蛋、鹅蛋等。掌握鲜蛋产品抽样方法和抽样数量的要求。流通环节抽样时，将同一生产商或供应商、同一蛋种、同一生产日期或购进日期、同一码放堆、相同等级（如有时）的待销产品视为同一批次；餐饮环节抽样时，将同一生产商或供应商、同一蛋种、同一生产日期或购进日期、相同等级（如有时）视为同一批次。从同一批次产品中随机抽取样品，抽取样品量、检验及复检备份所需样品量应满足需要。

其次，抽样人员应能够按照抽样方案开展现场抽样工作，流程完整，抽样单等各类文书填写准确、清晰。通过拍照或录像等方式对被抽样单位情况、样品信息、样品封存状态及其他可能影响抽检监测结果的情形进行现场信息采集，确保证据链条完整、可追溯。

最后，抽样完成后应采取有效的防护措施，确保样品安全运达实验室，在运输过程中不破损、不被污染、不发生腐败变质等。

2. 设备仪器要求

抽样涉及的仪器设备包括运输工具、记录工具、保温工具、防护工具等。如需长途运输存储，需将鲜蛋置于冷藏条件下，并用温度计监控抽样环节的温度。用蛋托作为防撞击保护设施，一般为纸质或塑料材料。

a）保温设备包括保温箱、车载冰箱等，能满足冷藏要求。

b）测量仪器为温度计。温度计测定范围涵盖冷藏、常温。

c）抽样设备包括电脑（PAD）、打印机、国抽 UK、网卡。

d）拍摄设备包括手机、照相机、执法记录仪等。

e）防撞击设施一般为蛋托。

3. 过程要求

a）制定抽样方案。针对每一项任务制定一个方案，内容包括任务性质、报送分类要求、抽样任务开始及结束时间、抽样领域、抽样要求、食品类别、抽样数量、抽样人员。

b）程序要求。出示告知书、委托书、工作证、抽取样品、支付样品费、检验和备份样品封存、被抽样单位在抽样单上签字、现场照片。

c）填写抽样单。抽样单信息包括任务来源、任务性质、抽样时间、被抽样单位信息、生产单位信息、委托关系信息、样品信息、抽样领域、抽样类别、抽样量、抽样人员等；信息填写要准确，与所抽样品的包装以及现场被抽样单位提供的信息一致；

更正信息时应由双方签字确认。

d）抽样过程温度记录。记录样品进入保温设备前后的时间和温度及到达实验室的温度，且要求温度在样品标识范围内。

e）证据要求。抽样过程关键照片包括被抽样单位大门口、营业执照、经营许可证、成品库抽样、样品信息、支付凭证、封样、现场签字。

f）不同环节要求。在生产企业抽样需从成品库抽取检验合格的样品；流通环节从经营食品的货架、摊位处抽取。

g）网络抽样。应当记录买样人员以及付款账户、注册账号、收货地址、联系方式等信息；买样人员应当通过截图、拍照或者录像等方式记录被抽样网络食品生产经营者信息、样品网页展示信息，以及订单信息、支付记录等；填写告知书，检验和备份样品封存，不需要被抽样单位在抽样单和封条上签字。

（二）样品储运

1. 运输要求

运输过程中应配备相应的设备仪器，如保温箱、温度计（冷藏、常温）、防撞击保护设施等；运输过程的温度在样品标识范围内、防撞击设施需能够有效防止鲜蛋破碎；及时记录样品运输过程中的温度；保存照片等记录数据及信息；保证样品无破损、运输过程中全程符合标识要求。

2. 贮存要求

a）机构应设置专门的样品管理人员，应熟悉样品贮存制度和流程，能够准确区分样品储藏条件，将样品放入对应的储藏箱号，储藏箱贮存在指定区域。

b）有样品入库记录，包括贮存区域的温度、样品编号、样品储藏箱号、储藏时间、储藏人、储藏库名称等。

c）温度要求。为确保鲜蛋产品贮存有效，应将其存储在冷藏条件下，温度控制在4 ℃左右。

（三）样品接收

1. 人员要求

a）样品接收人员应熟悉国抽细则、鲜蛋产品标准、食品安全监督抽检工作规范等相关文件。

b）样品接收人员需了解不同任务的样品接收流程，熟练掌握各类任务的编号规则，以便区分不同任务类别。

c）掌握鲜蛋产品检测指标的设置情况，对检测方法、产品标准有一定了解，避免样品归类错误、检验项目错误。

2. 设备仪器要求

a）配备满足样品接收工作要求的仪器设备，如温度计等，应考虑设备用途、控温范围、控制精度和数量要求。

b）测温设备需要经过计量，并保持良好的工作状态。

c）配备带有 Office 或 WPS 办公软件的电脑，并安装证书和国抽系统账号及 UK。

d）其他硬件设施包括样品编号打印机、照相机等。

3. 设施环境要求

鲜蛋样品接收一般需要常温或冷藏环境，并配备相应控制设施。样品接收环境应具备温度、湿度调节设备，可满足样品流转、储存条件的要求。常温要求避光、阴凉、干燥，温度在 20 ℃左右；冷藏要求温度维持在 0 ℃～4 ℃。

4. 过程要求

a）样品接收人员在进行样品接收时，应核对鲜蛋样品是否符合任务要求，检验项目是否在资质能力范围内。

b）与抽样人员进行交接时，应核对样品数量、样品状态，确定样品包装、封条是否完好等。

c）样品确认无误后，需进行样品交接记录登记，记录交接时间，并记录其他可能对检验结论产生影响的情况，核对抽样单信息，并双方签字确认。

d）样品交接后进行样品接收登记，将检验样品和复检备份样品分别加贴相应唯一性标识，按照样品储存要求入库存放，记录样品储存地点及流转时间和人员。

e）确定样品检测指标，根据不同任务的细则要求、样品属性、包装规格、生产日期等信息，确定检验项目。

f）制作样品流转单，需体现样品编号、样品名称、检验要求、发样时间、要求完成时间等内容。

g）派发样品。样品需与任务单一同流转至实验室，与接收人员进行样品交接时，需双方确认流转单上的信息并签字确认。

h）特殊要求。不符合要求的鲜蛋样品，如品种、数量不满足要求，以及鲜蛋样品破损等，应立即汇报负责人组织研究讨论。必要时可拒收，做详细记录，并组织补充抽样。对于特殊样品，如绿色食品、有机食品等，需对其标签进行拍照记录。由于鲜蛋样品长期保存时应处于冷藏状态，应尽快完成交接和登记，流转至实验室。如不能当天发放的样品，临时保存需要按要求进行。

(四) 样品制备(适用于鲜蛋样品中的理化指标)

1. 人员要求

样品制备工作应由经过培训的操作人员完成。正式上岗前，应经过考核评价。具备鲜蛋样品制备基本知识，掌握常用的样品制备工具，掌握 GB/T 22338、GB/T 21312、SN/T 4253、GB/T 21317、农业部 2008 年第 1025 号公告、GB 23200.115 等检测方法标准中的样品制备要求，熟练操作各类制备工具。掌握鲜蛋样品信息核对、分装、流转、储存要求。接到样品之后应首先核对样品信息；制备前应按产品标识条件进行储存，一般为常温；制备后分装至洁净容器中，并尽快流转给检测实验室，如无法流转需放入4 ℃左右的冷藏室中暂存。

2. 设备仪器要求

a) 称量设备。天平精确到 0.1 g，称量下限不高于 10.0 g，称量上限不低于 2000.0 g。

b) 均质设备。均质机、电动搅拌棒、玻璃棒等设备，其性能应满足检测方法标准的要求。

c) 分装容器。选取洁净、可密封的食品级玻璃或塑料容器保存制备后的样品。

d) 样品柜。用于制备后的样品周转，样品柜温度保持在 0 ℃～4 ℃范围内。

3. 设施环境要求

样品制备室需对温度、湿度、照明、通风、卫生、用电、消防安全等指标进行控制；要求室内配置温湿度调节设备，室温控制在 20 ℃±5 ℃，对温湿度进行监控并记录；有窗和照明灯，保证通风效果良好和室内明亮；配置水池和热水器及下水道；配置有垃圾桶及时处理制样过程中的垃圾，防止发生交叉污染；配置必要的安全防护措施。

4. 方法要求

实验室应建立和保持样品制备管理程序。当以全蛋作为分析对象时，去除蛋壳后、取若干样本量的鲜蛋，具体取样量需满足所检项目的方法标准中的规定。如 GB 23200.115规定在进行鲜蛋中氟虫腈检测时，样品制备量应至少为 16 枚鸡蛋（约 1 kg)，用匀浆机搅拌均匀。如方法要求以蛋白、蛋黄分别作为分析对象时，将蛋白、蛋黄分离，分别均质。

5. 过程要求

a) 样品确认。样品制备人员需对样品信息与实物的一致性进行核实；对样品数量是否满足检验项目的要求进行核实；对样品状态是否满足试验要求进行核实；确认无误后，开始样品制备过程。

b）样品制备。样品制备人员根据不同检验项目方法标准中的要求进行制备，同样要求的可以一起制备。

c）样品分装。样品制备员根据检测项目将样品分装成若干个样品单元，分发给相应的检测人员，并在相应的样品登记表、样品流转记录单以及其他系统中做好样品或样品单元的交接记录。

d）样品流转。对制备好的样品进行发放，需要如实记录样品交接状态描述和数量、样品单元的标识、交接日期和时间，样品交接人员需签字确认。

e）记录控制。样品从接收、制备、流转、暂存的全过程应予以记录。

f）样品标识。查看经过制备的样品是否加贴唯一性标识，并可在检测过程中持续保留。

g）样品处理。应该记录样品编号、样品量等无害化处理信息。

（五）样品检测（适用于鲜蛋样品中理化指标检测）

1. 人员要求

熟练掌握鲜蛋样品的检测技能，掌握 GB/T 22338、GB/T 21312、SN/T 4253、GB/T 21317、农业部 2008 年第 1025 号公告、GB 23200.115 等检测方法，熟练操作方法中涉及的各类分析仪器，如液相色谱-质谱、气相色谱-质谱等设备，掌握仪器原理、操作和维护等方面的知识。针对鲜蛋产品的检测项目进行过培训、考核、上岗，确保其能够按照实验室管理体系要求开展工作。

2. 设备仪器要求

鲜蛋产品检测的主要设备仪器包括前处理设备、检测仪器以及其他辅助仪器设备。均需按照标准要求进行配置，并严格按照实验室管理体系文件要求对仪器设备进行采购、验收、计量、确认、保管、维护、使用、期间核查等。

a）前处理设备。类型为称量、提取、净化、浓缩设备。包括电子天平、pH 计、移液枪、固相萃取柱、组织捣碎机和均质机、振荡器、旋转蒸发仪、涡旋混合器、离心机和冷冻离心机、恒温箱、氮吹仪等。

b）检测设备。鲜蛋产品检测主要设备包括气相色谱-质谱联用仪，配有化学电离源（CI）；高效液相色谱-串联质谱仪，配有电喷雾离子源（ESI）；ICP-MS 等。

c）标准物质、试剂耗材。依据检测方法要求配制试剂耗材、标准物质。使用过程中，应特别关注特定要求，包括其毒性、对热、空气和光的稳定性、与其他化学试剂的反应、储存环境等。

从事痕量分析的实验室应配备专用器皿，避免可能的交叉污染；用于痕量金属分析的器皿浸泡于酸液中以去除痕量金属。对互不相容的检测，实验室应使用不同的器皿。

3. 设施环境要求

a）实验室布局。理化检测实验室总体布局应减少和避免交叉污染，各区域具有明确标识；实验室内照明设备完好，保障室内宽敞明亮。

b）实验室安全。实验室应有与检测范围相适应并便于使用的安全防护装备及设施，如通风橱、个人防护装备、烟雾报警器、毒气报警器、洗眼及紧急喷淋装置、灭火器等，定期检查其功能的有效性。

c）区域划分、标识与控制。实验室应对不同用途的试验区域加以划分，各区域应有适当的标识，如负责人的姓名、联系人的姓名和电话等。必要时，应清晰标记危险标识（如剧毒库等），相应的区域设置不同人员准入；对于互相影响的区域，应有效隔离，防止交叉污染。

d）环境条件。实验室环境温度应加以控制，温度一般为 20 ℃±5 ℃，相对湿度一般保持在 70%以下，要求每日对实验室温湿度进行记录并评价是否满足要求。

e）环境保护。废液要及时收集，注明成分，统一存放，有区域标识，由有处理资质的公司进行无害化处理。

4. 方法要求

应严格按照国抽细则中鲜蛋产品的指定方法开展检验工作。如国抽细则中指定的检测方法标准未标注年代号，实验室应确保使用现行有效的版本。精密度、线性范围、检出限和定量限满足各个检验方法标准要求，加标回收率满足 GB/T 27404 及各检验方法要求。如果在验证过程中发现标准方法中未能详细描述影响检测结果的环节，或不同的检验人员理解不一致，应将详细操作步骤编制成作业指导书，作为标准方法的补充，经技术负责人批准后实施。

鲜蛋产品中的检测参数包括氯霉素、氟苯尼考、喹诺酮类（恩诺沙星、氧氟沙星、诺氟沙星）、金刚烷胺、金刚乙胺、多西环素、甲硝唑、磺胺类（总量）、呋喃唑酮代谢物、氟虫腈。方法的技术参数及配置要求如下：

a）氯霉素和氟苯尼考。检验依据 GB/T 22338；液相质谱法负离子模式测定，氯霉素采用内标法定量，氟苯尼考采用外标法定量；测定低限为 0.01 μg/kg。

b）喹诺酮类（恩诺沙星、氧氟沙星、诺氟沙星）。检验依据 GB/T 21312；液相质谱法正离子模式测定，用阴性样品基质加标外标法定量；恩诺沙星、氧氟沙星定量限为 2.0 μg/kg，诺氟沙星定量限 3.0 μg/kg。

c）金刚烷胺。检验依据 GB 31660.5，液相质谱法正离子模式测定，内标法定量，定量限为 2.0 μg/kg。

d）金刚乙胺。检验依据 SN/T 4253；液相质谱法正离子模式测定，内标法定量，测定低限为 1.0 μg/kg。

e）多西环素。检验依据 GB/T 21317；液相质谱法正离子模式测定，外标法定量，测定低限为 50.0 μg/kg。

f）甲硝唑。检验依据 SN/T 2624；液相质谱法正离子模式测定，基质匹配曲线外标法定量，测定低限为 1.0 μg/kg。

g）磺胺类（总量）。检验依据农业部 2008 年第 1025 号公告；液相质谱法正离子模式测定，外标法定量，检出限为 0.5 μg/kg。

h）呋喃唑酮代谢物。检验依据 GB/T 21311。液相质谱法正离子模式测定，稳定同位素内标法定量，测定低限为 0.5 μg/kg。

i）氟虫腈。检验依据 GB 23200.115，液相质谱法正离子模式测定，外标法定量，定量限为 5.0 μg/kg。

5. 过程要求

应严格按照《食品安全抽样检验管理办法》、检测方法标准、检验检测机构资质认定、实验室认可准则等相关要求进行检验。除满足通用要求外，还应注意：

a）严格依据标准方法进行定量，分别采取外标法、内标法；氯霉素、金刚烷胺、金刚乙胺、硝基呋喃代谢物等项目用内标法定量；严格依据标准方法进行标准溶液配制；注意一些检验项目需要基质匹配标准曲线；为有效监控试验结果，应加入空白试验，以确保检测过程中未产生环境污染、人为污染。

b）样品预处理时，根据方法要求，保持鲜蛋样液的均匀性、稳定性；在提取净化过程中，试剂、耗材应满足要求，使用前进行性能验收；提取、净化应充分，使用加标回收等方式验证效果；溶剂复溶体积精准；标准品使用前要进行验收，且进行期间核查；标准溶液的配制范围满足检出限、点数、浓度要求；进样前应排除记忆效应，排除污染，确保仪器性能正常；注意色谱柱平衡，基线稳定；有效识别目标检测物，避免杂质干扰。

c）原始记录应详细记录样品提取、净化、浓缩、进样、计算过程；记录应包括样品编号、检验项目、检验日期、温湿度、标准物质（溶液）编号、样品制备过程和前处理过程、检测方法、标准曲线、测定结果、检出限或定量限、原始谱图、检测人员、复核人员等；标准溶液记录包括配制记录及逐级稀释记录；质控记录包括空白实验、加标回收试验等记录。

d）注重检验过程质量控制。实验室应对检测结果进行质控，包括内部质控和外部质控。质控指标和方法包括以下几方面：

——空白试验。试剂空白一般每制备批样品或每 20 个样品做一次，样品的检测结果应消除空白造成的影响。高于接受限的试剂空白表示与空白同时分析的这批样品可能受到污染，检测结果不能被接受。当经过试验证明试剂空白处于稳定水平时，可适当减少空白试验的频次。当检测方法对空白有具体规定时，应满足方法要求。

——使用控制样品。实验室控制样品（LCS）可每制备批样品或每 20 个样品做一次。LCS 应按通常遇到的基体和含量水平准备，其测定结果可建立质量控制图进行分析评价。当经过 LCS 测试试验证明检测水平处于稳定和可控制状态下，可适当减少 LCS 的测试频率。

——加标试验。应在分析样品前加标，基体加标应至少每制备批样品或每个基体类型或每 20 个样品做一次，且添加物浓度水平应接近分析物浓度或在校准曲线中间范围浓度内，加入的添加物总量不应显著改变样品基体。

——重复检测。重复样品一般至少每制备批样品或每个基体类型或每 20 个样品做一次。经过试验表明检测水平处于稳定和可控制状态下，可适当地减少重复检测频率。

——外部质控。实验室应尽可能参加能力验证或实验室间比对以验证其能力，其频次应与所承担的工作量相匹配。

（六）数据处理

1. 人员要求

从事数据处理的人员应掌握鲜蛋产品涉及的各个检测方法、质量控制方法。使用大型分析仪器或相关设备的人员应接受过液-质、气-质等仪器工作站数据处理知识的专门培训，掌握相关的专业技能以及数据修约知识。只有经过技术能力评价确认满足要求的人员才能授权其独立从事检测数据处理活动。实验室应定期评价被授权人员的持续能力。评价记录和授权记录应予以保存。

应建立数据分析和处理相关培训记录，记录内容应包括培训主题、培训时间、培训地点、授课人、人员签到、培训内容，以及培训效果综合评定。应定期监督试验人员是否能够正确进行数据处理。对于数据处理人员，应通过充分的培训后方可开展数据处理工作，可通过试卷问答、人员比对、监督等形式对其能力水平进行考核。

2. 设备仪器要求

用于收集、处理、记录、报告、存储或检索数据的设备仪器应满足实验室检验检测活动的要求，在投入使用前应进行功能确认，包括实验室信息管理系统中接口的正常运行。定期监控数据处理软件的稳定性及正确性，确保处理结果正确。定期监控数据传输系统，通过溯源，确保数据传输的及时、可靠。

使用信息管理系统时，应确保该系统满足所有相关要求，包括审核路径、数据安全和完整性等。实验室应对信息管理系统与相关认可要求的符合性和适宜性进行完整的确认，并保留确认记录；对信息管理系统的改进和维护应确保可以获得先前产生的记录。一般由检验人员进行数据处理，同时监控数据处理软硬件符合要求，采取数据复核的方式进行质量控制。

3. 设施环境要求

设施和环境条件应适合实验室活动，不应对结果有效性产生不利影响，因素可能包括但不限于微生物污染、灰尘、电磁干扰、辐射、湿度、温度、供电、声音和振动。当相关规范、方法或程序对环境条件有要求时，实验室应检测、控制和记录环境条件。

应将从事实验室活动所必需的设施及环境条件的要求形成文件，并定时记录相关实验室环境指标。应实施、监控并定期评审控制设施的措施，包括但不限于：进入和使用影响实验室活动的区域、预防对实验室活动的污染、干扰或不利影响、有效隔离不相容的实验室活动区域。

4. 方法要求

应使用适当的方法和程序开展所有实验室活动，适当时包括测量不确定度的评定以及使用统计技术进行数据分析。通过原始记录审核，评价试验人员检测结果数据处理的准确率。通过原始记录提交情况，评价出具处理完成的及时率。定期对试验人员进行数据处理及分析相关培训，确保检测结果的准确性。

采取电子化数据报送的，实验室也应保存原始记录。对数据输入或采集、数据存储、数据转移和数据处理的方法、备份方式、数量和时间进行规定，定期核查数据的真实性、完整性、保密性和安全性。通过日常监督、原始记录审核，评价试验人员检测数据处理的准确性，如平行试验数据计算、数字修约、转移数据的准确性等。实验室应建立并实施数据保护的程序，对数据输入或采集、数据存储、数据转移和数据处理的方法、备份方式、数量和时间、杀毒方式进行规定，并定期核查数据的真实性、完整性、保密性和安全性。

5. 过程要求

一些特殊的检测活动，检测结果无法复现，难以进行质量控制，实验室应关注人员的能力、培训、监督以及与同行的技术交流，并与客户充分沟通，将沟通结果留存记录。保证数据有效性、处理的准确性，试验中所有对照试验结果均应符合相关标准要求，以证明试验数据有效、准确。

应确保能方便获得所有的原始记录和数据，记录的详细程度应确保在尽可能接近条件的情况下能够重复实验室活动。应在记录表格中或成册的记录本上保存检测或校准的原始数据和信息，也可直接录入信息管理系统中，也可以是设备或信息系统自动采集的数据。

实验室对结果的监控应覆盖到认可范围内的所有检测或校准（包括内部校准）项目，确保检测或校准结果的准确性和稳定性。当检测或校准方法中规定了质量监控要求时，实验室应符合该要求。适用时，实验室应在检测方法中或其他文件中规定对应检测或校准方法的质量监控方案。

（七）结果判定

1. 人员要求

结果判定人员需熟悉掌握抽检细则、鲜蛋食品执行标准等相关文件中针对不同检验项目的判定依据和结果判定限量值；结果判定人员对检验结果进行判定，需要熟悉产品标签的识读，以便使用相应的标准对检验结果进行判定，避免因日期、等级等具体细节造成判定不准确；结果判定人员应及时查新判定标准，注意新标准实施日期和旧标准废止日期，准确使用对应标准对结果进行判定；结果判定人员应掌握特殊的判定原则，能够考虑到环境带入和本底值的情况。

2. 设备仪器要求

配备带有Office或WPS办公软件的电脑，满足产品标准检索要求；国抽、市抽等任务需申请密钥及系统账号，且登记在册；需要购买的标准文件，应从官方正规渠道采购。

3. 方法要求

（1）标准中明示要求

a）氯霉素：农业部公告第250号，不得检出。

b）氟苯尼考：GB 31650，不得检出。

c）喹诺酮类（恩诺沙星、氧氟沙星、诺氟沙星）：农业部公告第2292号，不得检出。

d）金刚烷胺：农业部公告第560号，不得检出。

e）金刚乙胺：农业部公告第560号，不得检出。

f）多西环素：GB 31650，不得检出。

g）甲硝唑：GB 31650，不得检出。

h）磺胺类（总量）：GB 31650，不得检出。

i）呋喃唑酮代谢物：农业部公告第250号，不得检出。

j）氟虫腈：GB 2763，≤0.02 mg/kg。

（2）其他要求

评价结果判定准确度应结合食品类别和检验项目，使用相应的判定标准对实测数据进行结果判定。判定标准对应着检验项目体现在检验报告中，判定值（限量值）对应着检验项目体现在检验报告中，判定结果（合格/不合格）对应着检验项目体现在检验报告中。对标准分类，基础标准理解，生产日期，特殊要求，特殊备注等进行质量控制。阳性样品需综合考虑带入环境污染，临界值风险。通过数据比对、过程数据控制评估等来避免系统性风险。

临界值时需考虑不确定度。按照不同任务的规定要求，必要时应做判定规则备注说明，以明示对实测值判定的依据。

（八）报告出具

1. 人员要求

报告出具人员应能正确解读相关鲜蛋产品抽检任务要求，明确报告的格式、报送方式、报送时限等要求，从而在规定时限内出具相应的报告并以规定方式上报。报告出具人员应掌握不同种类报告的出具方法和流程：

a）系统填报；

b）人工出具（熟练操作办公软件及常用功能，如 Word、Excel 函数等）。

2. 设备仪器要求

配备电脑、打印机、扫描仪。电脑需设置密码，安装 Office 或 WPS 等办公软件。通过系统报送，需配备/申请相应的 UK、账号、浏览器。对设备进行定期维护，国抽或市抽的 UK 应按时缴纳费用，保证设备处于有效使用状态，不得私自将公有资产损坏、外带。

3. 设施环境要求

有独立的办公和存档空间，能够有效控制无关人员进出，检查档案室消防安全，报告存放整齐有序，容易查阅。档案室空间足够，报告至少存放 6 年，定期检查档案室消防安全。

4. 方法要求

严格按照流程制度签发报告，进行三级审核，“检验—审核—批准”，不得跳过某一环节或调整审核顺序；每一级审核发现问题时，应返回上一级，责成改正。

（1）报送流程

通过国家抽检系统报送：核对样品关键信息→查询方法、限值，调整模板→填报试验结果→系统自动生成电子报告→检查报告是否有误→逐级审核并上报。通过市抽系统报送：从系统下载样品信息，核对关键信息及逻辑性错误→制作食品检验结果录入表→将试验结果录入食品检验结果录入表→利用 Word、Excel 等办公软件出具检验报告→将检验报告发送给检验、审核、批准人逐级审核、签字，最后返还至报告出具人员签章→生成PDF版检验报告→将食品检验结果录入表和PDF版报告上传至市抽系统，完成报送→上传完毕检查是否有漏传、传错情况的发生，并及时更正，核对完毕方可分发报告→如遇无法上传情况，应按系统提示检查是否书写有误，如因系统任务中未下达相应食品类别检测项目导致无法上传，应及时联系市场监管部门相关负责人，按要求填写添加项目表，及时关注系统任务添加情况。

通过线下方式报送：根据委托方要求出具电子报告或纸质报告→通过邮寄或自取等方式将结果报送给委托方。

(2) 报告内容

a) 标题统一为“检验（测）报告”；

b) 实验室的名称、地址、邮编、电话和传真；

c) 检验报告的唯一性编号，每页标明页码和总页码，结尾处有结束标识；

d) 委托方名称、被抽样单位名称、标称生产企业名称；

e) 检验类别；

f) 样品抽样日期、样品生产/加工/购进日期、报告签发日期；

g) 样品名称和必要的样品描述（如规格、商标、质量等级的描述）；

h) 样品抽样数量、抽样地点、抽样单编号；

i) 抽样人员和检查封样人员；

j) 检测项目、检验结论、判定依据、标准指标、实测值、单项判定、检验依据；

k) 主检人、审核人、批准人签字（签章），并加盖本实验室印章；

l) 类似“报告无‘检验报告专用章’或检验单位公章无效”的声明；

m) 类似“报告无主检、审核、批准人签字无效”的声明；

n) 类似“报告涂改无效”的声明；

o) 类似“对检验结果若有异议，请于收到之日起七个工作日内以书面形式提出，逾期不予受理”的声明。

(3) 报送时限

学习每个任务的要求文件，清楚任务的报送时限；关注样品的抽样、到样、发样情况，合理安排时间；提前做好查询限值、制作/调整模板等准备工作；督促实验室按时完成试验并提交试验数据；在规定时限内出具报告并上报。

(九) 样品留存

1. 人员要求

由授权的样品管理员进行留存管理；掌握鲜蛋产品储存要求，一般为冷藏。熟悉样品留存管理要求。

2. 设备仪器要求

要求具备温度计、冷藏库、常温库、防撞击保护设施。温度在样品标识范围内、防撞击设施需能够有效防止鲜蛋破碎。登记人、登记日期、样品所在箱号、所在样品库等信息应予以记录。鲜蛋产品应分类存放，按要求存放（温度、光线、防止撞击等）。

3. 设施环境要求

样品储存应采取有效的防护、环境控制措施（温度、光线、防止撞击等）。对措施是否有效、储存时间是否符合要求进行效果评价。具备样品储存记录。样品无破损、状态符合标识要求。

4. 方法要求

合格样品应当自检验结论作出之日起3个月内妥善保存复检备份样品，复检备份样品剩余保质期不足3个月的，应当保存至保质期结束。不合格样品应当自检验结论作出之日起6个月内妥善保存复检备份样品，复检备份样品剩余保质期不足6个月的，应当保存至保质期结束。超过储存期限的样品应进行无害化处理，并保存处理记录。定期抽查样品保存和处理记录。

二、鸡蛋中多西环素监督检验在线质控应用案例

多西环素项目是近年来我国食品安全监督抽检或风险监测中鸡蛋产品的常检项目，《国家食品安全监督抽检实施细则（2020年版）》指定该项目的判定依据为农业部公告第235号《动物性食品中兽药最高残留限量》和GB 31650—2019《食品安全国家标准 食品中兽药最大残留限量》，家禽在产蛋期间禁止使用此类兽药，市售鸡蛋产品中不得检出多西环素。近年关于鸡蛋中多西环素残留超标也常有报道。因此，本节以《国家食品安全监督抽检实施细则（2020年版）》中指定的鸡蛋中多西环素的检测方法GB/T 21317—2007《动物源性食品中四环素类兽药残留量检测方法液相色谱-质谱/质谱法与高效液相色谱法》为研究对象，从人员、设备、设施环境、方法及试验过程等几个方面阐述了除需满足RB/T 214—2017《检验检测机构资质认定能力评价 检验检测机构通用要求》、CNAS-CL01：2018《检测和校准实验室能力认可准则》要求之外，还应关注质量控制关键点和注意事项，以确保检验结果的可靠性和准确性。

（一）样品抽取

1. 人员要求

抽样人员应熟悉国抽实施细则中规定的抽样要求，在抽样工作开展之前，应制定

详细周密的抽样方案，包括抽样地区、抽样地点、样品品种、抽样环节、抽样类型等。

2. 设备仪器要求

抽样涉及的仪器设备包括运输工具、记录工具、保温工具、防护工具等。如需长途运输存储，需将鸡蛋置于冷藏条件下，并用温度计监控抽样环节的温度。用蛋托作为防撞击保护设施，一般为纸质或塑料材料。

3. 设施环境要求

抽样后，抽样人员应对外包装、储存位置、储存条件进行拍照记录，鸡蛋的保存环境条件一般为阴凉干燥。

4. 过程要求

流通环节抽样时，将同一生产商或供应商、同一蛋种、同一生产日期或购进日期、同一码放堆、相同等级（如有时）的待销产品视为同一批次。餐饮环节抽样时，将同一生产商或供应商、同一蛋种、同一生产日期或购进日期、相同等级（如有时）视为同一批次。从同一批次产品中随机抽取样品，原则上抽取样品量不少于 3 kg。所抽取样品分为两份，约二分之一为检验样品，约二分之一为复检备份样品（备份样品封存在承检机构）。抽取样品量、检验及复检备份所需样品量可根据检验和复检需要适量调整。

（二）样品储运

抽样完成后由抽样人与被抽样单位在抽样单和封条上签字、盖章，当场封样，检验样品、备份样品分别封样。为保证样品的真实性，要有相应的防拆封措施，并保证封条在运输过程中不会破损。样品运输过程中应采取有效的防护措施，确保样品不被污染，不发生腐败变质。

（三）样品接收

样品接收人员需了解样品接收流程，并且核对样品的检样量和备样量是否与国抽细则规定的样品量一致，对于多西环素的项目，首先需要核对鸡蛋的检验和备样数量是否满足 GB/T 21317—2007 的检验要求。在日常抽检过程中，不合格样品存在检样量或备样量不满足要求的情况，会直接导致食品生产经营者合法的复检要求不能得到满足，以致争议事件的发生，所以需要核对检样和备样的数量、封条是否有破损、封条是否签字盖章、样品是否完好无损。承检机构接收样品后应尽快实施检验，备样冷藏储存。

（四）样品制备

1. 人员要求

从事样品制备的人员应熟悉 GB/T 21317—2007 中关于样品制备的内容，并经过培训考核后，授权上岗。样品制备员在分装制备样品过程中，要严格按标准规定进行操作，防止在操作过程中因设备及容器等原因对样品造成污染。

2. 设备仪器要求

a）电动搅拌棒。

b）分析天平。感量 0.01 g。

c）容器。选取洁净、可密封的食品级玻璃或塑料容器保存制备后的样品。

d）冰箱。于－18 ℃以下冷冻存放。

3. 设施环境要求

整个操作过程应在指定区域内进行，该区域应具备相对独立的操作台和废弃物存放装置。

4. 方法/方案要求

为保障样品的均匀性、代表性，需对抽取的鸡蛋样品进行制备。将鸡蛋去壳后，称取约 500 g，用组织捣碎机充分捣碎均质，分装至洁净容器中、密封，加贴唯一性标识，于－18 ℃冰箱中冷冻保存待测。

5. 过程要求

a）样品制备规范性。按照 GB/T 21317—2007 要求进行样品制备，检查样品制备记录，查看样品量、样品制备过程是否符合要求。

b）样品标识。样品制备后，应加贴样品的唯一性标识，并在检验检测期间保留该标识。

c）样品制备记录。样品应从接收、制备、流转的全过程予以记录，并且记录样品暂存间的环境条件、样品数量。

d）样品确认。样品制备人员能够按照要求对样品进行确认。

e）样品暂存。样品制备实验室应设置样品暂存间，有适宜的设施保存样品，注意温度、湿度、阳光、尘埃等影响因素，应有消防安全措施，并授权专人管理，必要时应设立门禁或报警系统。

f）样品处理。应将样品进行无害化处理，同时记录样品编号、数量等信息。

（五）样品检测

1. 人员要求

针对食品安全监督抽样检验工作，要求实验室至少拥有 2 名或以上具备从事该项目检测能力的技术人员，并通过培训、考核、上岗。每名试验人员均应熟练掌握 GB/T 21317—2007的检测方法，包括试验原理，样品制备、提取、净化等步骤，熟练操作方法中涉及的液相色谱-质谱仪，并具备日常维护知识。能够准确控制检测过程中的关键点，具有对结果进行正确判断的能力及经验。作为实验室的技术管理者，应定期对承担该项目的检测人员开展技术培训、进行能力监控及评价，确保其技术能力持续满足任职要求。

2. 设备仪器要求

a）液相色谱串联四级杆质谱仪或相当者，配电喷雾离子源。

b）高效液相色谱仪，配二极管阵列检测器或紫外检测器。

c）分析天平。感量 0.1 mg，精确到 0.01 g。

d）旋涡混合器。

e）低温离心机。最高转速 5000 r/min，控温范围为−40 ℃至室温。

f）吹氮浓缩仪。

g）固相萃取真空装置（配 HLB 固相萃取小柱）。

h）pH 计。测量精度±0.02。

i）组织捣碎机。

j）超声提取仪。

k）玻璃容器、移液枪等其他工器具。

l）标准溶液配制。多西环素（CAS：564-25-0）标准物质纯度应大于或等于 95%；按照 GB/T 21317—2007 的规定，标准储备溶液应准确称取按其纯度折算为 100%质量的多西环素（强力霉素）10.0 mg，用甲醇溶解并定容至 100 mL，浓度相当于 100 mg/L，储备液在−18 ℃以下贮存于棕色瓶中，可稳定 12 个月以上；混合标准工作溶液，根据需要，用甲醇十三氟乙酸水溶液将标准储备溶液配制为适当浓度的混合标准工作溶液，混合标准工作溶液应使用前配制；标准溶液应严格按照保存条件和保存时限进行保存，过期标准溶液不可使用，需重新配制。

m）试剂耗材验收。试验用到的水、试剂、HLB 固相萃取小柱等材料，其性能会直接影响试验效果，可能会造成杂质干扰、回收率低等。因此，在试验开始前应对实验室用水、试剂、耗材进行技术性验收，确保其满足试验要求。

n）质控要求。仪器设备能否正常运行直接影响到检测结果的准确性，实验室应对开展鸡蛋中多西环素检测所需的设备和影响检测结果的设备进行质量控制，在满足资质认定及实验室认可要求的基础上，还应注意以下几点：

——计量溯源性要求。本试验需要进行校准并满足计量溯源要求的设备包括高效液相色谱-串联质谱仪（配有电喷雾离子源）、分析天平、pH 计、玻璃容器（定量用）、移液枪、温度计。试验开展前应取得校准合格证书，并对校准结果进行确认。

——期间核查要求。实验室应制定文件化的期间核查程序，按文件要求对检测方法中提到的测量仪器进行期间核查，一般要求在两次检定/校准之间进行性能指标符合性检查，以保持检测仪器的可信度及有效性。此外，对于试验用到的多西环素标准物质也应进行期间核查。期间核查工作主要包括标准物质的比对，设备的稳定性试验以及设备特征值和灵敏度的测试等。

3. 设施环境要求

（1）天平室

天平室应清洁无尘，防止阳光直射；室温以 18℃～26 ℃为宜，湿度应≤70%。

（2）样品前处理室

本试验为痕量检测试验，应满足前处理操作的条件，需注意与常量检测区域进行区分，防止交叉污染。

（3）仪器室

仪器室应根据高效液相色谱-串联质谱仪（配有电喷雾离子源）使用说明书要求进行温湿度的监控。一般情况下，需配备空调、除湿器或加湿器。

（4）其他配置要求

实验室应有安全防护装备及设施，如个人防护装备、烟雾报警器、洗眼及紧急喷淋装置、灭火器等。同时，按照资质认定及实验室认可要求，对检测过程的设施环境予以控制，并对控制结果予以记录。为防止设施环境带来的污染，一般采用空白试验的方式对环境控制状况进行验证，以预防实验室活动的污染、干扰或不利影响。

4. 方法/方案要求

（1）检测方法选择

参照 GB/T 21317—2007 进行制备、提取、净化。方法标准中分别规定了动物肌肉、内脏组织、水产品和牛奶样品的制备、提取要求，考虑鸡蛋样品具有半固态、不均匀等属性，选择参照动物肌肉、内脏组织、水产品的制备及提取方法。采用液相色谱-质谱/质谱法进行测定，试验过程中重点把握方法的关键控制点，确保试验的稳定性、准确性。

（2）样品前处理

a）提取过程。

需要特别注意样品称量范围，尽量控制在 4.95 g～5.05 g（精确至 0.01 g）；为使分离更充分，可在离心前将样品放在冰箱中冷藏 10 min；加入缓冲溶液后，应先进行充分地涡旋混匀，以避免提取不充分；在超声、离心过程中应持续控制温度，使其低于 15 ℃，温度升高时可采取加冰等措施。

b）净化过程。

为使待测目标物充分被小柱保留，要控制上样速度，一般采用较低的流速（0.5 mL/min～2.0 mL/min）。淋洗充分，以最大限度去除杂质，最终应抽真空 5 min 左右，尽量使小柱干燥。洗脱过程要求控制流速避免过快，以使分析物最大程度洗脱，否则会导致分析物流失，影响回收率的大小，一般采用较低的流速，约 1 滴/秒。浓缩时要注意氮吹时温度不能高于 40 ℃，避免提取物高温分解。氮气不能开得太大，避免溶液溅出，引起污染。如果氮吹针头接触到样品，尤其是加标样品，使用后要清洗针头，以免造成样品的交叉污染。

c）测定过程。

本方法采用的是单点定量法，标准溶液的浓度要和样品或质控样浓度接近。在质谱测试过程中，流动相中的三氟乙酸对离子源会产生一定的抑制作用，建议测试完成后充分冲洗色谱柱和锥孔，以消除三氟乙酸在仪器中的残留。

d）记录过程。

原始记录反映了检测活动的主要信息，是对试验过程最主要的记录。试验人员应按要求使用现行有效的受控版本，记录内容应涵盖样品编号、仪器设备、环境条件、人员、时间以及样品制备、提取、净化、进样、计算等全过程的信息，实现全程可追溯。

5. 过程要求

（1）样品均匀性

依据标准要求对鸡蛋样品进行前处理，取样前需将样品充分混匀。

（2）质量控制

结果的质量控制是食品理化检测实验室必不可少的环节之一，由内部质量控制和外部质量控制构成。实验室应加强内部质量控制，积极参与外部质量评估，从而进一步加强实验室全方位的质量控制。

a）内部质量控制。

实验室应根据既定的计划与时间安排定期开展内部质量控制，其方式涵盖仪器设备和方法的检出限、检测项目的线性回归方程的标准曲线、空白试验、留样再测、加标回收率、实验室内部比对、有证对照品核查等。

——空白试验。鸡蛋中多西环素检测为痕量兽药残留检测，一旦操作不严谨或检出高浓度阳性样品时，可能会出现交叉污染，导致假阳性样品的出现。为了避免此现象，多采用空白试验方式，每批次或每 20 个测试样品可做一次试剂空白试验/方法空白试验，在目标检测物多西环素保留时间处不应出现干扰峰，从而确认检测过程没有污染。

——稳定性试验。为验证仪器设备、标准物质的持续稳定，可采取在不同时间内测定同一浓度标准溶液的方式，建议采取每批次或每 20 个样品加测一个低浓度水平(50 μg/L～100 μg/L)标准溶液的方式。如果出现波动异常结果，能够及时发现仪器、标准物质的稳定性、灵敏度问题。

——准确性试验。对于阳性样品而言，其检测结果的准确性显得尤为重要。常见的控制结果准确性的方法包括：加标回收试验、人员比对、仪器设备比对、留样再测等。加标回收试验：相同的样品取两份，其中一份加入定量的多西环素标准物质；两份同时按相同的分析步骤分析，加标的一份所得的结果减去未加标的一份所得的结果，其差值同加入标准物质的理论值之比即为样品加标回收率。加标回收率的测定是实验室内经常用以自控的一种质量控制技术，反映测试结果的准确度。当按照平行加标进行回收率测定时，所得结果既可以反映测试结果的准确度，也可判断其精密度。检测结果一旦为阳性（即超过检测限或检出限)，检验结论即为不合格。为确保结果的准确可靠，实验室还应采取人员比对、设备比对、留样待测等方式对初测结果加以验证，避免出现因为结果不准确导致的利益相关方提出异议、甚至推翻抽检结论，也避免引起纠纷。

b）外部质量控制。

外部质量控制又称实验室间质量控制，是指由外部的第三方对实验室及其人员的检测质量定期或不定期进行考察的过程，包括能力验证计划、实验室间比对和测量审核等 3 种类型。根据 CNAS-RL02：2018《能力验证规则》附录 B 中要求，食品中药物残留类指标最低参加能力验证频次为 1 次/年。

在实验室日常工作中，可结合内部质控情况，适当采取外部质控的方式，对该项目的检测结果进行整体控制，包括参加该类产品中多西环素检测指标的实验室间比对、能力验证或测量审核等。

（六）样品留存

鸡蛋留样期间应满足储存温度要求，一般为冷藏保存。留样间要严格限制人员出入，只有经过授权的人员才能进入。

（七）数据处理

从事数据处理的人员应熟悉 GB/T 21317—2007 对计算结果的要求。液相色谱-质谱/质谱法对多西环素的测定低限为 50.0 μg/kg，方法的回收率和精密度的试验数据应满足标准中附表 C 的要求。当检测结果为不合格或出现平行性不好的情况时，忌讳人为剔除可疑结果，经结合测量不确定度等综合分析后，参考质控结果来确认数据的准确性。必要时，采取换人、换仪器等方式进行结果的复验。

（八）结论

有效的质量控制工作，可以使整个检测过程更加程序化。对各个检测环节进行有效控制，能及时发现检测过程中的不符环节并及时地找出错误原因加以改正，从而确保检验数据的有效性、准确性。本节对鸡蛋产品中多西环素检测工作中质控要点进行了系统梳理，从人员、仪器设备、环境设施、方法及检测过程、结果质控等几方面入手，建立了覆盖全部检测流程的、有效的质控方法，并对需要注意的事项及应对措施予以提示，为获取准确有效的结果数据增加了一份保障，为食品安全监督抽检工作提供了更加科学、准确、可靠的技术支撑。

第五节　速冻食品监督检验在线质控评价技术指南及应用案例

一、速冻面米食品监督检验在线质控评价技术指南

（一）速冻面米食品国家食品安全监督抽检要求

1. 适用范围及食品分类

《国家食品安全监督抽检实施细则（2020年版）》中速冻面米食品是指以小麦、大米、玉米、杂粮等一种或多种谷物为原料，或同时配以馅料/辅料，经加工、成型等，速冻而成的食品。

根据加工方式可分为速冻面米生制品（冻结前未经加热成熟的即食或非即食速冻食品）和速冻面米熟制品（冻结前经加热成熟的即食或非即食速冻食品），包括速冻水饺、速冻汤圆、速冻元宵、速冻馄饨、速冻手抓饼、速冻油条、速冻包子、速冻花卷、速冻馒头、速冻南瓜饼、速冻八宝饭等。

2. 抽检依据的标准

GB 2760《食品安全国家标准　食品添加剂使用标准》

GB 2762《食品安全国家标准　食品中污染物限量》

GB 4789.2《食品安全国家标准　食品微生物学检验　菌落总数测定》

GB 4789.3《食品安全国家标准　食品微生物学检验　大肠菌群计数》

GB 5009.12《食品安全国家标准　食品中铅的测定》

GB 5009.28《食品安全国家标准　食品中苯甲酸、山梨酸和糖精钠的测定》

GB 5009.227《食品安全国家标准　食品中过氧化值的测定》

GB 19295《食品安全国家标准　速冻面米与调制食品》

3. 抽样要求

应从同一批次样品堆的4个不同部位抽取相应数量的样品，生制品抽样数量不少于1 kg，且不少于4个独立包装，熟制品抽样数量不少于2 kg，且不少于8个独立包装。

所抽取样品分成两份，生制品约1/2为检验样品，约1/2为复检备份样品；熟制品约3/4为检验样品，约1/4为复检备份样品（备份样品封存在承检机构）。

4. 检验项目

生制品检验项目：过氧化值（以脂肪计）、铅（以Pb计）、糖精钠（以糖精计）。

熟制品检验项目：菌落总数、大肠菌群、过氧化值（以脂肪计）、糖精钠（以糖精计）。

（二）速冻食品抽检质控规范

1. 样品抽取

（1）人员要求

掌握GB 19295，产品检验的指标、样品数量等要求。抽样人员经过培训和授权。

（2）设备仪器要求

a）技术参数及配置要求：

——保温周转箱：使用前对周转箱清洁并消毒，避免污染样品；

——运输工具：配置有≤－18 ℃存储样品设备；

——温度计：测定范围－20 ℃～50 ℃。

b）效果评价指标及方法要求：

——保温周转箱：使用前验证保温效果满足要求；

——运输工具：监控并记录运输设备的温度符合性；

——温度计：经过校准在有效期内。

c）记录数据及信息指标及要求：

——样品存储温度：记录抽样时样品存储温度；

——运输温度：运输过程中样品储存温度。

（3）方法/方案要求

a）技术参数及配置要求：

——抽样方法。生产工厂抽样时，从同一批次产品的不同生产时间点抽取要求数量的样品，一般取5个时间点，班首和班末必须抽样，中间均匀分布3个时间点。生产时间小于2 h的可以合并中间时间点。流通终端抽样时，同一规格批次根据检测项目要求抽取规定数量样品。

——抽样数量。满足检测指标要求，微生物检测样品根据三级抽样方案，为 5 个独立包装。理化检验样品不低于 500 g。

b）效果评价指标及方法要求：

——样品时间：样品抽样时间点符合要求；

——样品数量：满足微生物和理化检测要求；

——抽样操作规范性：抽样前人为手部及工器具消毒，样品信息记录准确。

c）记录数据及信息指标及要求。

样品信息：品名、规格、批次（班次）、生产时间点、抽样人员、样品状态（温度、是否有解冻现象）。

d）质量控制指标及方法要求。

定期核查抽样记录、现场监督。

（4）过程要求

抽样为成品库或生产车间成品包装区。抽样人员入车间前严格按照清洗消毒规范进行清洗消毒，并对周转箱内外部进行消毒。抽样时应检查样品状态，不得有解冻痕迹。表面温度在－12 ℃以下，不符合要求应准确记录。

2. 样品储运

（1）人员要求

掌握样品的存储运输条件要求。

（2）设备仪器要求

a）技术参数及配置要求：

运输工具带有≤－18 ℃存储设备，温度波动应控制在 2 ℃以内。

b）效果评价指标及方法要求：

样品运输温度控制在≤－18 ℃，温度波动应控制在 2 ℃以内。

c）记录数据和信息指标要求：

样品储运过程温度监控记录完整。

d）质量控制指标及方法要求：

定期核查样品储运过程温度监控记录，不定期现场监督。

（3）设施环境要求

样品存储的冰柜或冷库温度控制在－18 ℃以下。

（4）方法/方案要求

a）技术参数及配置要求：

抽样后立即放入冰柜或冷库中暂存。当班取的样品当班送达检验部门。样品周转过程中保存样品的设备（如保温箱）的温度，应进行监控。短时间内周转过程中温度≤－12 ℃。

b）记录数据和信息指标要求：

样品暂存和周转时温度记录。

（5）过程要求

当班取好的样品应在12h内送往检验部门。

3. 样品接收

（1）人员要求

a）接收样品人员需熟悉GB 19295、SB/T 10412、GB/T 23786及产品标准中的检测方法，能够判断样品是否符合检验要求。

b）能够判断样品要求检测项目是否在实验室能力范围内。

c）熟悉样品接收登记流程。

d）熟悉样品特性，按照样品储存要求正确存储样品。

（2）设备仪器要求

a）技术参数及配置要求：

冰柜温度控制在－18 ℃以下。

b）记录数据及信息指标要求：

冰柜温度监控记录。

（3）设施环境要求

样品室环境温度控制在≤26 ℃。

（4）方法/方案要求

a）定期或不定期核查记录、现场监督。

b）定期监测并记录环境温度，存储样品的设备可使用温度记录仪自动报警装置进行监控。

（5）过程要求

a）样品接收人员在进行样品接收时，判断样品的状态是否符合要求，核对样品信息，核对检测项目是否有能力进行检测，不具备检测能力的项目告知送样人员。

b）核对样品数量是否满足检测要求。微生物检测样品根据三级抽样方案，为5个独立包装。

c）准确登记收到样品信息，并按样品要求存储好样品。

4. 样品制备

（1）人员要求

a）熟悉检测标准样品制备方法，掌握不同检测项目对样品制备的要求，具备识别不符合检测要求样品的能力。

b）会使用各类制备样品的工具，具备对制样工具进行必要的维护保养能力。

c）掌握制备的样品存储要求，根据检测标准的要求分类存放。

（2）设备仪器要求

a）食品粉碎机：容量≥500 mL，最高转速不低于6000 r/min，粉碎颗粒度≤2 mm。

b）破壁机：容量≥500 mL，最高转速不低于6000 r/min，粉碎颗粒度≤2 mm。

c）剪刀、铲、勺等，采用不锈钢材质或塑料材质。

d）样品柜：低温样品柜温度保持在0 ℃～8 ℃范围内。

（3）设施环境要求

a）技术参数及配置要求：样品制备区温度≤26 ℃。

b）记录数据和信息指标要求：环境温度记录。

（4）方法/方案要求

a）理化样品制备的要求。样品在室温下适当解冻（约1 h），拆开包装，从不同部位取300 g样品，放入食品破壁机内，加盖，先用低速挡将大块样品切碎，再用高速挡快速粉碎，粉碎过程中按下启动开关3 s～5 s后松开开关，暂停数秒后再启动粉碎机，避免长时间运行电机烧毁。粉碎时间约2 min即可完成，粉碎后样品状态均匀，颗粒小于2 mm。

b）微生物样品。速冻食品进行微生物检测前在2 ℃～8 ℃、≤18 h或45 ℃、≤15 min条件下解冻后按GB 4789系列标准检测各项微生物指标，注意抽样的代表性，每袋产品剪取3个～5个产品进行检测。

（5）过程要求

a）制备样品过程中注意样品标识系统的连续性、唯一性，样品在实验室转移的过程中样品标识必须始终存在且唯一，制备样品需要分装用于不同的检测项目时，每一份样品均需有标识。

b）用于元素分析的样品，制备过程中注意工器具对样品的污染，制备样品使用的工器具应为不锈钢或塑料制品。清洗工器具的洗涤剂应注意对样品的污染。

5. 样品检测

（1）人员要求

a）能力要求。

——理化检测。

检测人员应具有食品、化学等相关专业专科及以上学历并具有1年及以上食品检测工作经历，或者具有5年及以上食品检测工作经历。有颜色视觉障碍的人员不能从事涉及辨色的试验。

经过检测项目技能培训、设备操作和维护技能培训、化学品安全使用培训、实验室规章制度培训，考核合格并经过授权。

——微生物检测。

检测人员应具有食品、微生物等相关专业专科及以上学历并具有1年及以上食品检测工作经历，或者具有5年及以上食品检测工作经历。有颜色视觉障碍的人员不能从事涉及辨色的试验。

经过检测项目技能培训、设备操作和维护技能培训、安全操作知识和消毒灭菌知识培训、实验室规章制度培训，考核合格并经过授权。

b）效果评价指标及方法要求。

——培训效果验证。

——考核结果。

笔试：理论知识测评。

实操考核：质控样品检测、内部比对、加标回收检测、实验室间比对、能力验证等。

——人员授权：考核结果符合要求人员，授权独立开展工作。

——人员监督：定期对新授权人员进行过程监督。

c）记录数据和信息指标要求。

——培训记录。

——考核记录。

——授权记录。

——监督记录。

d）质量控制指标及方法要求。

——留样再测。

——人员比对。

——空白试验。

——加标回收。

（2）设备仪器要求

a）技术参数及配置要求。

——理化检测。

常用设备：电子天平、自动滴定仪、滴定管、原子吸收光谱仪、消解仪、纯水机。

——微生物检测。

常用设备：电子天平、培养箱、冰箱、均质器、显微镜、pH计、超净工作台、生物安全柜、高压灭菌锅、干热灭菌器等。

工器具：剪刀、镊子、酒精灯等。

b）效果评价指标及方法要求。

——对检测结果有影响的实验室关键检测设备应为自有设备或长期租赁设备，建立设备档案。

——检测设备应经过计量检定或校准符合要求。

——检测设备必须建立设备操作使用作业指导书，使用过程中严格按照作业指导书进行操作。

——建立设备保养计划，并按计划保养以确保设备性能稳定可靠。

——标准物质或菌种应从具备溯源资质的供应商采购，标准滴定溶液可参照GB/T 601—2016《化学试剂　标准滴定溶液的制备》的要求进行制备。

——进行元素分析的检测项目应配备一套专用的器皿，以避免可能的交叉污染。

——微生物检测用培养基应进行技术性能验收，不满足要求的培养基禁止使用。

（3）设施环境要求

a）技术参数及配置要求。

——工作环境和基本设施应满足检测方法和设备的正常运行要求。

——不相容的检测项目应分区进行并进行隔离，避免相互污染。

——工作区域的温度和湿度要保持稳定，并满足检测方法和设备的正常运行要求，应监控工作区域的温度和湿度。

——配备必要的安全防护装备及设施。

——定期对无菌室进行“沉降菌检测”。

b）记录数据和信息指标要求。

——环境分析报告。

——环境温湿度记录。

c）方法/方案要求。

——采用的检测方法应按照表4-10中速冻面米制品适用的检验依据规定的方法进行检测。

——采用的检测方法应进行方法验证，确认实验室具备检测能力。

d）过程要求。

——微生物检测应每批次进行空白对照试验。

——速冻食品进行微生物菌落总数检测中偶有蔓延菌存在，影响检测结果判定，可在检样过程中待培养基凝固后再覆盖一薄层培养基防止菌落蔓延。

6. 样品留存

（1）人员要求

掌握速冻加工产品的储存要求。

（2）设备仪器要求

a）冰柜：温度控制在－18 ℃以下。

b）冷库：温度控制在－18 ℃以下。

（3）过程要求

a）实验室样品留样待检测结果发出后一周即可处理。

b）每批次产品留样时间保质期满后再加 6 个月方可处理。

7. 数据处理

人员要熟练掌握检测方法、质量控制方法以及数据处理、数字修约方法，接受过不确定度评定方法培训。使用复杂分析仪器或相关设备的人员应接受过相关数据处理知识的专门培训，掌握相关的知识和专业技能。

8. 结果判定

（1）人员要求

a）熟悉 GB 19295、SB/T 10412、GB/T 23786、GB 2760、GB 2762。

b）了解速冻面米制品配方组成，掌握添加剂带入原则的判定方法。

c）接受过不确定度评定方法培训。

（2）方法/方案要求

a）速冻水饺制品产品检验结果判定应根据产品包装标签标识的产品标准进行判定，速冻水饺制品的标准有 GB 19295、SB/T 10412、GB/T 23786（见表 4-10）。根据产品标签确定产品执行标准，按照表中对应标准进行判定。

b）速冻水饺制品一般配料复杂，添加剂的符合性判定应充分考虑带入原则对产品的影响。速冻水饺制品使用的部分原料有天然本底如山梨酸等，应进行考虑。

（3）过程要求

检测结果临近标准的限量值的，应结合检测结果的不确定度和检测过程质量控制技术方法数据进行综合考虑，必要时进行内部不同设备或方法交叉验证。微生物检验结果不符合标准的，不再进行复检。

9. 报告出具

（1）人员要求

编制报告人员具备基本的办公软件操作能力，熟悉产品标准和检验标准，对检验结果数据具有保密意识，不得将产品检验结果告知无关人员。

（2）方法/方案要求

按照规定的模板编制每批次产品的检测报告，将检测记录中结果准确无误录入检测报告模板中。报告编制完成后，交检验人员、技术负责人（或授权审核人员）、批准人员签字。

（3）过程要求

a）每批产品检验结果报告经过三级审批，加盖检验专用章后方可发给指定部门。

b）不合格产品检验结果处理：产品经过检验判定不符合标准要求的，应将检验结果上报企业负责产品质量的部门对产品进行处理，涉及食品安全指标不合格的还应同时报告企业食品安全小组负责人进行处理。

表 4-10　速冻水饺制品检验依据标准

<table>
<tr><th>类别</th><th>指标</th><th>SB/T 10412—2007</th><th>GB/T 23786—2009</th><th>GB 19295—2021</th><th>备注</th></tr>
<tr><td>感官</td><td>组织形态、色泽、滋味、气味、杂质</td><td>略</td><td>略</td><td>略</td><td>—</td></tr>
<tr><td rowspan="9">理化</td><td>水分/（g/100 g）</td><td>含肉类≤70
无肉类≤65</td><td>≤70</td><td>—</td><td>—</td></tr>
<tr><td>脂肪/（g/100 g）</td><td>含肉类≤18</td><td>荤馅类≤18</td><td>—</td><td>—</td></tr>
<tr><td>蛋白质/（g/100 g）</td><td>含肉类≥2.5</td><td>荤馅类[a]≥2.5</td><td>—</td><td>a 以馅料为检测样本</td></tr>
<tr><td>黄曲霉毒素 B_1/（μg/100 g）</td><td rowspan="12" colspan="2">按 GB 19295 执行</td><td>—</td><td>—</td></tr>
<tr><td>挥发性盐基氮/（mg/100 g）</td><td>—</td><td>—</td></tr>
<tr><td>酸价/（mg/g）</td><td>—</td><td>—</td></tr>
<tr><td>过氧化值/（g/100g）</td><td>≤0.25</td><td>—</td></tr>
<tr><td>铅/（mg/kg）</td><td>含馅类≤0.5</td><td>—</td></tr>
<tr><td>总砷/（mg/kg）</td><td>—</td><td>—</td></tr>
<tr><td rowspan="6">微生物</td><td>菌落总数</td><td>—</td><td>—</td></tr>
<tr><td>大肠菌群</td><td>—</td><td>—</td></tr>
<tr><td>金黄色葡萄球菌</td><td>n=5，c=1，m=1000，M=10000</td><td rowspan="2">GB 29921 不做限量要求</td></tr>
<tr><td>沙门氏菌</td><td>n=5，c=1，m=0/25 g</td></tr>
<tr><td>志贺氏菌</td><td>—</td><td>—</td></tr>
<tr><td>霉菌</td><td>—</td><td>—</td></tr>
<tr><td rowspan="3">其他</td><td>馅含量/（g/100 g）</td><td>—</td><td>≥35</td><td>—</td><td>—</td></tr>
<tr><td>净含量</td><td colspan="2">符合《定量包装商品计量监督管理办法》的规定</td><td>—</td><td>—</td></tr>
<tr><td>食品添加剂</td><td colspan="3">符合 GB 2760 规定</td><td>—</td></tr>
</table>

二、速冻水饺中防腐剂监督检验在线质控应用案例

速冻水饺食品因其营养丰富，近年来发展很快，同时由于水饺类产品使用的原材料丰富，食品安全管理难度更大。由各种配料带入到水饺产品中的安全风险始终存在，尤其食品添加剂的安全风险，个别厂家存在超范围或超量使用的风险。防腐剂在食品调味料中的应用比较广泛，速冻水饺食品生产企业需要对采购的各种原物料进行食品添加剂的检验。山梨酸、苯甲酸的检验依据标准为 GB 5009.28—2016《食品安全国家标准 食品中苯甲酸、山梨酸和糖精钠的测定》。依据 GB 2760—2014《食品安全国家标准 食品添加剂使用标准》，防腐剂不得在速冻水饺食品中使用，但通过原料带入的方式会带入到速冻水饺食品中。因此对最终检验结果的判定需要考虑带入风险。本节通过对苯甲酸、山梨酸检测过程中影响检测结果的关键点进行识别并制定控制措施，确保检测结果的准确性、可靠性。

（一）样品抽取

1. 人员要求

抽样人员应熟悉 GB 19295，了解速冻食品的特性。掌握抽样标准和抽样方法、抽样数量等要求。抽样人员经过培训和授权。

2. 设施设备要求

速冻食品需要冷冻储存，应准备好保温箱、冰柜、冷库等贮运设施工具，保证抽取样品及时储存冷冻条件，避免解冻。

（二）样品储运

样品在运输过程中应做好保温措施，短时间内可采用保温箱快速送到实验室进行存储，短时间内无法送到实验室的，应采取冷冻运输车、保温箱加干冰等措施。

（三）样品制备

1. 人员要求

熟知 GB 5009.28—2016 中关于样品制备及存储要求，经过培训考核，授权上岗。

2. 设备仪器要求

a）食品粉碎机：容量≥500 mL，最高转速不低于 6000 r/min，粉碎颗粒度≤2 mm。

b）破壁机：容量≥500 mL，最高转速不低于 6000 r/min，粉碎颗粒度≤2 mm。

c）剪刀、铲、勺等，采用不锈钢材质或塑料材质。

d）样品柜：低温样品柜温度≤－18 ℃。

3. 设施环境要求

应设置特定的样品制备区，样品制备区域保持清洁，避免环境对样品造成污染。

4. 方法/方案要求

a）按照 GB 5009.28—2016 中的 5.1 要求制备样品。制备前应检查样品状态及包装是否正常，样品是否有被污染的可能。

b）取有代表性的样品约 500 g，饮料、液态奶等均匀样品直接混合；非均匀的液态、半固态样品用组织匀浆机匀浆；固体样品用研磨机充分粉碎并搅拌均匀；奶酪、黄油、巧克力等采用 50 ℃～60 ℃加热熔融，并趁热充分搅拌均匀。

c）制备后的样品液体试样于 4 ℃保存，其他试样于－18 ℃保存。

5. 过程要求

a）样品制备过程应注意样品间的交叉污染及环境、设施、工器具对样品的污染。

b）制备好的样品做好唯一性的流转标识，避免样品混淆。

c）处于待检状态的样品按标准规定的温度条件进行储存（液体试样于 4 ℃保存，其他试样于－18 ℃保存），并记录温度条件。

（四）样品检测

1. 人员要求

a）熟练掌握 GB 5009.28—2016。熟练掌握高效液相色谱仪的操作要求，设备的操作和维护等方面的知识，色谱数据分析与处理。经过培训和授权。

b）至少具有食品、化学等相关专业专科及以上学历并具有 1 年及以上食品检测工作经历。接受过包括检测方法、质量控制方法以及有关化学安全和防护、救护知识的培训并保留相关记录。

2. 设备仪器要求

（1）设备配置要求

a）检测设备：高效液相色谱仪，配紫外检测器。

b）色谱柱：C18 柱，柱长 250 mm，内径 4.6 mm，粒径 5 μm，或等效色谱柱。

c）分析天平：感量为 0.001 g 和 0.0001 g。

d）离心机：转速＞8000 r/min。

e）超声波发生器。

f）恒温水浴。

g）经国家认证并授予标准物质证书的标准物质：山梨酸钾或山梨酸、苯甲酸钠或苯甲酸，纯度≥99.0%。

（2）其他要求

a）检测设备经过检定/校准，设备的准确度、精密度符合检测方法要求。

b）设备操作指导书。

c）有维护保养计划且正常进行维保。

d）标准物质。使用附有标准物质证书的标准物质，一般实验室使用二级国家标准物质［GBW（E）］可以满足检测需要。或使用纯度≥99.0%的苯甲酸、山梨酸基准物质配制。

3. 设施环境要求

（1）技术参数及配置要求

a）色谱检测区域应独立于常规理化检测区域，避免交叉污染。检测过程中使用甲醇、正己烷等有毒有害试剂，需做好个人防护，在通风柜中进行操作。

b）实验室环境温度应控制在 20 ℃±5 ℃，相对湿度应保持在 40%～70%之间，符合仪器设备的运行要求。

c）色谱检测使用的有机试剂废液要集中收集于废液桶中，在废液桶上标明废液种类。

（2）效果评价指标及方法要求

定期进行实验室环境分析，输出控制措施，保证实验室检测环境符合要求。

（3）记录数据和信息指标要求

如实记录实验室环境监测记录，并妥善保存。

4. 方法/方案要求

（1）方法选择

速冻食品中防腐剂的检测选用 GB 5009.28—2016。标准中第一法适用于食品中苯甲酸、山梨酸和糖精钠的测定。第二法适用于酱油、水果汁、果酱中苯甲酸、山梨酸的测定。根据标准的适用范围，速冻食品选用第一法检测防腐剂苯甲酸和山梨酸。

初次采用方法前，应进行充分的方法验证，不仅验证人员、设施和环境、设备等满足要求，还应通过检测证明结果的准确性和可靠性，包括重复性、精密度、再现性等特性。

（2）样品前处理

需要注意不同类型的样品其前处理方式的差异，速冻水饺制品按一般样品进行处理，称取约 2 g 试样于 50 mL 具塞离心管中，加水约 25 mL，涡旋混匀，于 50 ℃水浴超声20 min，冷却至室温后加亚铁氰化钾溶液2 mL和乙酸锌溶液2 mL，混匀，8000 r/min离心5 min，将水相转移至50 mL容量瓶中，于残渣中加水20 mL，涡旋混匀后超声5 min，8000 r/min离心5 min，将水相转移到同一50 mL容量瓶中，并用水定容至刻度，混匀。取适量上清液过0.22 μm滤膜，待液相色谱测定。

（3）检测过程要求

a）每批次样品应按方法要求配制0 mg/L、1.00 mg/L、5.00 mg/L、10.0 mg/L、20.0 mg/L、50.0 mg/L、100 mg/L标准溶液上机测定峰面积，制作标准曲线，标准曲线相关性应不低于0.995。

b）试样测定，每批次样品应测定试剂空白，加标样品，计算回收率。回收率一般控制在90%～110%。

c）检测原始记录：检测过程的详细技术参数，如样品名称、检验项目、检验日期、温湿度、称样量、检测产生的色谱图谱等信息，应如实记录。

（4）质量控制指标及方法要求

a）空白试验：通过检测过程的空白试验结果，分析检测过程是否异常。

b）加标回收：在空白样品中加标，通过回收率测算检测的准确性。

c）质控样品：检测过程中加入已知结果的质量控制样品同时检测，通过分析质量控制样品的结果判断检测过程有无异常。

（五）数据处理

1. *人员要求*

a）熟练掌握防腐剂GB 5009.28—2016。熟练掌握高效液相色谱仪的操作要求，设备的操作和维护等方面的知识，色谱数据分析与处理。经过培训和授权。

b）至少具有食品、化学等相关专业专科及以上学历并具有1年及以上食品检测工作经历。接受过包括检测方法、质量控制方法以及有关化学安全和防护、救护知识的培训并保留相关记录。

2. *方法/方案要求*

a）数据处理人员应收集全部检测原始数据和色谱检测原始图谱，按色谱仪器操作要求进行检测数据处理，对于出现的异常检测数据不得随意舍弃。

b）空白试验对应保留时间位置不应有干扰峰存在。质量控制样品检测结果和加标回收率数据符合标准要求（见表4-11）。

表 4-11　回收率范围

被测组分含量（mg/kg）	回收率范围
＞100	95～105
1～100	90～110
0.1～1	80～110
＜0.1	60～120

c）平行样检测结果不超过方法标准的精密度要求：两次独立测定结果的绝对差值不得超过算术平均值的 10%。

（六）结果判定

1. 人员要求

a）熟悉 GB 19295、SB/T 10412、GB/T 23786、GB 2760。

b）了解速冻面米制品配方组成，掌握添加剂带入原则的判定方法。

c）接受过不确定度评定方法培训。

2. 方法/方案要求

a）速冻水饺食品属于 06.08 类冷冻米面制品。GB 2760 规定了 9 类可在冷冻米面制品中限量使用的食品添加剂（见表 4-12），76 类可在冷冻米面制品中适量使用的食品添加剂见表 4-13，其他食品添加剂不得使用。

b）除了 9 类可限量使用的食品添加剂存在超量使用的风险外，速冻水饺配方复杂，通过配料带入的方式，会将一些在速冻水饺食品中不得使用的食品添加剂带入到终产品中。

3. 案例

速冻水饺食品中防腐剂山梨酸、苯甲酸的检测结果判定过程中，通过查验配方，发现水饺食品中含有多种调味料如酱油、蚝油、香辛料等。GB 2760 规定，酱油、蚝油中允许使用食品防腐剂山梨酸、苯甲酸，限量为 1000 mg/kg。

速冻水饺配方中酱油、蚝油的添加量≤1%，山梨酸、苯甲酸通过配料带入到水饺中的水平≤10 mg/kg。

在出具检验结论时：

a）山梨酸和苯甲酸检测结果≤10 mg/kg 时，应扣除酱油、蚝油等调味料带入到水饺中山梨酸、苯甲酸的含量。山梨酸和苯甲酸检测结果应判定为合格。

b）山梨酸和苯甲酸检测结果＞10 mg/kg 时，已超出了酱油、蚝油等调味料带入到水饺中山梨酸、苯甲酸的含量。山梨酸和苯甲酸检测结果应判定为不合格。

表 4-12 9 类可在冷冻米面制品中限量使用的食品添加剂

添加剂	功能	最大使用量/(g/kg)	CNS 号	INS 号	备注
L-半胱氨酸盐酸盐	面粉处理剂	0.6	13.003	920	
二氧化硫，焦亚硫酸钾，焦亚硫酸钠，亚硫酸钠，亚硫酸氢钠，低亚硫酸钠	漂白剂、防腐剂、抗氧化剂	0.05	05.001，05.002，05.003，05.004，05.005，05.006	220，224，223，221，222	仅限风味派。最大使用量以二氧化硫残留量计
海藻酸丙二醇酯	增稠剂、乳化剂、稳定剂	5.0	20.010	405	
β-胡萝卜素	着色剂	1.0	08.010	160a	
可溶性大豆多糖	增稠剂、乳化剂、被膜剂、抗结剂	10.0	20.044	—	
辣椒红	着色剂	2.0	08.106	—	
磷酸，焦磷酸二氢二钠，焦磷酸钠，磷酸二氢钙，磷酸二氢钾，磷酸氢二铵，磷酸氢二钾，磷酸氢钙，磷酸三钙，磷酸三钾，磷酸三钠，六偏磷酸钠，三聚磷酸钠，磷酸二氢钠，磷酸氢二钠，焦磷酸四钾，焦磷酸一氢三钠，聚偏磷酸钾，酸式焦磷酸钙	水分保持剂、膨松剂、酸度调节剂、稳定剂、凝固剂、抗结剂	5.0	01.106，15.008，15.004，15.007，15.010，06.008，15.009，06.006，02.003，01.308，15.001，15.002，15.003，15.005，15.006，15.017，15.013，15.015，15.016	338，450i，450iii，341i，340i，342ii，340ii，341ii，341iii，340iii，339iii，452i，451i，339i，339ii，450(v)，450(ii)，452(ii)，450(vii)	可单独或混合使用，最大使用量以磷酸根(PO_4^{3-})计
双乙酰酒石酸单双甘油酯	乳化剂、增稠剂	10.0	10.010	472e	
叶黄素	着色剂	0.1	08.146	161b	

表 4-13 76 类可在冷冻米面制品中适量使用的食品添加剂

添加剂	功能	最大使用量/(g/kg)	CNS 号	INS 号
醋酸酯淀粉	增稠剂	适量使用	20.039	1420
单，双甘油脂肪酸酯（油酸、亚油酸、棕榈酸、山嵛酸、硬脂酸、月桂酸、亚麻酸）	乳化剂，被膜剂	适量使用	10.006	471

表 4-13（续）

添加剂	功能	最大使用量/(g/kg)	CNS 号	INS 号
柑橘黄	着色剂	适量使用	8.143	—
瓜尔胶	增稠剂	适量使用	20.025	412
果胶	增稠剂	适量使用	20.006	440
海藻酸钠（又名褐藻酸钠）	增稠剂、稳定剂	适量使用	20.004	401
槐豆胶（又名刺槐豆胶）	增稠剂	适量使用	20.023	410
黄原胶（又名汉生胶）	稳定剂、增稠剂	适量使用	20.009	415
卡拉胶	增稠剂	适量使用	20.007	407
抗坏血酸（又名维生素 C）	抗氧化剂	适量使用	4.014	300
抗坏血酸钠	抗氧化剂	适量使用	4.015	301
抗坏血酸钙	抗氧化剂	适量使用	4.009	302
酪蛋白酸钠（又名酪朊酸钠）	乳化剂	适量使用	10.002	—
磷脂	抗氧化剂、乳化剂	适量使用	4.01	322
氯化钾	其他	适量使用	0.008	508
柠檬酸脂肪酸甘油酯	乳化剂	适量使用	10.032	472c
羟丙基二淀粉磷酸酯	增稠剂	适量使用	20.016	1442
乳酸	酸度调节剂	适量使用	1.102	270
乳酸钠	水分保持剂、酸度调节剂、抗氧化剂、膨松剂、增稠剂、稳定剂	适量使用	15.012	325
乳酸脂肪酸甘油酯	乳化剂	适量使用	10.031	472b
乳糖醇（又名 4-β-D 吡喃半乳糖-D-山梨醇）	甜味剂	适量使用	19.014	966
羧甲基纤维素钠	增稠剂	适量使用	20.003	466
碳酸钙（包括轻质和重质碳酸钙）	面粉处理剂、膨松剂	适量使用	13.006	170i
碳酸钾	酸度调节剂	适量使用	1.301	501i
碳酸钠	酸度调节剂	适量使用	1.302	500i
碳酸氢铵	膨松剂	适量使用	6.002	503ii
碳酸氢钾	酸度调节剂	适量使用	1.307	501ii
碳酸氢钠	膨松剂、酸度调节剂、稳定剂	适量使用	6.001	500ii

表 4-13（续）

添加剂	功能	最大使用量/(g/kg)	CNS 号	INS 号
微晶纤维素	抗结剂、增稠剂、稳定剂	适量使用	2.005	460i
辛烯基琥珀酸淀粉钠	乳化剂	适量使用	10.03	1450
D-异抗坏血酸及其钠盐	抗氧化剂	适量使用	04.004，04.018	315，316
5'-呈味核苷酸二钠（又名呈味核苷酸二钠）	增味剂	适量使用	12.004	635
5'-肌苷酸二钠	增味剂	适量使用	12.003	631
5'-鸟苷酸二钠	增味剂	适量使用	12.002	627
DL-苹果酸钠	酸度调节剂	适量使用	1.309	—
L-苹果酸	酸度调节剂	适量使用	1.104	—
DL-苹果酸	酸度调节剂	适量使用	1.309	—
α-环状糊精	稳定剂、增稠剂	适量使用	18.011	457
γ-环状糊精	稳定剂、增稠剂	适量使用	18.012	458
阿拉伯胶	增稠剂	适量使用	20.008	414
半乳甘露聚糖	其他	适量使用	0.014	—
冰乙酸（又名冰醋酸）	酸度调节剂	适量使用	1.107	260
冰乙酸（低压羰基化法）	酸度调节剂	适量使用	1.112	—
赤藓糖醇	甜味剂	适量使用	19.018	968
改性大豆磷脂	乳化剂	适量使用	10.019	—
甘油（又名丙三醇）	水分保持剂、乳化剂	适量使用	15.014	422
高粱红	着色剂	适量使用	8.115	—
谷氨酸钠	增味剂	适量使用	12.001	621
海藻酸钾（又名褐藻酸钾）	增稠剂	适量使用	20.005	402
甲基纤维素	增稠剂	适量使用	20.043	461
结冷胶	增稠剂	适量使用	20.027	418
聚丙烯酸钠	增稠剂	适量使用	20.036	—
磷酸酯双淀粉	增稠剂	适量使用	20.034	1412
罗汉果甜苷	甜味剂	适量使用	19.015	—
酶解大豆磷脂	乳化剂	适量使用	10.04	—
明胶	增稠剂	适量使用	20.002	—
木糖醇	甜味剂	适量使用	19.007	967

表 4-13（续）

添加剂	功能	最大使用量/(g/kg)	CNS 号	INS 号
柠檬酸	酸度调节剂	适量使用	1.101	330
柠檬酸钾	酸度调节剂	适量使用	1.304	332ii
柠檬酸钠	酸度调节剂、稳定剂	适量使用	1.303	331iii
柠檬酸一钠	酸度调节剂	适量使用	1.306	331i
葡萄糖酸-δ-内酯	稳定和凝固剂	适量使用	18.007	575
葡萄糖酸钠	酸度调节剂	适量使用	1.312	576
羟丙基淀粉	增稠剂、膨松剂、乳化剂、稳定剂	适量使用	20.014	1440
羟丙基甲基纤维素（HPMC)	增稠剂	适量使用	20.028	464
琼脂	增稠剂	适量使用	20.001	406
乳酸钾	水分保持剂	适量使用	15.011	326
酸处理淀粉	增稠剂	适量使用	20.032	1401
天然胡萝卜素	着色剂	适量使用	8.147	—
甜菜红	着色剂	适量使用	8.101	162
氧化淀粉	增稠剂	适量使用	20.03	1404
氧化羟丙基淀粉	增稠剂	适量使用	20.033	—
乙酰化单、双甘油脂肪酸酯	乳化剂	适量使用	10.027	472a
乙酰化二淀粉磷酸酯	增稠剂	适量使用	20.015	1414
乙酰化双淀粉己二酸酯	增稠剂	适量使用	20.031	1422
L-苹果酸钠	酸度调节剂	适量使用		

附录 1　食品安全检验检测利用判定规则进行符合性判定的计算方法

一、判定流程

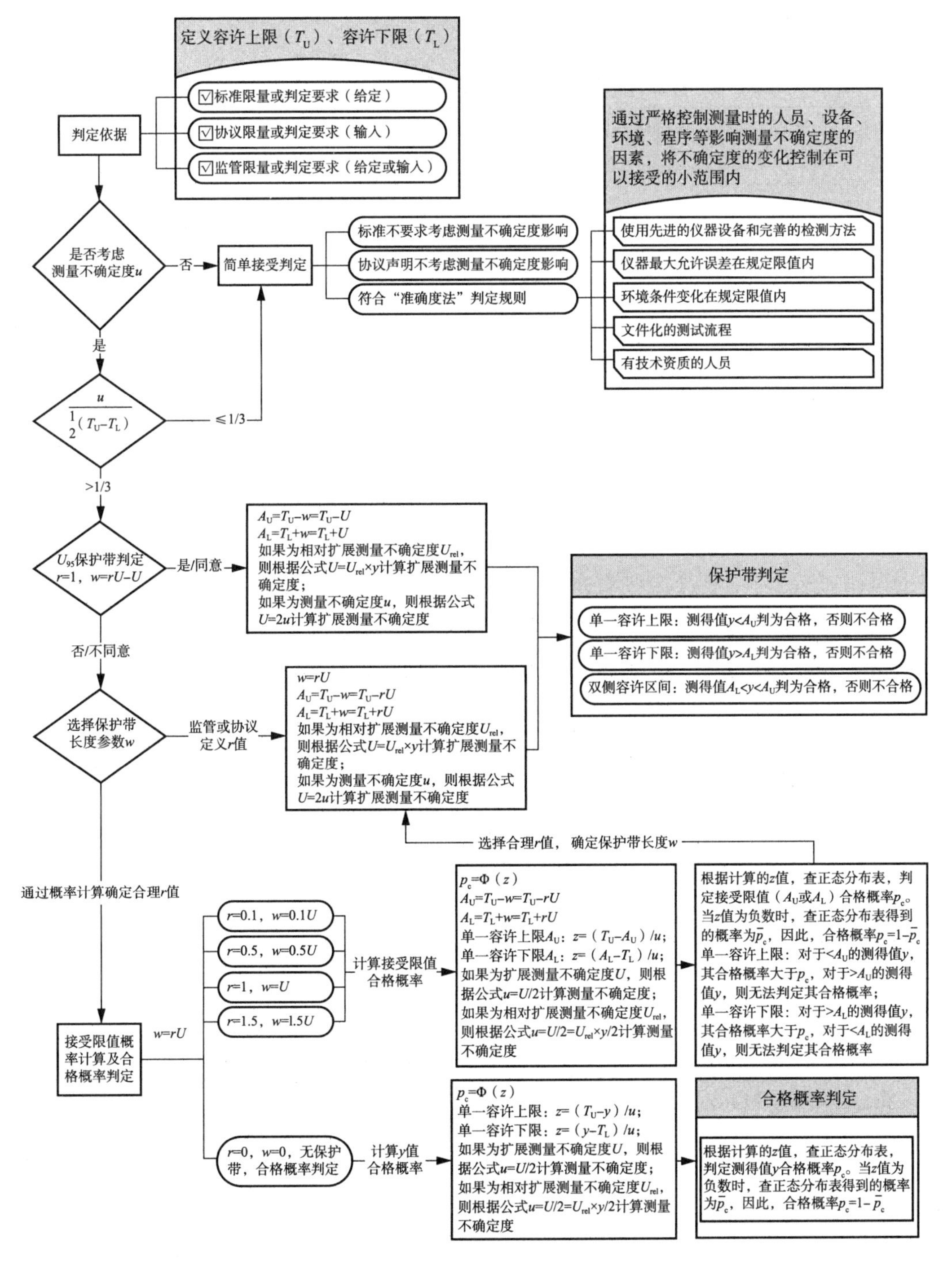

附图 1-1　食品安全综合监管符合性评定流程

二、计算过程

（一）判定依据选择

1. 单一容许上限（T_U）

附表 1-1　食品安全监管中食品检验检测结果单一容许上限数据实例

食品类别序号	食品大类（一级）	食品亚类（二级）	检验项目	产品标准		单位[a]	标准限量要求（T_L，T_U）[b]	协议限量要求（T_L，T_U）[c]	监管限量要求（T_L，T_U）[d]
				标准号	限量要求				
一、2	粮食加工品	大米	镉（以Cd计）	GB 2762—2022	0.2 mg/kg	mg/kg	0，0.2	T_L，T_U	T_L，T_U

a　如有限量标准，则单位给定；如无限量标准，则自行输入。
b　判定依据给定。
c　判定依据输入。
d　判定依据给定或输入。

如附表 1-1 所示，当选择给定的判定依据时，以食品大米中镉检测为例，GB 2762—2022标准限量要求规定：大米中镉限量为 0.2 mg/kg，属于单一容许上限（T_U）的例子，T_U=0.2 mg/kg，但理论上由于镉限量不可能<0 mg/kg。因此，为便于计算，可认为这是一个隐含双侧容许区间的例子，T_L=0 mg/kg（在不考虑检出限等方法性能指标的情况下）。

某实验室某次 4 个样品的检测结果及其扩展测量不确定度如附表 1-2 所示。

附表 1-2　检验结果及测量不确定度

样品批次	测得值（检测结果）y/（mg/kg）	扩展测量不确定度 U/（mg/kg）
样品 A	0.098	0.01666
样品 B	0.195	0.03315
样品 C	0.218	0.03706
样品 D	0.200	0.03400

2. 单一容许下限（T_U）

附表 1-3　食品安全监管中食品检验检测结果单一容许下限数据实例

食品类别序号	食品大类（一级）	食品亚类（二级）	检验项目	产品标准		单位[a]	标准限量要求（T_L，T_U）[b]	协议限量要求（T_L，T_U）[c]	监管限量要求（T_L，T_U）[d]
				标准号	限量要求				
五、1	乳制品	液体乳	蛋白质	GB 19302—2010	发酵乳≥2.8 风味发酵乳≥2.3	g/100 g	发酵乳：2.8，100 风味发酵乳：2.3，100	T_L，T_U	T_L，T_U

附表 1-3（续）

a　如有限量标准，则单位给定；如无限量标准，则自行输入。
b　判定依据给定。
c　判定依据输入。
d　判定依据给定或输入。

如附表 1-3 所示，当选择给定的判定依据时，以乳制品中蛋白质检测为例，GB 19302—2010标准限量要求规定：发酵乳中蛋白质含量≥2.8 g/100g，属于单一容许下限（T_L）的例子，T_L=2.8 g/100g，但理论上由于这是 100g 发酵乳的蛋白含量，因此蛋白质含量不可能>100 g/100g。因此，为便于计算，可认为这是一个隐含双侧容许区间的例子，T_U=100 g/100g。

（二）是否考虑测量不确定度

本附录中大米中镉含量的检测，选择标准限量判定依据，因此 $T_L=0$，$T_U=0.2$。

1. 不考虑测量不确定度

采用简单接受判定，测得值 y 落在容许区间（T_L，T_U）时，判为合格，如附表 1-4所示。

附表 1-4　简单接受判定结果

样品批次	测得值 y	容许区间（T_L，T_U）	判定结果
样品 A	0.098 mg/kg	（0～0.2）mg/kg	合格
样品 B	0.195 mg/kg		合格
样品 C	0.218 mg/kg		不合格
样品 D	0.200 mg/kg		合格

2. 考虑测量不确定度

a）如果测量不确定度 u 与容差（T_U-T_L）的 1/2 之比≤1/3，即：$\frac{u}{\frac{1}{2}(T_U-T_L)}\leqslant\frac{1}{3}$，则采用简单接受判定；

b）如果测量不确定度 u 与容差（T_U-T_L）的 1/2 之比>1/3，即：$\frac{u}{\frac{1}{2}(T_U-T_L)}>\frac{1}{3}$，则考虑是否采用 U_{95} 保护带判定。

（三）U_{95} 保护带判定

保护带长度 $w=rU$，当 $r=1$ 时，$w=U$，此时有效合格概率至少 95%，因此也叫

U_{95}保护带。

接受下限：$A_L = T_L + w = T_L + U$，接受上限：$A_U = T_U - w = T_U - U$，以接受区间进行判断。

对于本例中大米中镉含量的检测，是单侧容许区间（隐含双侧容许区间），$A_L = 0$，$A_U = T_U - U = 0.2 - U$，$y \leqslant A_U$ 判为合格，否则不合格。计算过程如下（如果提供相对扩展测量不确定度 U_{rel}，则 U 的计算：$U = U_{rel} \times y$；如果提供测量不确定度 u，则 U 的计算：$U = 2u$），根据附表 1-1 的测得值和扩展测量不确定度 U，计算结果如下：

a）样品 A 的结果判定：

该样品结果保护带长度 $w = U = 0.01666$ mg/kg

$A_U = T_U - w = T_U - U = 0.2 - U = 0.2 - 0.01666 = 0.18334$ mg/kg

由于 $y = 0.098 < 0.18334$，因此，结果判定合格。

b）样品 B 的结果判定：

该样品结果保护带长度 $w = U = 0.03315$ mg/kg

$A_U = T_U - w = T_U - U = 0.2 - U = 0.2 - 0.03315 = 0.16685$ mg/kg

由于 $y = 0.195 > 0.16685$，因此，结果判定不合格。

c）样品 C 的结果判定：

该样品结果保护带长度 $w = U = 0.03706$ mg/kg

$A_U = T_U - w = T_U - U = 0.2 - U = 0.2 - 0.03706 = 0.16294$ mg/kg

由于 $y = 0.218 > 0.16294$，因此，结果判定不合格。

d）样品 D 的结果判定：

该样品结果保护带长度 $w = U = 0.034$ mg/kg

$A_U = T_U - w = T_U - U = 0.2 - U = 0.2 - 0.034 = 0.166$ mg/kg

由于 $y = 0.200 > 0.166$，因此，结果判定不合格。

结果判定如附表 1-5 所示。

附表 1-5　使用保护带 $w = U$ 进行判定

样品批次	测得值 y	容许区间（T_L，T_U）	保护带长度 $w = U$（mg/kg）	接受区间（A_L，A_U）	结果判定
样品 A	0.098 mg/kg	（0～0.2）mg/kg	0.01666	（0～0.183）mg/kg	合格
样品 B	0.195 mg/kg		0.03315	（0～0.167）mg/kg	不合格
样品 C	0.218 mg/kg		0.03706	（0～0.163）mg/kg	不合格
样品 D	0.200 mg/kg		0.03400	（0～0.166）mg/kg	不合格

对于单一容许下限的计算 U_{95} 保护带判定与之类似，如：乳制品中蛋白质检测，

GB 19302—2010 标准限量要求规定：发酵乳中蛋白质含量≥2.8 g/100g，因此，$A_L = T_L + U = 2.8 + U$，$y \geq A_L$判为合格，否则不合格。

（四）不同保护带长度参数 w 的选择

如果不考虑或不同意采用U_{95}保护带进行判定，则应考虑：

a）监管或协议定义公式 $w = rU$ 中的 r 值：

判定计算方式和规则同U_{95}保护带判定。

b）通过概率计算确定公式 w=rU 中合理的 r 值：

通过概率计算确定公式 $w = rU$ 中的合理 r 值，通常可考虑附表 1-6 不同的 r 值：

附表 1-6　不同 r 值的保护带宽度 w 计算

r	$w = rU$	备注
0	0	无保护带，采用合格概率判定
0.1	0.1U	计算接受限值（A_U，A_L）的合格概率
0.5	0.5U	计算接受限值（A_U，A_L）的合格概率
1	U	见（三）U_{95}保护带判定
1.5	1.5U	计算接受限值（A_U，A_L）的合格概率

（五）合格概率判定以及接受限值（A_U，A_L）概率计算

概率 $p_c = \phi(z)$ 可通过计算 z，查正态分布表（见附表 1-7）获得。

附表 1-7　正态分布表

z	0	0.01	0.02	0.03	0.04	0.05	0.06	0.07	0.08	0.09
0	0.5000	0.5040	0.5080	0.5120	0.5160	0.5199	0.5239	0.5279	0.5319	0.5359
0.1	0.5398	0.5438	0.5478	0.5517	0.5557	0.5596	0.5636	0.5675	0.5714	0.5753
0.2	0.5793	0.5832	0.5871	0.5910	0.5948	0.5987	0.6026	0.6064	0.6103	0.6141
0.3	0.6179	0.6217	0.6255	0.6293	0.6331	0.6368	0.6404	0.6443	0.6480	0.6517
0.4	0.6554	0.6591	0.6628	0.6664	0.6700	0.6736	0.6772	0.6808	0.6844	0.6879
0.5	0.6915	0.6950	0.6985	0.7019	0.7054	0.7088	0.7123	0.7157	0.7190	0.7224
0.6	0.7257	0.7291	0.7324	0.7357	0.7389	0.7422	0.7454	0.7486	0.7517	0.7549
0.7	0.7580	0.7611	0.7642	0.7673	0.7703	0.7734	0.7764	0.7794	0.7823	0.7852
0.8	0.7881	0.7910	0.7939	0.7967	0.7995	0.8023	0.8051	0.8078	0.8106	0.8133
0.9	0.8159	0.8186	0.8212	0.8238	0.8264	0.8289	0.8355	0.8340	0.8365	0.8389
1	0.8413	0.8438	0.8461	0.8485	0.8508	0.8531	0.8554	0.8577	0.8599	0.8621
1.1	0.8643	0.8665	0.8686	0.8708	0.8729	0.8749	0.8770	0.8790	0.8810	0.8830
1.2	0.8849	0.8869	0.8888	0.8907	0.8925	0.8944	0.8962	0.8980	0.8997	0.9015
1.3	0.9032	0.9049	0.9066	0.9082	0.9099	0.9115	0.9131	0.9147	0.9162	0.9177

附表 1-7（续）

z	0	0.01	0.02	0.03	0.04	0.05	0.06	0.07	0.08	0.09
1.4	0.9192	0.9207	0.9222	0.9236	0.9251	0.9265	0.9279	0.9292	0.9306	0.9319
1.5	0.9332	0.9345	0.9357	0.9370	0.9382	0.9394	0.9406	0.9418	0.9430	0.9441
1.6	0.9452	0.9463	0.9474	0.9484	0.9495	0.9505	0.9515	0.9525	0.9535	0.9535
1.7	0.9554	0.9564	0.9573	0.9582	0.9591	0.9599	0.9608	0.9616	0.9625	0.9633
1.8	0.9641	0.9648	0.9656	0.9664	0.9672	0.9678	0.9686	0.9693	0.9700	0.9706
1.9	0.9713	0.9719	0.9726	0.9732	0.9738	0.9744	0.9750	0.9756	0.9762	0.9767
2	0.9772	0.9778	0.9783	0.9788	0.9793	0.9798	0.9803	0.9808	0.9812	0.9817
2.1	0.9821	0.9826	0.9830	0.9834	0.9838	0.9842	0.9846	0.9850	0.9854	0.9857
2.2	0.9861	0.9864	0.9868	0.9871	0.9874	0.9878	0.9881	0.9884	0.9887	0.9890
2.3	0.9893	0.9896	0.9898	0.9901	0.9904	0.9906	0.9909	0.9911	0.9913	0.9916
2.4	0.9918	0.9920	0.9922	0.9925	0.9927	0.9929	0.9931	0.9932	0.9934	0.9936
2.5	0.9938	0.9940	0.9941	0.9943	0.9945	0.9946	0.9948	0.9949	0.9951	0.9952
2.6	0.9953	0.9955	0.9956	0.9957	0.9959	0.9960	0.9961	0.9962	0.9963	0.9964
2.7	0.9965	0.9966	0.9967	0.9968	0.9969	0.9970	0.9971	0.9972	0.9973	0.9974
2.8	0.9974	0.9975	0.9976	0.9977	0.9977	0.9978	0.9979	0.9979	0.9980	0.9981
2.9	0.9981	0.9982	0.9982	0.9983	0.9984	0.9984	0.9985	0.9985	0.9986	0.9986
z	**0**	**0.1**	**0.2**	**0.3**	**0.4**	**0.5**	**0.6**	**0.7**	**0.8**	**0.9**
3	0.9987	0.9990	0.9993	0.9995	0.9997	0.9998	0.9998	0.9999	0.9999	1.0000

1. 合格概率判定

当不考虑保护带判定，即 $r=0$，$w=rU=0$ 时，测得值 y，容许区间（T_L，T_U），扩展测量不确定度 $U=2u$（包含因子 $k=2$），在缺少样品前期测量数据的前提（先验信息）且被测量为正态分布的前提下，采取合格概率判定，合格概率 p_c 计算公式：$p_c=\phi(z)$。

其中，单下限情况 $z=\dfrac{y-T_L}{u}$，单上限情况 $z=\dfrac{T_U-y}{u}$。

对于单一容许上限食品大米中镉检测合格概率计算过程如下：

a）样品 A 的合格概率：

$y=0.098$ mg/kg 时，$u=U/2=0.01666/2=0.0083$ mg/kg

$z=(T_u-y)/u=(0.2-0.098)/0.0083=12.29$

查附表 1-7 得知，当 $z>3$ 时，均为 100%合格，因此合格概率 p_c 为 100%。

b）样品 B 的合格概率：

$y=0.195$ mg/kg 时，$u=U/2=0.03315/2=0.0166$ mg/kg

$z=(T_u-y)/u=(0.2-0.195)/0.0166=0.30$

查附表 1-7 得知，$z=0.30$ 时，合格概率 p_c 为 61.8%。

c）样品 C 的合格概率：

$y=0.218$ mg/kg 时，$u=U/2=0.03706/2=0.01853$ mg/kg

$z=(T_u-y)/u=(0.2-0.218)/0.01853=-0.97$

查附表 1-11 得知，$z=0.97$ 时，表中数据为 0.8340，$z=-0.97$ 时，根据本规范表 1 中 p_c 与 $\overline{p}_c$ 的关系，合格概率 $p_c=1-\overline{p}_c=1-0.8340=0.166$，因此合格概率 p_c 为 16.6%。

d）样品 D 的合格概率：

$y=0.200$ mg/kg 时，$u=U/2=0.03400/2=0.017$ mg/kg

$z=(T_u-y)/u=(0.2-0.200)/0.017=0$

查附表 1-7 得知，$z=0$ 时，表中数据为 0.5000，因此合格概率 p_c 为 50%。

合格概率判定结果如附表 1-8 所示。

附表 1-8　合格概率判定

样品批次	测得值 y	扩展测量不确定度 U（mg/kg）	容许区间（T_L，T_U）	合格概率
样品 A	0.098 mg/kg	0.01666	（0～0.2）mg/kg	100%
样品 B	0.195 mg/kg	0.03315		61.8%
样品 C	0.218 mg/kg	0.03706		16.6%
样品 D	0.200 mg/kg	0.03400		50%

对于单一容许下限的计算 U_{95} 保护带判定与之类似，只是 z 值的计算公式为：$z=\frac{y-T_L}{u}$，其余计算相同。

2. 不同保护带长度参数 w 对应的接受限 A_U 合格概率计算

以大米中镉检测样品 B 测得值 0.195 mg/kg 为例，采用不同 r 值的保护带 $w=0.1U$、$0.5U$、U、$1.5U$ 等情况下的合格概率计算如下：

a）保护带长度 $w=0.1U$ 时：

$w=0.1U=0.1\times0.03315=0.003315$ mg/kg

$u=U/2=0.03315/2=0.0166$ mg/kg

$A_U=T_U-w=0.2-0.003315=0.1967$ mg/kg

则接受限 A_U 的 z 值计算：$z=(T_u-A_U)/u=(0.2-0.1967)/0.0166=0.199$

查附表 1-11 得知，$z=0.199\approx0.2$ 时，表中数据为 0.579，接受限 A_U 的合格概率为 57.9%，对于小于接受限 A_U 的测得值 y，合格概率均大于 57.9%。

b）保护带长度 $w=0.5U$ 时：

$w=0.5U=0.5\times0.03315=0.0166$ mg/kg

$u=U/2=0.03315/2=0.0166$ mg/kg

$A_U=T_U-w=0.2-0.0166=0.1834$ mg/kg

则接受限 A_U的 z 值计算：$z=(T_u-A_U)/u=(0.2-0.1834)/0.0166=1$

查附表 1-7 得知，$z=1$ 时，表中数据为 0.841，接受限 A_U 的合格概率为 84.1%，对于小于接受限 A_U 的测得值，合格概率均大于 84.1%。

c）保护带长度 $w=U$ 时：

$w=U=0.03315$ mg/kg

$u=U/2=0.03315/2=0.0166$ mg/kg

$A_U=T_U-w=0.2-0.03315=0.16685$ mg/kg

则接受限 A_U的 z 值计算：$z=(T_u-A_U)/u=(0.2-0.16685)/0.0166=1.99$

查附表 1-11 得知，$z=1.99$ 时，表中数据为 0.977，接受限 A_U 的合格概率为 97.7%，对于小于接受限 A_U 的测得值，合格概率均大于 97.7%。

d）保护带长度 $w=1.5U$ 时：

$w=1.5U=1.5\times0.03315=0.0497$ mg/kg

$u=U/2=0.03315/2=0.0166$ mg/kg

$A_U=T_U-w=0.2-0.0497=0.1503$ mg/kg

则接受限 A_U的 z 值计算：$z=(T_u-A_U)/u=(0.2-0.1503)/0.0166=2.99$

查附表 1-11 得知，$z=1.99$ 时，表中数据为 0.999，接受限 A_U 的合格概率为 99.9%，对于小于接受限 A_U 的测得值，合格概率均大于 99.9%。

接受限值合格概率判定如附表 1-9 所示。

附表 1-9　不同保护带长度参数 w 对应的接受限 A_U合格概率

样品批次	测得值 y	扩展测量不确定度 U（mg/kg）	容许区间（T_L，T_U）	保护带长度 w	接受区间（A_L，A_U）	$y<A_U$ 时的合格概率
样品 B	0.195 mg/kg	0.03315	（0～0.2）mg/kg	0.0033（0.1U）	（0～0.1967）mg/kg	57.9%
				0.0166（0.5U）	（0～0.1834）mg/kg	84.1%
				0.03315（U）	（0～0.16685）mg/kg	97.7%
				0.0497（1.5U）	（0～0.1503）mg/kg	99.9%

e）保护带长度 w 选择原则：

——单一容许上限：保护带长度 w 越宽，同时如果测得值 y 小于计算后的接受上限 A_U，则合格概率越高；

——单一容许下限：保护带长度 w 越宽，同时如果测得值 y 大于计算后的接受上限 A_L，则合格概率越高；

——单一容许上限：对于 $<A_U$ 的测得值 y，其合格概率大于 p_c，对于 $>A_U$ 的测得值 y，则无法判定其合格概率；

——单一容许下限：对于 $>A_L$ 的测得值 y，其合格概率大于 p_c，对于 $<A_L$ 的测得值 y，则无法判定其合格概率。

——根据计算的 z 值，查正态分布表，判定接受限值（A_U 或 A_L）合格概率 p_c。当 z 值为负数时，查正态分布表得到的概率为 $\overline{p_c}$，因此，合格概率 $p_c=1-\overline{p_c}$。

因此，选择保护带长度 w 时，应关注如上因素，对于大米中镉检测样品 B 测得值 0.195 mg/kg 的例子而言，选择 $w=0.1U$ 的保护带更为合理。

选择合理的保护带 w 后，根据“（三）U95 保护带判定”计算方式，进行结果判定。

附录 2　食品安全检验在线质量控制计量溯源及符合性智能判定平台系统用户使用手册

一、引言

（一）目的

为了使操作使用人员能更好地了解食品安全检验在线质量控制计量溯源及符合性智能判定平台系统，尤其是能熟练地使用该系统，特编写此手册。

（二）背景

本手册为食品安全检验在线质量控制计量溯源及符合性智能判定平台系统操作手册，开发者为北京智云达科技有限公司。

（三）术语定义

1. 登录

每次进入系统时，需输入操作者的用户名、密码，系统验证通过以后，才允许操作者进入系统，这个过程称为登录。

2. 用户

泛指具有食品安全检验在线质量控制计量溯源及符合性智能判定平台登录权限的用户。

二、系统登录

（一）系统登录

1. 功能

打开浏览器，输入地址，按“回车键”，页面显示门户首页，如附图 2-1。

附图 2-1

2. 操作方法

在登录窗口内依次输入操作员的用户名、密码，点击“登录”按钮，即可进入系统。如附图 2-2。

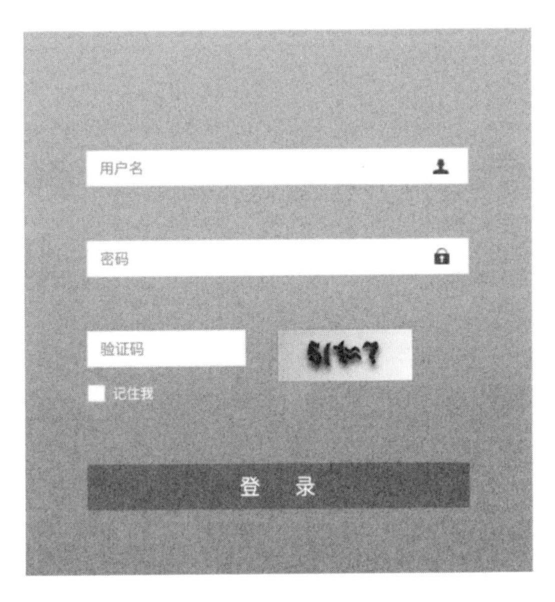

附图 2-2

(二) 退出登录

1. 功能

当需要以另外的操作员身份使用本模块（比如多个人共用一台计算机），或者在系统使用过程中数据库连接出现故障，必须退出系统但又需要继续使用时，可以使用本项功能。

2. 操作方法

点击右上角的“退出登录”，如附图 2-3。

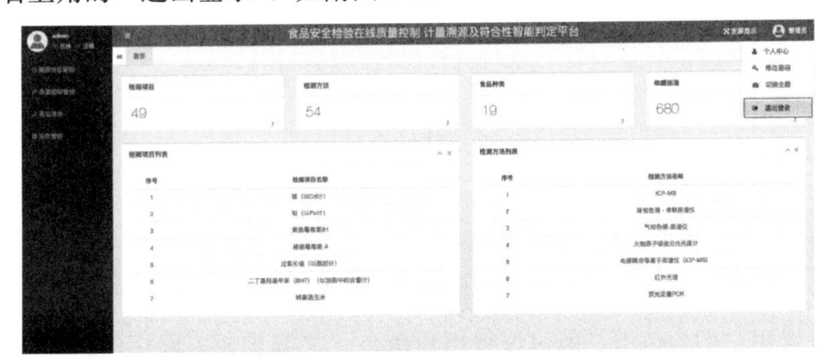

附图 2-3

（三）修改密码

用户可以自己修改登录密码，进入系统后，点击右上角用户名，点击“修改密码”，打开修改密码窗口（附图 2-4）进行密码修改。

附图 2-4

三、系统权限

（一）用户管理

用户管理可对用户进行增加、修改、删除等操作，如附图 2-5。

附图 2-5

（二）用户权限

该模块包括角色管理、菜单管理功能。

首先设置用户的角色组，通过设置用户角色，才能实现不同用户访问不同的资源，真正意义上体现出来权限管理。

用户权限的分配通过两种方式。第一种方式使用系统预设定的两个角色，通过单击不同的角色，可以增加不同组的用户（如附图 2-6）。

附图 2-6

第二种方式，自定义角色，以分配更多的权限组，方法是通过添加（或者修改），自定义相关的信息即可（如附图 2-7）。

附图 2-7

四、质量控制管理

（一）质量控制管理

实现对“质量控制管理”的增加、修改、删除和查询功能。包含的属性有管理内容名称和管理内容序号，查询列表页面（如附图 2-8）。

附图 2-8

（二）质量控制信息采集

该模块主要实现了质量控制信息的添加、修改、删除和查询，查询列表页面（如附图 2-9）可以按照食品分类和过程关键点查询。

附图 2-9

添加页面属性表多，所以按照属性分类以标签页（如附图 2-10～附图 2-15）的方式展示，方便用户添加和编辑。

第一个标签页：基础数据页（如附图 2-10），需要选择食品分类、过程关键点，通过不同的过程关键点，可显示出不同的关键点所需要设定的内容。

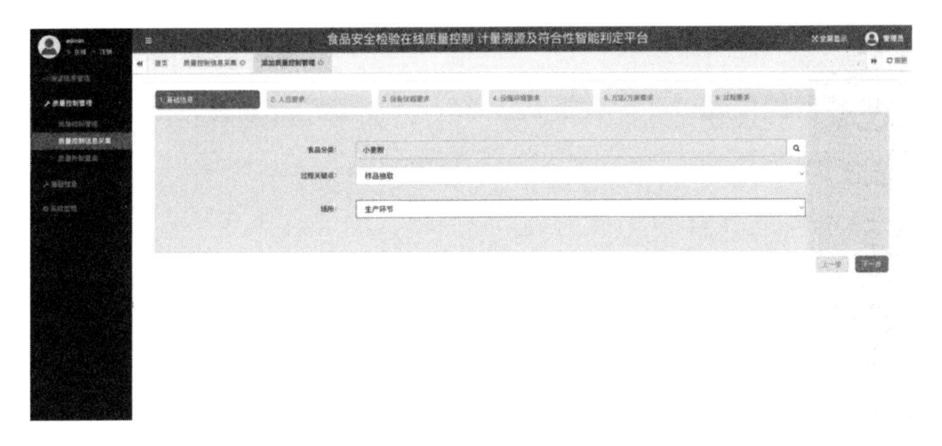

附图 2-10

第二个标签页：人员要求页面（如附图 2-11），填写人员要求的一些指标属性，包括能力要求、效果评价、质量控制指标及方法要求等。

附图 2-11

第三个标签页：设备仪器要求页面（如附图 2-12），主要填写设备仪器的技术参数等数据。

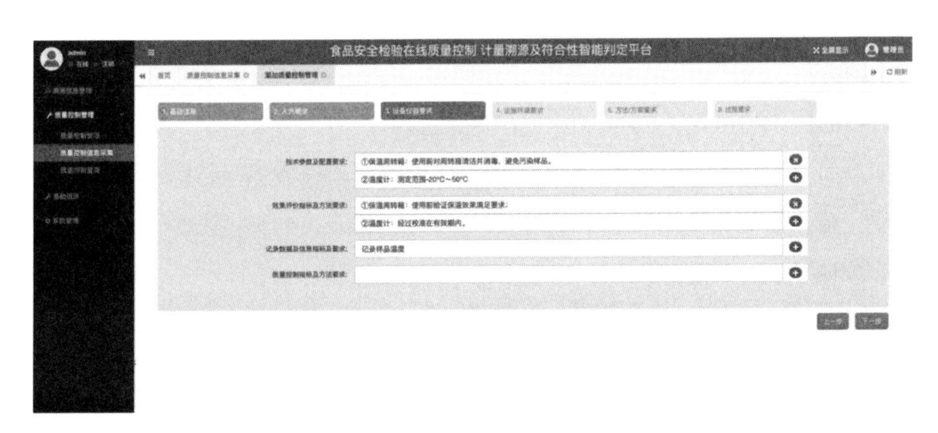

附图 2-12

第四个标签页：设施环境要求（如附图 2-13）。

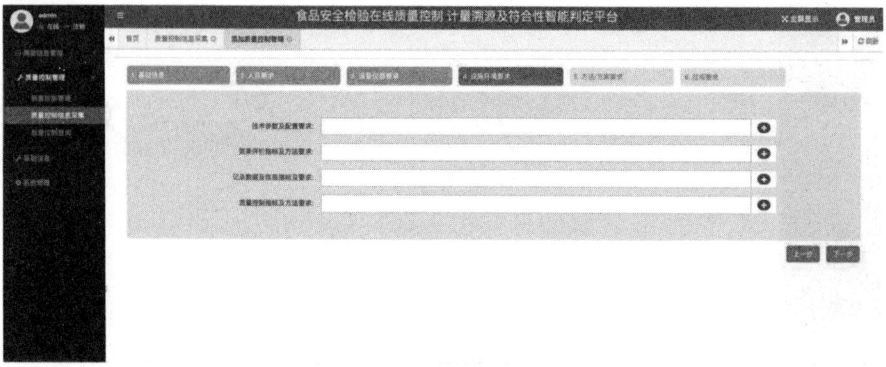

附图 2-13

第五个标签页：方法/方案要求页面（如附图 2-14）。

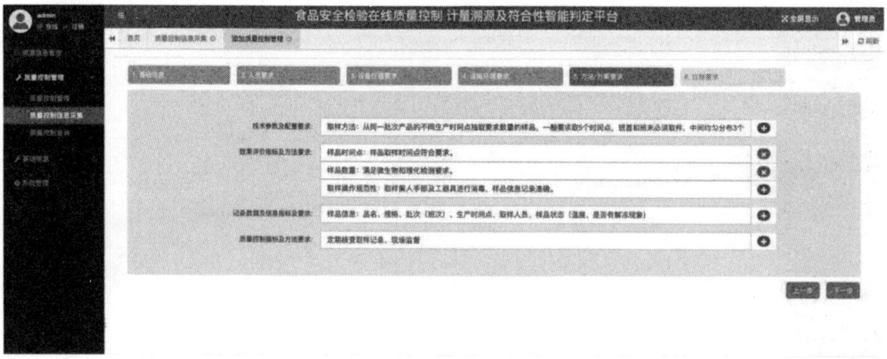

附图 2-14

第六个标签页：过程要求页面（如附图 2-15）。

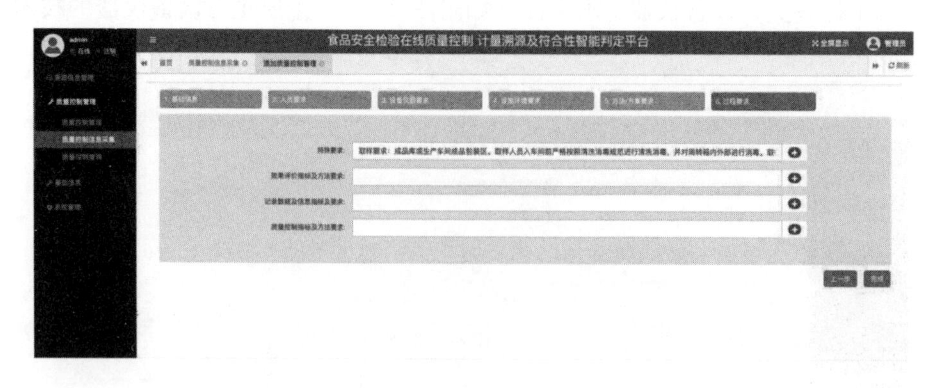

附图 2-15

要求表单页的内容根据质量控制管理内容的设置进行展示，同时可以通过点击“+”按钮进行增加内容，点击最后的完成，则成功添加质量控制信息。

（三）质量控制查询

根据食品分类和9个过程关键点查询相对应的流程，查询结果可以进行打印和导出，查询页面内容（如附图2-16）。

附图 2-16

五、溯源信息管理

采集溯源信息。

（一）溯源信息采集

溯源信息列表页面（如附图2-17），可以根据条件进行查询。

附图 2-17

溯源信息添加页面，如附图2-18～附图2-20。

食品安全检验在线质量控制 计量溯源及符合性智能判定平台

admin

首页 溯源信息采集 添加溯源信息采集

添加溯源信息采集向导

1. 基础信息　2. 检测领域　3. 仪器和设备溯源要求

食品类别:

检测项目:

检测方法:

依据法律法规规标准:

风险等级: 无

检测领域类型: 理化　微生物　分子生物学

附图 2-18

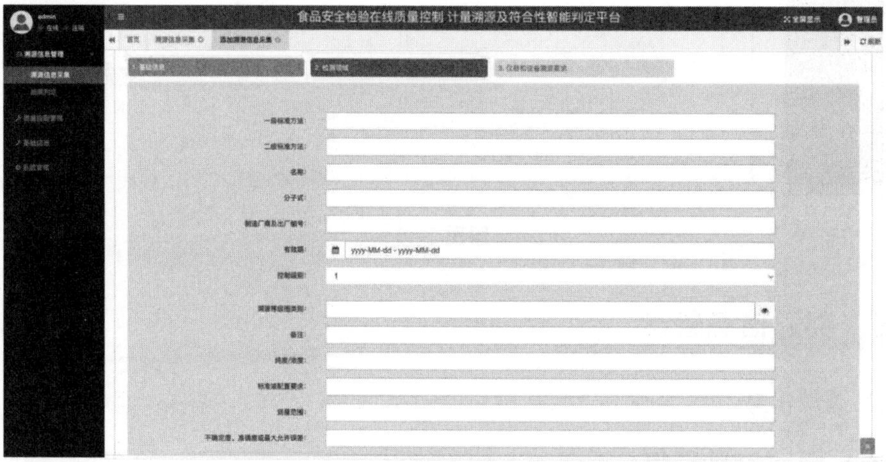

食品安全检验在线质量控制 计量溯源及符合性智能判定平台

admin

首页 溯源信息采集 添加溯源信息采集

1. 基础信息　2. 检测领域　3. 仪器和设备溯源要求

一级标准方法:

二级标准方法:

名称:

分子式:

制造厂商及出厂编号:

有效期: yyyy-MM-dd - yyyy-MM-dd

控制级别: 1

溯源等级图类别:

备注:

纯度/浓度:

标准溶配置要求:

测量范围:

不确定度、准确度或最大允许误差:

附图 2-19

食品安全检验在线质量控制 计量溯源及符合性智能判定平台

admin

首页 溯源信息采集 添加溯源信息采集

1. 基础信息　2. 检测领域　3. 仪器和设备溯源要求

名称:

测量范围:

感量:

容量:

规格:

溯源方式:

不确定度、准确度或最大允许误差:

其他指标:

检定周期或重检间隔:

检定或校准机构:

制造厂商及出厂编号:

有效期: yyyy-MM-dd - yyyy-MM-dd

控制级别: 1

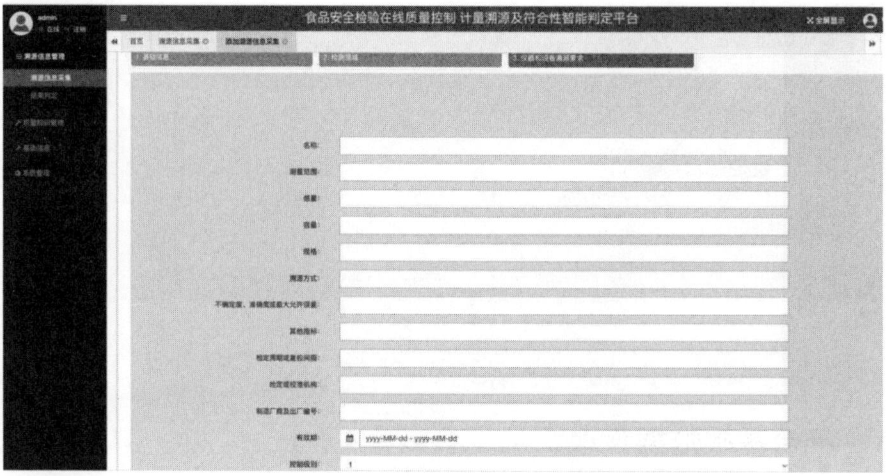

附图 2-20

(二) 结果判定

根据容许区间和不确定度对比测得值自动进行结果判定，得出判定结果。判定结果在该页面展示（如附图 2-21），可以实现查询功能。

附图 2-21

添加页面如附图 2-22。根据输入要求，输入相关数据，点击生成判定结果，可以自动生成判定结果。然后提交保存。

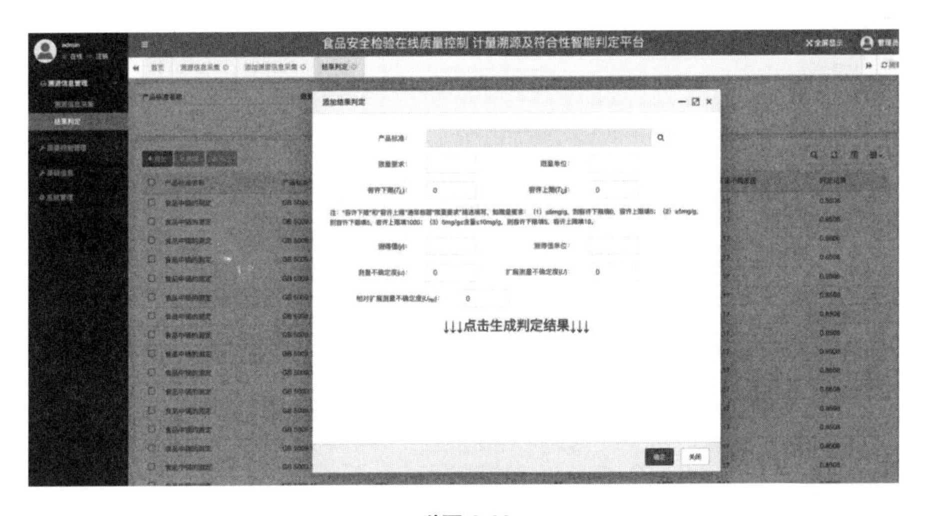

附图 2-22

六、平台基础数据管理

(一) 检测方法

用于管理检测方法，查询列表页面（如附图 2-23）。

附图 2-23

（二）检测项目

用于管理检测项目，查询列表页面（如附图 2-24）。

附图 2-24

（三）方法标准管理

管理依据的法律法规及标准，查询列表页面（如附图 2-25）。

附图 2-25

（四）食品种类信息管理

用于管理食品种类信息，查询列表页面（如附图 2-26）。

附图 2-26

（五）部门管理

设置相关部门，并给部门下设置用户，用来对用户更有效的管理。在用户管理中可以设置用户所属部门（如附图 2-27）。

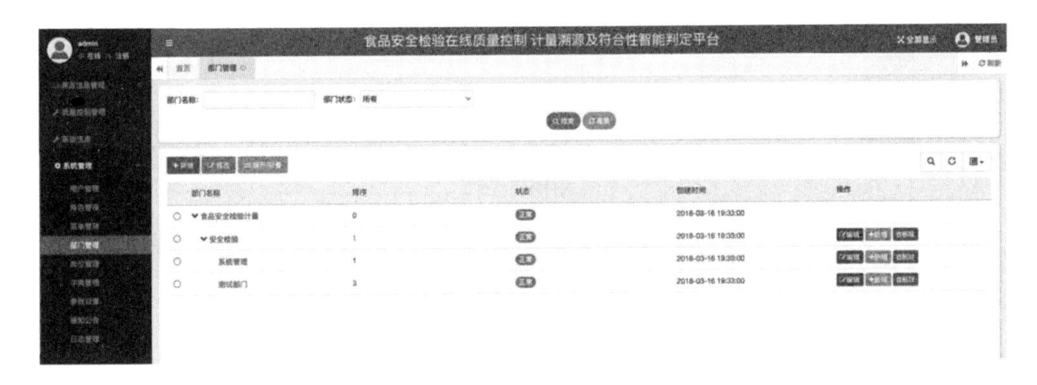

附图 2-27

添加部门如附图 2-28。在部门列表中点击新增按钮，会弹出表单，表单中的必填项用红色星号（*）标识，其他为可选填项。

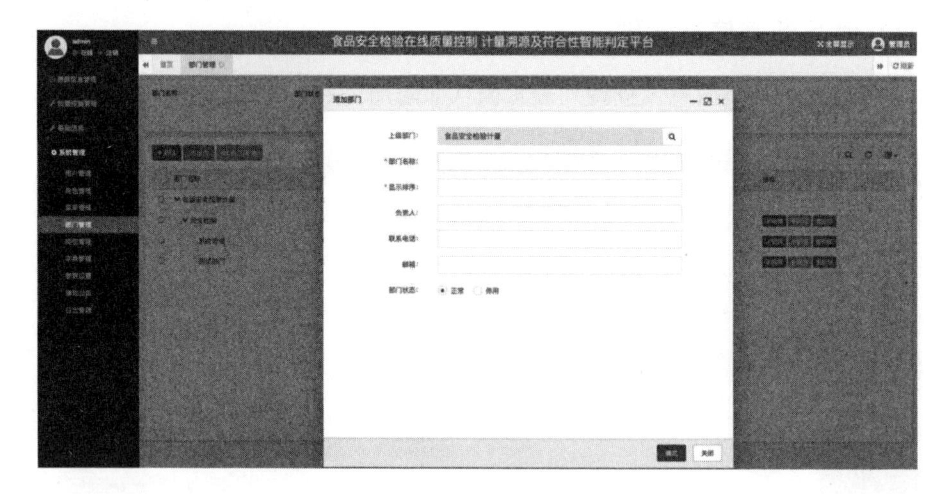

附图 2-28

（六）岗位管理

设置用户所在岗位，在用户管理中心设置用户的岗位（如附图 2-29）。

附图 2-29

添加岗位如附图 2-30。在岗位列表中点击新增按钮，会弹出表单，表单中的必填项用红色星号（ * ）标识，其他为可选填项。

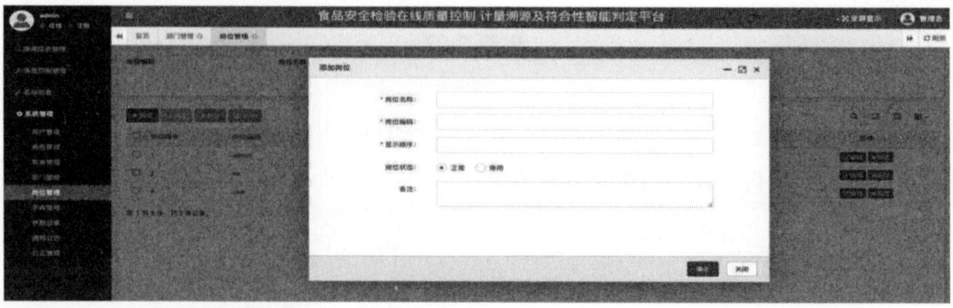

附图 2-30

（七）字典管理

字典管理需要先设置字典类型，再进行字典标签设置，是方便管理系统内部选择项的内容的管理，点击“列表”按钮定义每一个字典数据的选项值（如附图 2-31）。

附图 2-31

参考文献

[1] 全国人民代表大会常务委员会.《中华人民共和国食品安全法》（主席令第二十一号 [Z/OL].（2015-04-24） [2021-6-21]. https：//www. gov. cn/zhengce/2015-04/25/content _ 2853643. htm.

[2] GB/T 15091—1994　食品工业基本术语

[3] 国家市场监督管理总局.《食品生产许可管理办法》（国家市场监督管理总局令第 24 号）[Z/OL].（2020-3-1）[2021-6-30]. http：//www. samr. gov. cn.

[4] 国家市场监督管理总局. 食品安全抽样检验管理办法.（国家市场监督管理总局令第 15 号）[Z/OL].（2019-7-30）[2021-7-3]. http：//www. samr. gov. cn.

[5] 中华人民共和国市场监督管理局食品安全抽检监测司. 国家食品安全监督抽检实施细则（2020 年版）

[6] GB 2760—2014　食品安全国家标准　食品添加剂使用标准

[7] GB 2761—2017　食品安全国家标准　食品中真菌毒素限量

[8] GB 2762—2022　食品安全国家标准　食品中污染物限量

[9] GB 2763—2021　食品安全国家标准　食品中最大农药残留限量

[10] GB 14880—2012　食品安全国家标准　食品营养强化剂使用标准

[11] SN/T 4602—2016　进出口食品专业通用技术要求　食品的分类

[12] GB/T 26604—2011　肉制品分类

[13] GB/T 30645—2014　糕点分类

[14] GB/T 20903—2007　调味品分类

[15] GB/T 34262—2017　蛋与蛋制品术语和分类

[16] GB/T 23823—2009　糖果分类

[17] GB/T 30590—2014　冷冻饮品分类

[18] 张守文，苑国成等，食品安全监督管理 [M]，北京：中国医药科技出版社，2008.

[19] 谢双，王文智，谭红，国内外食品分类和编码体系比较 [J]，中国食物与营养，2020，26（3），19-22.

[20] 聂磊，汪永信，食品安全监督抽检视角下的食品分类体系研究 [J]，现代食

品，2020，(13)，181-121，137.

[21] 孙波，孙昊，武首香．有机磷农药残留的检测方法及研究进展 [J]. 农产品加工，2015 (06)：70-72.

[22] 孟庆庆，李菁，张振华，白亚迪，范文．农产品农药残留成因及影响研究 [J]. 北京农业，2014 (18)：284.

[23] 黄若君．我国食品安全现状及存在问题分析 [J]. 沿海企业与科技，2013 (05)：13-16.

[24] 张庆萌．我国食品安全法律研究——评《食品安全法规与标准》[J]. 食品工业，2020，41 (03)：358.

[25] 张岭梓，王敬．《食品安全法律法规与标准》下的中国食品安全法律体系健全的研究 [J]. 食品工业，2020，41 (12)：405-406.

[26] 陈小蓉．我国食品安全监管体制缺陷及法律对策研究 [J]. 法制博览，2016 (31)：179-180.

[27] 郝翔鹰．我国食品安全法律体系的缺陷与完善 [J]. 郑州牧业工程高等专科学校学报，2005 (03)：207-209.

[28] 张凤山，华洪锦．食品安全立法发展趋势探析 [J]. 现代营销（下旬刊），2019 (08)：252-253.

[29] 吴炜亮，张朵，杨朝慧，等．我国治理食品掺假的相关法律法规体系研究 [J]. 中国调味品，2021，46 (08)：180-184，188.

[30] 刘根林，吴文婷．浅谈我国食品安全监管体系的缺陷和对策 [J]. 萍乡高等专科学校学报，2012，29 (02)：31-34.

[31] 许阿琰．新时期我国食品安全法律体系完善研究——评《食品法律法规与标准》(第 3 版) [J]. 食品安全质量检测学报，2021，12 (14)：5887-5888.

[32] 陈小蓉．我国食品安全监管体制缺陷及法律对策研究 [J]. 法制博览，2016 (31)：180-179.

[33] 陈丽君．食品安全法律法规制度分析及对策 [J]. 轻纺工业与技术，2021，50 (01)：163-164.

[34] 张利峰．完善我国食品安全监管制度的策略研究 [J]. 乡村科技，2018 (6)：38-39.

[35] 薛斌．对食品安全法律法规制度分析与对策研究 [J]. 法制博览，2019 (17)：203.

[36] 吴炜亮，张朵，杨朝慧，等．我国治理食品掺假的相关法律法规体系研究

[J]. 中国调味品，2021，46 (08)：180-184+188.

[37] 贡湘磊．食品安全标准体系问题研究 [J]. 现代食品，2020 (21)：146-148.

[38] 王春艳，韩冰，李晶，等．综述我国食品安全标准体系建设现状 [J/OL]. 中国食品学报：1-7 [2021-09-17]. http：//kns. cnki. net/kcms/detail/11. 4528. TS. 2021 0910. 0902. 002. html.

[39] 王春艳，韩冰，李晶，等．综述我国食品安全标准体系建设现状 [J/OL]. 中国食品学报：1-7 [2021-09-17]. http：//kns. cnki. net/kcms/detail/11. 4528. TS. 2021 0910. 0902. 002. html.

[40] 王梦玮，廖洪波，蒲霜，等．我国食品安全国家标准体系浅析 [J]. 质量探索，2020，17 (04)：18-22.

[41] 贡湘磊．食品安全标准体系问题研究 [J]. 现代食品，2020 (21)：146-148.

[42] 连荷．4 大类、1366 项国家标准守护舌尖安全 [N]. 中国食品报，2021-07-13 (003).

[43] 国家统计局．中华人民共和国 2020 年国民经济和社会发展统计公报，2021，2.

[44] 陈佳维，李保忠．中国食品安全标准体系的问题及对策 [J]. 食品科学，2014，35 (9)：334-338.

[45] 袁蒲，付鹏钰，张书芳，等．我国食品标准发展趋势与问题分析 [J]. 中国卫生标准管理，2017，8 (17)：3-5.

[46] 方海燕．从食品安全现状谈食品安全标准化体系的建设 [J]. 现代食品，2021 (13)：17-19.

[47] 国家市场监督管理总局，国家标准技术审评中心．全国专业标准化技术委员会运行管理工作指南 [Z]，2017，7.

[48] 刘林勇，李金林．浅谈我国食品标准体系 [J]. 江西食品工业，2010 (2)：26-27.

[49] 鲁曦，邓希妍，丁凡，等．食品安全标准化现状及对策研究 [J]. 中国标准化，2021，(3)：106-111.

[50] 王梦玮，廖洪波，蒲霜，等．我国食品安全国家标准体系浅析 [J]. 质量探索，2020，17 (04)：18-22.

[51] 张哲，朱蕾，樊永祥．构建最严谨的食品安全标准体系 [J]. 中国食品卫生杂志，2020，32 (06)：604-608.

[52] 宋莹．社会力量参与基层社会治理的影响因素分析——基于共建共享的视角

[J]. 现代交际，2019 (01).

[53] 冀玮，明星星．食品安全法实务精解与案例指引 [M]. 北京：中国法制出版社，2016.

[54] 赵大珍．食品安全监管问题与对策探索 [J]. 产业与科技论坛，2018，17 (18)：249-250.

[55] 韩虹，吉冬悦．基层监管员食品安全监管中的错位风险分析与防范 [J]. 食品安全导刊，2020 (33)：28.

[56] 汪普庆，龙子午．新形势下食品安全治理体系 [M]. 武汉：武汉大学出版社，2021.

[57] 解志勇，李培磊．我国食品安全法律责任体系的重构——政治责任、道德责任的法治化 [J]. 国家行政学院学报，2011，(4)：72-75.

[58] 谭志哲．我国食品安全监管之公众参与：借鉴与创新 [J]. 湘潭大学学报(哲学社会科学版). 2012 (3).

[59] 边红彪．中国食品安全监管的进程智慧和经验 [J]. 食品安全质量检测学报，2021，12 (04)：1600-1606.

[60] 冯艳娟．新时代构建食品安全监管体系的必要性及策略探究 [J]. 食品工业，2020，41 (12)：196-200.

[61] 全国人民代表大会常务委员会．《中华人民共和国农产品质量安全法》(主席令第四十九号) [Z]. (2018-10-26)

[62] 全国人民代表大会常务委员会．《中华人民共和国产品质量法》(主席令第七十一号) [Z]. (2018-12-29).

[63] 全国人民代表大会常务委员会．《中华人民共和国标准化法》(主席令第七十八号) [Z]. (2017-11-04)

[64] 全国人民代表大会常务委员会．《中华人民共和国计量法》(主席令第二十八号) [Z]. (2018-10-26).

[65] 国家食品药品监督管理总局．《网络餐饮服务食品安全监督管理办法》(国家市场监督管理总局令第 31 号) [Z]. (2020-10-23).

[66] 卫生部．《食品安全国家标准管理办法》(卫生部令第 77 号) [Z]. (2020-10-20).

[67] 国家食品药品监督管理总局．《食品检验工作规范》(食药监科〔2016〕170 号) [Z]. (2016-12-30)

[68] 国家食品药品监督管理总局．《食品生产经营日常监督检查管理办法》(国家

食品药品监督管理总局令第 23 号).(2016-3-4).

[69] 国家食品药品监督管理总局.《食品安全监督抽检和风险监测工作规范》(食药监办食监三〔2015〕35 号)[Z].(2015-3-3).

[70] 国家食品药品监督管理总局.《国家食品药品监督管理总局关于进一步加强食品安全复检监督工作的通告》(2015 年第 37 号)[Z].(2015-07-21).

[71] RB/T 214—2017 检验检测机构资质认定能力评价 检验检测机构通用要求

[72] GB/T 27025—2019 检测和校准实验室能力的通用要求

[73] CNAS-CL01-G001:2018 CNAS-CL01 检测和校准实验室能力认可准则应用要求

[74] 全国人民代表大会常务委员会,《中华人民共和国政府采购法》[Z](2002-6-29).

[75] 李海峰,刘军.食品无机成分检测量值传递与溯源体系研究 [J]. 食品工业科技,2010,31 (11):321-324.

[76] VINCENT D, LAURENT N, THIERRY G. Determination of chromium, iron and selenium in foodstuffs of animal origin by collision cell technology, inductively coupled plasma mass spectrometry (ICP-MS), after closed vessel microwave digestion [J]. Analytica Chimica Acta, 2006, 565: 214-221.

[77] 秦玉青,耿全强,晏绍庆.基于食品链的食品溯源系统解析 [J]. 现代食品科技,2007,(11):85-88.

[78] 米瑞芳,陈曦,戚彪,等.不同产地羊肉稳定同位素特征差异及其溯源应用 [J]. 核农学报,2020,(34):89-95.

[79] 叶敏,胡麟烽,杨凌霄,等.可持续发展背景下畜牧业食品安全溯源体系探究 [J]. 畜禽业,2021,32 (02):8-9.

[80] 张丽君,王丹,王育娇,等.基于气相色谱-质谱联用技术的代谢组学在农产品产地溯源中的应用 [J]. 食品安全质量检测学报,2021,12 (06):2197-2203.

[81] 胡建兵.数字创新助力食品溯源 [N]. 柴达木日报,2021-04-14 (003).

[82] 姚超,唐松.区块链技术在冷链食品溯源中应用的研究 [J]. 河北省科学院学报,2021,38 (01):78-83.

[83] 李琳,陈甲伟.基于区块链的蔬菜溯源系统设计 [J]. 科技与创新,2021,(05):77-79.

[84] 袁菲,王飞,刘凤.基于 5G 技术河北省农产品全产业链安全信息溯源体系构建研究 [J]. 中国信息化,2021,(04):60-62.

[85] 林振强，秦宏伟，孙倩芸，等．国家科技成果：食品及农产品中重金属总量及元素形态检测量值溯源体系的研究与应用 [Z]. 山东：山东省计量科学研究院，2019.

[86] 李海峰，马联弟，王军，等．食品重金属检测量值溯源体系研究浅议 [A]. //2009 重金属污染监测、风险评价及修复技术高级研讨会论文集．青岛：中华环保联合会能源环境专业委员会，2009：35-37.

[87] 王远丽．乳成分分析仪量值溯源的探讨 [J]. 新疆畜牧业，2019，34 (01)：33-34.

[88] 马康，全灿，巢静波，等．国家科技成果：食品添加剂及非法添加物计量技术与标准物质研制 [Z]. 北京：中国计量科学研究院，2018.

[89] 曹际娟，赵昕，于灵，等．国家科技成果：转基因大豆粉国家标准物质的研制 [Z]. 辽宁：辽宁出入境检验检疫局，2006.

[90] 李杰，许卓妮，于瑞祥，等．国家科技成果：动物性食品中磺胺类及雌激素类兽药残留检测用同位素标记标准物质的研制 [Z]. 上海：上海市计量测试技术研究院，2017.

[91] 卢晓华．标准物质的溯源性与分级 [J]. 中国计量，2007，(07)：39-41.

[92] 国家标准物质资源共享平台 [DB/OL]. [2021-04-25]. http：//www. ncrm. org. cn.

[93] 王亚伟，乔玫，郝晓宏．如何绘制实验室认可/计量认证评审中计量器具的量值溯源图 [J]. 科技情报开发与经济，2005，15 (11)：289-290.

[94] GB/T 37868—2019　核酸检测试剂盒溯源性技术规范

[95] 李书国，李雪梅，陈辉．我国食用植物油质量安全现状、存在问题及对策研究 [J]. 粮食与油脂，2005，17 (12)：97-103.

[96] 方晓璞，田淑梅，张小勇，等．食用植物油质量安全溯源体系的建立 [J]. 中国油脂，2016，4 (5)：11-17.

[97] 吴亚妮，李春燕．浅议“双随机、一公开”食品安全监管方式 [J]. 中国食品药品监管，2019，(6)：74-81.

[98] 刘玉兰，胡爱鹏，马宇翔，等．植物油料和食用油脂加工质量安全控制 [J]. 中国粮油学报，2017，32 (11)：177-185，190.

[99] 孙晓冬，毛婷，于丹等．食品理化实验室试剂耗材质量管理工作中的关键控制点 [J]. 食品安全质量检测学报，2021，12 (7)：2822-2827.

[100] 杨永坛，陈刚，杨悠悠，等．花生油质量安全问题与控制技术 [J]. 食品科

学技术学报，2015，33（2）：11-18.

［101］赵艳．食品检测实验室质量控制及管理探究［J］．现代食品，2019，（5）：152-155.

［102］徐玉梅，于辉．食品检测实验室的质量控制与管理［J］．食品安全导刊，2020，（18）：59.

［103］叶德培．测量不确定度理解、评定与应用［M］．北京：中国质检出版社，2013.

［104］罗小虎，王韧，王莉，等．黄曲霉毒素检测方法研究进展［J］．粮食与饲料工业，2013，（10）：54-58.

［105］翟雪华．粮油食品中黄曲霉毒素检测方法研究进展［J］．现代食品，2019，（1）：120-121.

［106］罗自生，秦雨，徐艳群，等．黄曲霉毒素的生物合成、代谢和毒性研究进展［J］．食品科学，2015，36（3）：250-257.

［107］刘东璞，卢凤美，姚海涛，等．黄曲霉毒素 B_1 诱导大鼠肝癌模型的建立［J］．黑龙江医药科学，2012，35（6）：47-48.

［108］陈志飞，王元凯，严亚贤，等．真菌毒素的污染状况及毒性研究［J］．检验检疫学刊，2012，22（5）：71-76.

［109］庞惠萍，丁泽，苏娜，等．黄曲霉毒素 B_1 致肝脏损伤的机制［J］．动物医学进展，2019，40（12）：110-113.

［110］周凯，徐振林，曾庆中，等．花生（油）中黄曲霉毒素的污染、控制与消除［J］．中国食品学报，2018，18（6）：219-226.

［111］徐文静，刘丹，韩小敏，等．2015年我国部分地区市售食用植物油中黄曲霉毒素污染调查［J］．中国食品卫生杂志，2018，30（1）：63-68.

［112］何景，杨丹．北京市地区小包装食用油中真菌毒素污染状况调查［J］．中国油脂，2019，44（6）：79-82.

［113］苏福荣，王松雪，孙辉，等．国内外粮食中真菌毒素限量标准制定的现状与分析［J］．粮油食品科技，2007，15（6）：57-59.

［114］静平，宋琳琳，鲍蕾，等．植物油中真菌毒素污染的防控［J］．食品安全质量检测学报，2014，5（12）：3843-3847.

［115］李慧云，王军，张宝善．真菌毒素对食品的污染及防止措施［J］．食品研究与开发，2004，25（3）：26-30.

［116］宋美英，乐丽华，罗钰珊，等．广东小作坊生产花生油中黄曲霉毒素 B_1 膳

食暴露及风险评估［J］. 中国油脂，2019，44（4）：96-101.

［117］刘冬梅，曹成，俎建英，等．不同贮藏条件下花生中黄曲霉毒素变化趋势［J］. 食品安全质量检测学报，2016，7（5）：1920-1923.

［118］陈润生．基于内部控制管理视角下试剂耗材采购探讨［J］. 江苏卫生事业管理，2019，30（11）：1441-1445.

［119］王成霞，食品中重金属对人体的危害及预防策略［J］. 食品界，2019（02）.

［120］刘会，王旭．环境损害致生活性镉中毒与肝损害因果分析 1 例［J］. 法医学杂志，2016，32（04）：314-315.

［121］GB 5009.15—2014 食品安全国家标准 食品中镉的测定

［122］张正福．传统腌腊肉制品监督抽检工作的关键点控制［J］. 现代食品，2020，（07）：19-21.

［123］高策．食品检验检测实验室人员和仪器设备管理要求探讨［J］. 现代食品，2020，（05）：197-198，201.

［124］苏萱．食品检验检测的质量控制及细节问题分析［J］. 食品安全导刊，2020，（18）：66.

［125］亢秀杰．浅谈实验室仪器设备关键环节的控制［J］. 中国纤检，2020，（10）：58-60.

［126］王成军，于艳娟．食品检验实验室仪器设备的检定校准需求探讨［J］. 食品工程．2020，（04）：1-3.

［127］王丹慧，孙明，李梅，等．乳品检测实验室基建及布局方案［J］. 中国乳品工业．2016，44（03）：57-61.

［128］王晓燕．环境监测实验室废液产生与管理［J］. 环境与发展．2019，31（07）：135-136.

［129］徐明鑫，连一霏，于龙魅，等．石墨炉常见故障及处理［J］. 广东微量元素科学．2015，22（12）：59-61.

［130］黄忠义，鞠毅，车燕妮．原子吸收分光光度计的基本原理、应用及常见故障排除［J］. 医疗装备．2019，32（03）134-136.

［131］KönigJ．Food colour additives of synthetic origin-Science Direct［J］. Colour Additives for Foods and Beverages，2015：35-60.

［132］郭焰，王良德，严玉玲．肉制品中合成色素胭脂红的分析［J］. 农产品加工，2020，No.515（21）：75-77＋84.

［133］贾永红，路彦霞，马悦茹．两种色素对果蝇生育力和寿命的影响［J］. 食品

工业科技，2009（02）：251-253.

[134] Talaska G，Al-Zoughool M. Aromatic Amines and Biomarkers of Human Exposure [J]. Journal of Environmental Science and Health，Part C，2003，21：2，133-164.

[135] GolkaK，Kopps S，Myslak Z W . Carcinogenicity of azo colorants：influence of solubility and bioavailability [J]. Toxicology Letters，2004，151（1）：203-210.

[136] GB 9695.6—2008　肉制品　胭脂红着色剂测定

[137] GB 5009.35—2016　食品安全国家标准　食品中合成着色剂的测定

[138] GB/T 21916—2008　水果罐头中合成着色剂的测定　高效液相色谱法

[139] SN/T 1743—2006　食品中的诱惑红、酸性红、亮蓝、日落黄的含量检测　高效液相色谱法

[140] SN/T 4890—2017　出口食品中姜黄素的测定　高效液相色谱法和液相色谱-质谱/质谱法

[141] 苏敏．食品安全抽样检验的现状和思考 [J]. 实用医技杂志，2021，28（11）.

[142] 凌象堃．食品抽样检验工作风险分析及防控措施探讨 [J]. 食品安全导刊．2021（24）.

[143] 陈晓，赵兴波．强化食品抽样检验推动食品安全深度监管 [J]. 食品安全导刊，2021（24）.

[144] 谭建泉．食品安全监督抽样环节风险分析和对策建议 [J]. 食品安全导刊，2021（29）.

[145] 崔宝智．温度对乳制品的影响及检验方法分析 [J]. 现代食品，2019（09）.

[146] 林更涛．关于食品微生物检测问题的分析 [J]. 食品安全导刊，2021（03）：75-76.

[147] 余晓琴，周佳．乳制品产品类标准使用和检验解读（上）[N]. 中国市场监管报，2021-03-04（008）.

[148] 姜有伟．浅议检验报告的质量控制 [J]. 中国质量技术监督，2013（03）：62.

[149] 张燕荣，贾华．检验检测机构公正性实现方式浅谈 [J]. 标准科学，2019（08）.

[150] 王瑜．食品检验检测的质量控制策略分析 [J]. 食品安全导刊，2020（35）.

［151］周宇清，林继元，饶力群，等．固体检样破碎方法对菌落总数测定的影响［J］．食品与机械，2007，23（4）：123-126.

［152］GB 4789.2—2022　食品安全国家标准　食品微生物学检验　菌落总数测定

［153］GB 12693—2010　食品安全国家标准　乳制品良好生产规范

［154］白凤翎．国内外食品卫生微生物标准菌落总数比较研究［J］．食品科技，2008，3：197-199.

［155］阮满堂．检样稀释至倾注平板时间对酱油菌落总数检验结果的影响［J］．食品安全导刊，2021，6（71）：120-121.

［156］高翔，马鹏飞，崔亚宁，食品微生物检验菌落总数测定方法的效果探讨［J］．食品安全导刊，2021（3）：94-95.

［157］GB 4789.1—2016　食品安全国家标准　食品微生物学检验 总则

［158］GB 4789.18—2010　食品安全国家标准　食品微生物学检验　乳与乳制品检验

［159］GB 4789.28—2013　食品安全国家标准　食品微生物学检验　培养基和试剂的质量要求

［160］CNAS-CL01-A001：2022　检测和校准实验室能力认可准则在微生物检测领域的应用说明

［161］GB/T 27405—2008　实验室质量控制规范　食品微生物检测

［162］GB 19644—2010　食品安全国家标准　乳粉

［163］马群飞，林坚．GB 4789.2—2016《菌落总数测定》应用现状［J］．海峡预防医学杂志，2021，27（5）：79-81.

［164］胡功政，李荣誉，许兰菊．新全实用兽药手册［M］．郑州：河南科学技术出版社，2006.

［165］富玥．鸡肉中四环素类抗生素兽药残留检测［J］．食品安全导刊，2018，4：79-80.

［166］杜振霞，孙姝琦，梁家鹏．牛肉中 5 种四环素类兽药残留的 UPLC-MS/MS 检测［J］．分析测试学报，2008（S1）：197-199.

［167］陈滁秋．多西环素片致急性肝损伤患者 1 例［J］．抗感染药学，2015，12（2）：250-251.

［168］邹青，卜艳丽，腾洪松．多西环素不良反应文献概述［J］．中国药物监用防治杂志，2016，22（6）：366-367.

［169］农业部公告第 235 号动物性食品中兽药最高残留限量

[170] GB 31650—2019 食品安全国家标准 食品中兽药最大残留限量

[171] 淄博市临淄区市场监督管理局行政处罚决定书临市监食罚 [2019] 309 号 [EB/OL]. [2019-06-14]. https://www.pig66.com/2019/145_0630/18080908.

[172] 北京市市场监督管理局关于 2020 年食品安全监督抽检信息的公告（2020 年第 16 期）[EB/OL]. [2020-04-01]. https://baijiahao.baidu.com/s?id=1663479690744765329.

[173] GB/T 21317—2007 动物源性食品中四环素类兽药残留量检测方法 液相色谱-质谱/质谱法与高效液相色谱法

[174] CNAS-CL01：2018 检测和校准实验室能力认可准则

[175] 陈金余，李焕仪．浅谈食品检测实验室质量控制与管理 [J]. 技术与市场，2017，24（3）：161-162.

[176] 包秘，唐昭领，赵大庆．实验室的质量控制管理体系分析 [J]. 食品安全质量检测学报，2020，2（11）：981-986.

[177] 赵春博．食品理化检测实验室的质量管理 [J]. 食品安全质量检测学报，2021，2（12）：1607-1611.

[178] 郑鑫．药品检测实验室质量控制研究 [J]. 临床医药文献电子杂志，2019，6（93）：194.

[179] 鲁黎昕．药品检测实验室质量控制探析 [J]. 科技展望，2016，26（35）：240.

[180] 姜伟．药品检测机构理化实验室质量控制管理 [C] //中国药学会第二届药物检测质量管理学术研讨会资料汇编．西安：中国药学会，2015：123-125.

[181] 周利英，左鹏飞．浅析化学检测实验室的质量控制 [J]. 理化检验（化学分册），2015，51（10）：1448-1450.

[182] 田丙新．化学实验室检测结果的质量控制浅析 [J]. 江西建材，2016（10）：274-276.

[183] GB 5009.28—2016 食品安全国家标准 食品中苯甲酸、山梨酸和糖精钠的测定

[184] CNAS-CL01-A002：2020 检测和校准实验室能力认可准则在化学检测领域的应用说明

[185] GB/T 27404—2008 实验室质量控制规范 食品理化检测

[186] GB 4789.2—2022 食品安全国家标准 食品微生物学检验 菌落总数测定

[187] GB 4789.3—2016 食品安全国家标准 食品微生物学检验 大肠菌群计数

[188] GB 5009.12—2017　食品安全国家标准　食品中铅的测定
[189] GB 5009.227—2016　食品安全国家标准　食品中过氧化值的测定
[190] GB 19295—2021　食品安全国家标准　速冻面米与调制食品
[191] SB/T 10412—2007　速冻面米食品
[192] SB/T 23786—2009　速冻饺子
[193] GB/T 601—2016　化学试剂　标准滴定溶液的制备